"十四五"职业教育机电类专业系列教材

AutoCAD 机械制图与零部件测绘

主　编◎石发晋　逄格灿
副主编◎夏修荣　董顺顺　薛　玲

中国铁道出版社有限公司
CHINA RAILWAY PUBLISHING HOUSE CO., LTD.

内 容 简 介

本书以 AutoCAD 2010 中文版为绘图平台，以绘制机械图样为目标，将《机械制图》国家标准与 CAD 绘图有机结合，系统阐述了使用 AutoCAD 编辑、绘制图样的方法，详细讲述了各种绘图命令的应用场合及操作方法，充分体现了 AutoCAD 功能强大、易于上手的优点。同时，本书还以典型零部件为例，深入分析测绘的特点、方法和步骤，详细讲解表达方案、技术要求和相关工艺标准，并强调绘图技能的训练，突出培养解决实际问题的能力。

本书分为两篇，共 14 章，主要包括 AutoCAD 2010 入门，AutoCAD 2010 基本操作，开始二维图形的绘制，编辑图形对象，创建、编辑文字和表格，图层应用，尺寸标注，属性、图块，测绘一般零件，测绘轴套类零件，测绘轮盘类零件，测绘叉架类零件，测绘箱体类零件，测绘特殊零件等内容。

本书适合作为职业院校机械设计制造类、自动化类等专业的计算机绘图教材或者春季高考用书，也可用于各类机械 CAD 竞赛的指导，还可供各类技术人员自主学习或者作为参考用书。

图书在版编目(CIP)数据

AutoCAD 机械制图与零部件测绘/石发晋，逄格灿主编. —北京：中国铁道出版社有限公司，2022.3（2024.8 重印）
"十四五"职业教育机电类专业系列教材
ISBN 978-7-113-28586-9

Ⅰ.①A… Ⅱ.①石… ②逄… Ⅲ.①机械制图-AutoCAD 软件-职业教育-教材 ②机械元件-测绘-职业教育-教材 Ⅳ.①TH126 ②TH13

中国版本图书馆 CIP 数据核字(2021)第 241134 号

书　　名	AutoCAD 机械制图与零部件测绘
作　　者	石发晋　逄格灿

策　　划	徐海英	编辑部电话	(010)63560043
责任编辑	何红艳　包　宁		
封面设计	曾　程		
责任校对	安海燕		
责任印制	樊启鹏		

出版发行：中国铁道出版社有限公司（100054，北京市西城区右安门西街 8 号）
网　　址：https://www.tdpress.com/51eds/
印　　刷：北京联兴盛业印刷股份有限公司
版　　次：2022 年 3 月第 1 版　2024 年 8 月第 3 次印刷
开　　本：787 mm×1 092 mm　1/16　印张：12　字数：312 千
书　　号：ISBN 978-7-113-28586-9
定　　价：36.00 元

版权所有　侵权必究

凡购买铁道版图书，如有印制质量问题，请与本社教材图书营销部联系调换。电话：(010)63550836
打击盗版举报电话：(010)63549461

前言

CAD制图与零部件测绘是工程图学的重要教学内容,是机电类工程技术人员必须掌握的基本技能。本书在编写中,完全依照《机械制图》国家标准,深入了解当下对专业技术人员的要求,完善教学教材内容,以培养学生CAD制图能力和零件测绘能力为目标,从而提高学生的专业素养。本书系统地介绍了AutoCAD成图技术与零部件测绘的训练方法,主要内容包括零件的二维工程图及三维建模、部件的二维装配图及三维装配建模、各种常用量具的使用、典型零部件测绘的方法与步骤。本书有如下特点:

1. AutoCAD机械制图部分

(1)按照"工学结合、教学做一体"的教学改革思路,编者结合多年的教育教学改革以及CAD机械制图实践经验编写,突出CAD技术的具体应用,突出教材的实用性和实践性。

(2)将工程设计与应用和AutoCAD 2010功能相结合,以绘制机械图样(图形)为目标,充分体现AutoCAD功能强大、易于上手的特点,强化操作技能的训练,突出解决实际问题能力的培养。

(3)在编写过程中,考虑了职业院校学生的实际情况,由浅入深、循序渐进,便于初学者快速入门及提高,力求语言简练、生动、形象,通过大量的图形、表格、例子等,让学生在轻松的学习环境中,迅速掌握AutoCAD绘图软件。

2. 零部件测绘部分

(1)在编写过程中,根据职业院校学生的知识基础和学习特点,融入编者丰富的教学和生产实践经验。力求教材特色鲜明,通俗易懂,贴近工程实际,减轻任课教师的教学压力。

(2)以生产中的典型机械产品实例为教材主线,内容全面,涵盖面广,具有一定的系统性。包含了机械制图中轴套类、轮盘类、叉架类、箱体类四大类典型零件的测绘方法和步骤。通过对泵轴、阀盖、跟刀架、变速箱、轴承、齿轮等常见零件的工艺分析、测绘过程和步骤的讲解,让学生掌握测绘的方法及要领。

(3)理论联系实际。本书注重培养学生的动手能力、空间想象能力、综合分析和解决问题的能力。紧密联系工程实际,采用大量的工程实际图例,注重培养学生的工程意识。

本书语言简练、逻辑性强,无论对 AutoCAD 软件的初学者,还是具有一定经验的技术人员,在提高绘图速度、提升绘图技巧等方面,都会带来一定的帮助。

本书分为两篇,共 14 章。由石发晋、逄格灿任主编,夏修荣、董顺顺、薛玲任副主编。其中,石发晋编写了第 1～4 章、逄格灿编写了第 9～12 章、夏修荣编写了第 5、6 章、董顺顺编写了第 7、8 章、薛玲编写了第 13、14 章。

本书由"山东省职业教育技艺技能传承创新平台(青岛西海岸新区职业中等专业学校模具加工技能传承创新平台)"资助出版。在本书编写过程中,得到青岛西海岸新区职业中等专业学校领导和同事的大力支持,在此表示诚挚的谢意!

由于编者水平有限,书中难免有疏漏和不妥之处,敬请使用本书的师生和广大读者批评指正。

编　者
2021 年 7 月

目 录

第1篇 AutoCAD 机械制图

第1章 AutoCAD 2010 入门 ... 2
- 1.1 AutoCAD 2010 的安装、启动与退出 ... 2
- 1.2 初始 AutoCAD 2010 ... 6

第2章 AutoCAD 2010 基本操作 ... 12
- 2.1 选择图形对象 ... 12
- 2.2 坐标系与坐标 ... 15
- 2.3 数据的输入方法 ... 16
- 2.4 AutoCAD 命令的基本调用方法 ... 18
- 2.5 图形查看设置 ... 21
- 2.6 图形界限和单位 ... 22
- 2.7 辅助功能 ... 24
- 2.8 在模型空间与图纸空间之间切换 ... 29

第3章 开始二维图形的绘制 ... 31
- 3.1 AutoCAD 基本绘图命令 ... 31
- 3.2 坐标点的输入方法 ... 32
- 3.3 绘制直线和射线 ... 33
- 3.4 绘制矩形 ... 35
- 3.5 绘制正多边形 ... 36
- 3.6 绘制圆 ... 37
- 3.7 绘制圆弧 ... 38
- 3.8 绘制圆环 ... 40
- 3.9 绘制椭圆和椭圆弧 ... 40
- 3.10 绘制多段线 ... 41
- 3.11 绘制与编辑样条曲线 ... 44

第4章 编辑图形对象 ... 49
- 4.1 复制图形对象 ... 49
- 4.2 截取图形对象 ... 56

4.3 调整图形对象大小 … 59
4.4 倒角与圆角 … 62

第5章 创建、编辑文字和表格 … 64
5.1 创建文字样式 … 64
5.2 创建、编辑单行文字 … 65
5.3 创建、编辑多行文字 … 68
5.4 创建表格 … 70

第6章 图层应用 … 73
6.1 创建图层 … 73
6.2 设置图层颜色 … 74
6.3 设置图层线型 … 74
6.4 设置图层线宽 … 75
6.5 设置图层状态 … 76
6.6 管理图层 … 77
6.7 设置线型比例 … 80
6.8 控制如何显示重叠的对象 … 81

第7章 尺寸标注 … 82
7.1 尺寸标注组成和标注规则 … 82
7.2 尺寸标注 … 92
7.3 引线标注 … 97
7.4 尺寸标注的编辑 … 103

第8章 属性、图块 … 104
8.1 属性的概念与运用 … 104
8.2 属性操作的基本步骤 … 104

第2篇 零部件测绘

第9章 测绘一般零件 … 108
9.1 了解零部件测绘的目的与要求 … 108
9.2 常用测绘量具 … 109
9.3 一般零件测绘的方法与步骤 … 117
9.4 一般零件尺寸的测量 … 121
9.5 测绘中的尺寸圆整 … 123

第10章 测绘轴套类零件 … 129
10.1 轴套类零件的表达方案选择 … 129

10.2 轴套类零件图的识读 …………………………………………………………………… 135

10.3 轴套类零件的测绘 …………………………………………………………………… 137

第11章 测绘轮盘类零件 …………………………………………………………………… 140

11.1 轮盘类零件的表达方案选择 ………………………………………………………… 140

11.2 轮盘类零件图的识读 ………………………………………………………………… 141

11.3 轮盘类零件的测绘 …………………………………………………………………… 142

第12章 测绘叉架类零件 …………………………………………………………………… 147

12.1 叉架类零件的表达方案选择 ………………………………………………………… 147

12.2 叉架类零件图的识读 ………………………………………………………………… 149

12.3 叉架类零件的测绘 …………………………………………………………………… 151

第13章 测绘箱体类零件 …………………………………………………………………… 152

13.1 箱体类零件的表达方案选择 ………………………………………………………… 152

13.2 箱体类零件图的识读 ………………………………………………………………… 157

13.3 箱体类零件的测绘 …………………………………………………………………… 159

13.4 箱体类常见结构及标注示例 ………………………………………………………… 162

13.5 箱体类零件位置精度检验 …………………………………………………………… 165

第14章 测绘特殊零件 ……………………………………………………………………… 168

14.1 测绘螺纹类零件 ……………………………………………………………………… 168

14.2 测绘直齿圆柱齿轮 …………………………………………………………………… 175

14.3 测绘矩形花键轴 ……………………………………………………………………… 179

参考文献 ……………………………………………………………………………………… 183

第1篇
AutoCAD 机械制图

计算机技术的发展使传统设计脱离图板成为现实,如果现在一个设计师不会用计算机绘制图样,简直是一件不可想象的事情。AutoCAD 的主要用途在于绘制工程图样,已经广泛应用在机械、电子、服装、建筑等领域。

本篇详细介绍了 AutoCAD 2010 的操作界面、基本操作方法与技巧。按照"工学结合、教学做一体"的教学改革思路,编者结合多年的教育教学改革以及 CAD 机械制图实践经验编写,突出 CAD 技术的具体应用,突出教材的实用性和实践性,将工程设计和应用与 AutoCAD 2010 功能相结合,以绘制图样(图形)为目标,以 AutoCAD 手段为背景来组织编写。

第 1 章　AutoCAD 2010 入门

AutoCAD 自 1982 年问世以来,其每一次升级,在功能上都得到了增强,且日趋完善。目前,它已成为工程设计领域中应用最为广泛的计算机辅助绘图与设计软件之一。与传统的手工图相比,具有绘图速度快、精度高等特点,广泛应用于航空航天、电子、建筑和机械等众多领域。

本章主要介绍 AutoCAD 2010 的安装、启动与退出、新增功能、经典界面组成和文件管理命令操作等,并详细介绍图形文件的创建、打开、保存、加密和关闭等方法,意在为以后的学习打下基础。

1.1　AutoCAD 2010 的安装、启动与退出

1. 安装 AutoCAD 2010

下面以 32 位 AutoCAD 2010 的安装为例来介绍 AutoCAD 2010 的安装。

①将 AutoCAD 2010 安装光盘插入光驱中,系统会自动弹出"安装初始化"对话框,如图 1-1 所示。如果没有自动弹出"安装初始化"对话框,双击光盘图标即可,或者双击安装文件中的 setup.exe。

②安装初始化完成后,系统会弹出安装向导主界面,选择安装说明的语言,如图 1-2 所示。

图 1-1　安装初始化

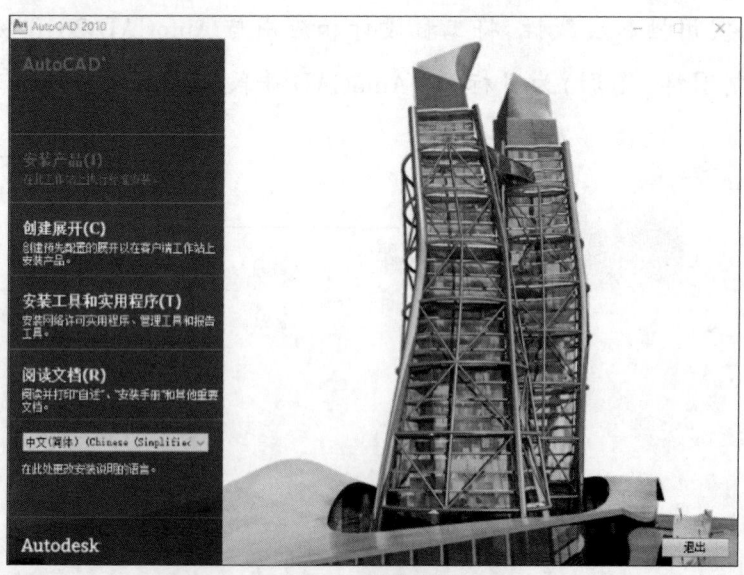

图 1-2　安装产品

③单击安装产品选项,AutoCAD 进入安装向导界面。选择需要安装的产品,单击"下一步"按钮。

> **提示**
>
> 在安装时可以选中 Autodesk Design Review 2010 选项,方便以后查看 dwf 文件。

④在接受许可协议中选择"我接受"选项,单击"下一步"按钮。

⑤在产品和用户信息中分别输入序列号、产品密钥、姓氏、名字和组织,单击"下一步"按钮,如图 1-3 所示。

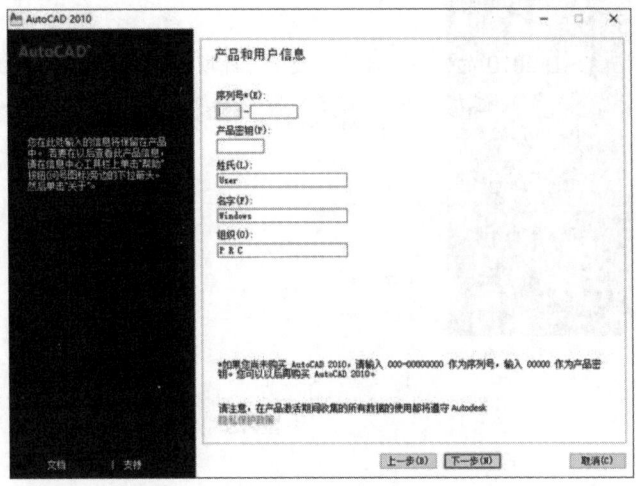

图 1-3　输入信息

⑥如图 1-4 所示,单击"配置"按钮,分别对许可类型、安装类型及安装位置进行设置,设置完成后,单击"配置完成"按钮。

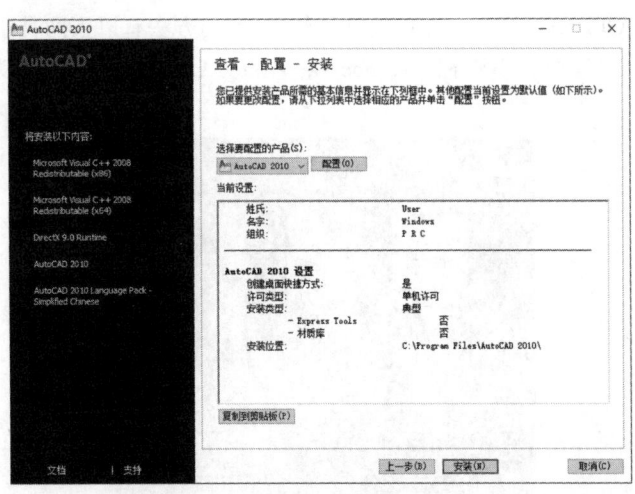

图 1-4　配置设置

⑦配置设置成功后,单击"安装"按钮,开始对各组件进行安装。

提示

对各组件进行安装的过程中,向右的绿色粗箭头表示正在对该组件进行安装,安装完成的组件则以绿色的对号显示。

⑧AutoCAD 2010 安装完成后,单击"完成"按钮,退出安装向导界面,如图 1-5 所示。

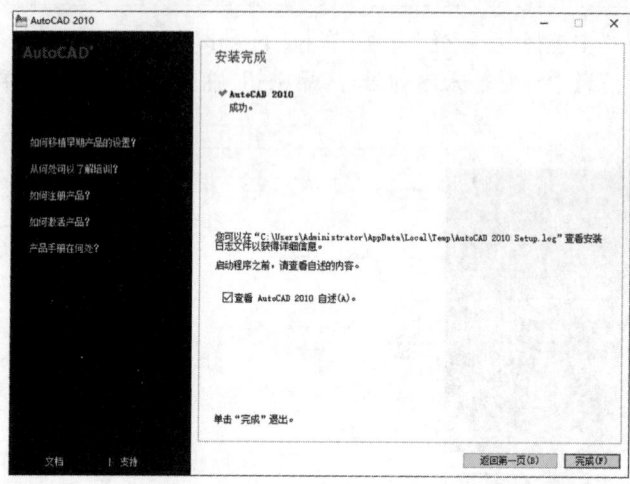

图 1-5　安装完成

提示

成功安装 AutoCAD 2010 后,还应进行产品注册。

2. 启动 AutoCAD 2010

成功安装 AutoCAD 2010 软件后,即可启动该软件,启动方法有以下两种。

①在开始菜单中选择"所有程序"→Autodesk→AutoCAD 2010 命令,启动 AutoCAD 软件,如图 1-6 所示。

图 1-6　选择程序

② 双击快捷图标 启动 AutoCAD 软件。

AutoCAD 2010 第一次启动时，会弹出"初始设置"对话框，在其中选择最能描述用户从事工作的所属行业。它有助于识别相关的合作伙伴产品和服务，如图 1-7 所示。

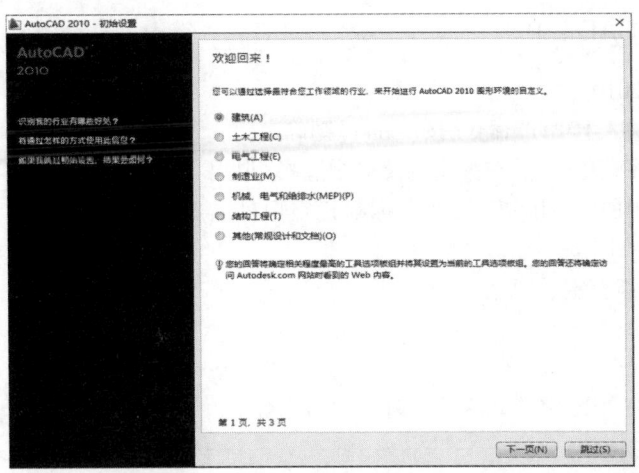

图 1-7　初始设置

a. 单击"下一页"按钮，进入初始设置的第二个页面，在此页面中可以选择除标准二维设计工具外还希望使用的基于任务的其他工具。

b. 基于任务的工具包括处理三维对象时使用的工具，以及管理和发布图形集时使用的工具等。每种工具均可控制其在默认工作空间中功能区选项卡和选项板的显示。

c. 单击"下一页"按钮，进入初始设置的最后一个页面，在该页面中可以指定创建新图形时要使用的图形样板（DWT）文件，如图 1-8 所示。

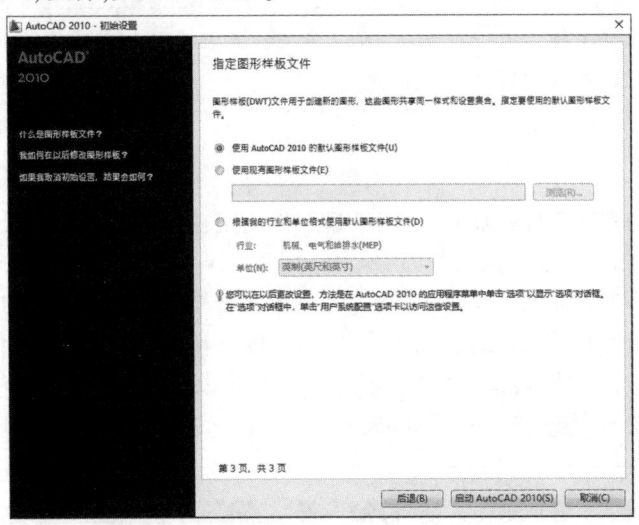

图 1-8　完成初始设置

d. 可以选择使用默认的图形样板（即基于用户所选行业的图形样板），也可以选择使用在早期版本中创建的现有图形样板。

e. 设置完毕后单击"完成"按钮,即可完成初始设置。然后在启动 AutoCAD 2010 时,还会弹出新功能专题研习对话框。如果不需要立即查看新功能专题研习,可以选择对话框中后两个单选按钮中的一个,单击"确定"按钮,即可进入 AutoCAD 2010 工作界面。

3. 退出 AutoCAD 2010

退出 AutoCAD 2010 的方法有以下四种。
①在命令行中输入"QUIT"命令,按【Enter】键确定。
②单击应用程序菜单按钮,在弹出的菜单中选择"退出 AutoCAD"命令。
③单击标题栏中的"关闭"按钮,或在标题栏空白处右击,在弹出的快捷菜单中选择"关闭"命令。
④按【Alt + F4】组合键。

> **提示**
> 退出 AutoCAD 2010 前应保存绘制好的图形文件。

1.2 初始 AutoCAD 2010

AutoCAD 2010 提供有二维草图与注释、三维建模和 AutoCAD 经典三种工作空间模式。此处选择二维草图与注释工作空间,可以看到其界面主要由应用程序菜单、标题栏、快速访问工具栏、功能区选项板、绘图窗口、命令行和状态栏等元素组成。在该空间中,可以使用绘图、修改、图层、标注、文字、表格等面板方便地绘制二维图形。

> **提示**
> 要在 3 种工作空间模式中进行切换,可以单击状态栏中的切换工作空间按钮 ,在弹出的菜单中选择相应的命令即可。

1. 标题栏

标题栏位于应用程序窗口的最上面,用于显示当前正在运行的程序名及文件名等信息。如果是 AutoCAD 默认的图形文件,其名称为 Drawing$N$. dwg(N 为 1,2,3…)。

标题栏中的信息中心提供了多种信息来源。在文本框中输入需要帮助的问题,然后单击"搜索"按钮 ,即可获取相关的帮助;单击"通讯中心"按钮 ,可以获取最新的软件更新、产品支持通告和其他服务的直接连接;单击"收藏夹"按钮 ,可以保存一些重要的信息。

单击标题栏右端的 按钮,可以最小化、最大化或关闭应用程序窗口,如图 1-9 所示。

图 1-9 标题栏

若在标题栏空白处右击,或者按【Alt + Space】组合键,会弹出 AutoCAD 窗口控制菜单,可以执行最小化或最大化窗口、恢复窗口、移动窗口和关闭 AutoCAD 等操作。

2. 快速访问工具栏

AutoCAD 2010 的快速访问工具栏中包含最常用操作的快捷按钮，方便用户使用。在默认状态下，快速访问工具栏中包含 6 个快捷按钮，分别为"新建"按钮 ■、"打开"按钮 ■、"保存"按钮 ■、"打印"按钮 ■、"放弃"按钮 ■ 和"重做"按钮 ■。

如果想在快速访问工具栏中添加或删除其他按钮，可以右击快速访问工具栏，在弹出的快捷菜单中选择"自定义快速访问工具栏"命令，在弹出的自定义用户界面对话框中进行相应的设置即可，如图 1-10 所示。

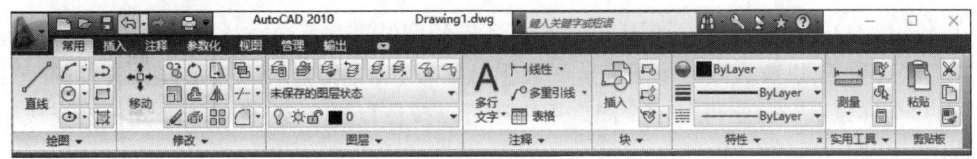

图 1-10　快速访问标题栏

3. 功能区选项板

功能区选项板位于绘图窗口的上方，是菜单和工具栏的主要替代工具，用于显示与基于任务的工作空间关联的按钮和控件。默认状态下，在二维草图和注释空间中，功能区选项板中包含常用、插入、注释、参数化、视图、管理和输出等 7 个选项卡。每个选项卡中又包含若干个面板，每个面板又包含相应的图标命令按钮，如图 1-11 所示。

图 1-11　功能区选项板

提示

如果需要扩大绘图区域，可以单击选项卡右侧的下拉按钮 ■，使各面板最小化为面板标题；也可以继续单击该按钮，使功能区选项板最小化为选项卡。再次单击该按钮，可以显示完整的功能区。

4. 菜单栏和工具栏

在默认状态下，AutoCAD 的工作空间中不显示菜单栏和工具栏。如果要显示菜单栏，可以单击快速访问工具栏右侧的下拉按钮，在弹出的下拉菜单中选择"显示菜单栏"命令，此时菜单栏便可显示在标题栏下方。菜单栏中的菜单命令几乎包括了 AutoCAD 中全部的功能。

此外，可以通过选择菜单栏"工具"→"工具栏"→"AutoCAD 菜单"命令，在弹出的子菜单中选择相应命令，以使 AutoCAD 2010 各工具栏显示在绘图窗口中。例如，选择"绘图"命令后，"绘图"工具栏显示在绘图窗口中，如图 1-12 所示。

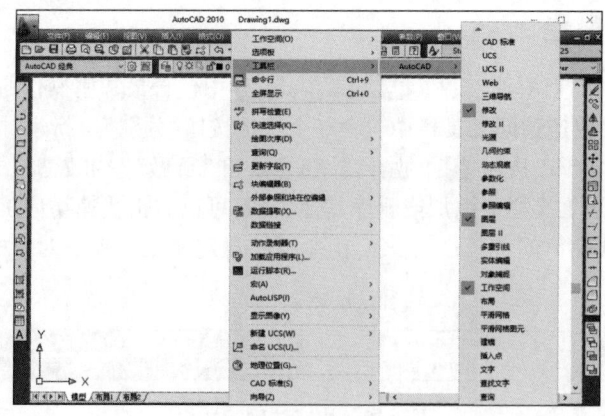

图 1-12　工具栏

> **提示**
>
> AutoCAD 的工具栏是浮动的,用户可以将各工具栏拖放到工作界面的任意位置。绘图时,应根据需要只打开那些当前使用或常用的工具栏,并将其放到绘图窗口的适当位置。

5. 绘图窗口

在 AutoCAD 中,绘图窗口是绘图工作区域,所有绘图结果都反映在该窗口中。可以根据需要缩放功能区选项板,以放大或缩小图形。如果图纸比较大,需要查看未显示部分时,可以单击状态栏中的"全屏显示"按钮,可显示全图。用户还可以按住鼠标中键,此时十字光标会变成手形,然后拖动鼠标即可移动图纸。

绘图窗口的默认背景颜色为浅黄色。用户可以根据自己的喜好更改绘图窗口的颜色,如改成白色(R:255;G:255;B:255)等,如图 1-13 所示。具体操作方法如下:

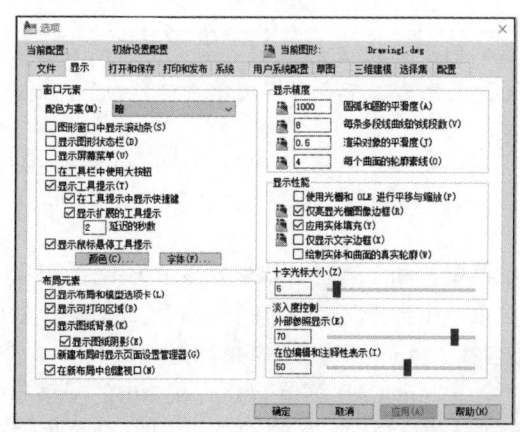 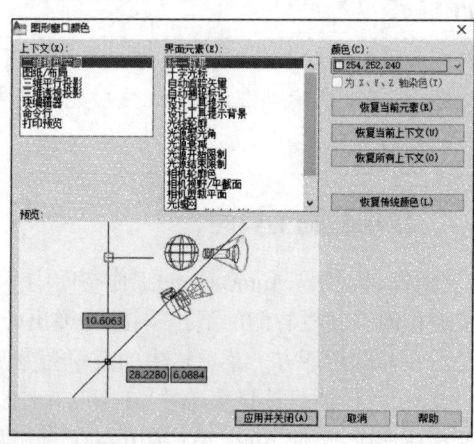

图 1-13　绘图窗口设置

①右击绘图窗口中的任意位置,在弹出的快捷菜单中选择"选项"命令,弹出"选项"对话框,选择"显示"选项卡,单击"窗口元素"栏中的"颜色"按钮。

②弹出"图形窗口颜色"对话框,在"颜色"下拉列表中为界面元素中的各个选项设置相应的颜色,然后单击"应用并关闭"按钮即可。

提示

> 在 AutoCAD 2010 中可将鼠标指针悬停在图标命令按钮上,通过出现的提示信息了解各个按钮的功能。显示图标命令按钮提示的具体设置方法是:在"选项"对话框的"显示"选项卡中,选择"窗口元素"栏中的"显示工具提示"复选框。

6. 命令行

命令行窗口位于绘图窗口的底部,用于输入命令,并显示 AutoCAD 提示信息,如图 1-14 所示。

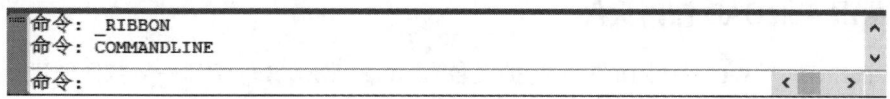

图 1-14 命令行

默认设置下,AutoCAD 在命令行窗口中显示所执行的命令或提示信息。可以通过拖动窗口边框的方式改变命令行窗口的大小,使其显示不同行数的信息。

在 AutoCAD 2010 中,可以通过单击并拖动命令行窗口边框使其变为浮动窗口。处于浮动状态的命令行窗口随拖放位置的不同,其标题显示的方向也不同,图 1-15 所示为命令行窗口靠近绘图窗口左边时的显示情况。如果命令行窗口拖放到绘图窗口的右边,这时命令行窗口的标题栏将位于右边。

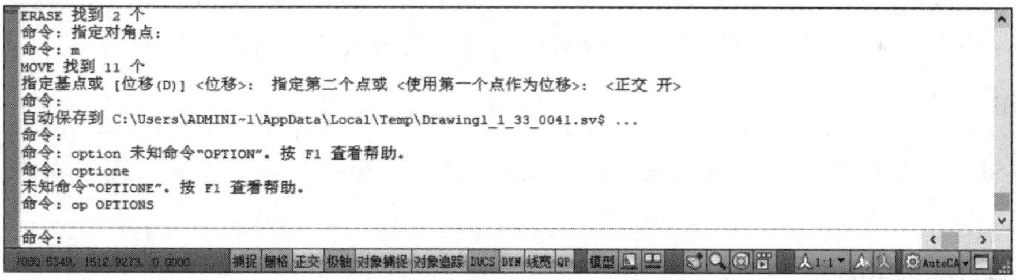

图 1-15 命令行窗口边框

7. 状态栏

状态栏用来显示 AutoCAD 当前的状态,如当前十字光标的坐标、命令和按钮的说明等,位于 AutoCAD 界面的底部,如图 1-16 所示。

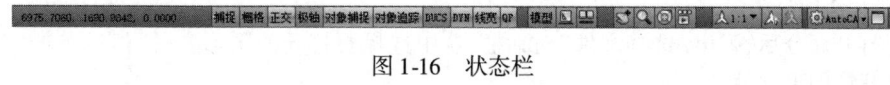

图 1-16 状态栏

位于状态栏最左边的一组数字反映了当前十字光标的坐标,紧挨坐标的按钮从左到右分别表示当前是否启动了捕捉、栅格、正交、极轴、对象捕捉、对象追踪、动态 UCS 和动态输入、显示/隐藏线宽及快捷特性等功能。其余按钮也均可通过将鼠标指针悬停在按钮上面,通过出现的"气球提示"了解到各个按钮的功能。单击某一按钮即可实现启动或关闭对应功能的切换,按钮弹起即为关闭该功能。

可以通过在功能区选项板中选择视图选项卡,在窗口面板中单击状态栏命令按钮的下拉按钮,在弹出的下拉列表中选择相应的选项使其显示在状态栏中。

8. 光标

AutoCAD 的光标用于绘图、选择对象等操作。当光标位于 AutoCAD 的绘图窗口时为十字形状,故又将 AutoCAD 光标称为十字光标。在十字光标中,十字线的交点为光标的当前位置,当十字光标在绘图区内移动时,状态栏的最左边将显示出十字光标的当前坐标值,如图 1-17 所示。

6831.5662, 1712.8057, 0.0000

图 1-17 光标的当前坐标值

9. 初识 AutoCAD 图形文件

在 AutoCAD 中,AutoCAD 图形文件的扩展名为 .dwg。图形文件管理一般包括创建新文件、打开已有图形文件、保存文件、加密文件以及关闭图形文件等。以下分别介绍各种图形文件的管理操作。

(1) 创建新图形文件

在 AutoCAD 2010 中,创建新图形文件的方法有以下几种。

① 在命令行中输入"NEW"或"QNEW"命令,按【Enter】键确定。

② 单击应用程序菜单按钮,在弹出的菜单中选择"新建"→"图形"命令。

③ 单击快速访问工具栏中的"新建"按钮 。

④ 选择菜单栏"文件"→"新建"命令。

⑤ 执行新建命令后,弹出"选择样板"对话框。选择对应的样板后(初学者一般选择样板文件 acadia.dwt 即可),单击"打开"按钮,就会以对应的样板为模板建立新图形文件。

> **提示**
>
> 样板文件是扩展名为 .dwt 的 AutoCAD 文件,通常包含一些通用设置以及一些常用的图形对象。

(2) 打开已有图形

在 AutoCAD 2010 中,打开已有图形文件的方法有以下几种。

① 在命令行中输入"OPEN"命令,按【Enter】键确定。

② 单击应用程序菜单按钮,在弹出的菜单中选择"打开"→"图形"命令。

③ 单击快速访问工具栏中的"打开"按钮 。

④ 选择菜单栏"文件"→"打开"命令。

⑤ 按【Ctrl + O】组合键。

执行打开命令后,弹出"选择文件"对话框,从中选择要打开的图形文件,然后单击"打开"按钮即可打开该图形文件。

(3) 保存图形

在 AutoCAD 2010 中,保存所绘图形文件的方法有以下几种。

① 在命令行中输入"QSAVE"命令,按【Enter】键确定。

② 单击应用程序菜单按钮,在弹出的菜单中选择"保存"命令。

③单击应用程序菜单按钮,在弹出的菜单中选择"另存为"命令(将当前图形以新的名称保存)。
④单击快速访问工具栏中的"保存"按钮。
⑤选择菜单栏"文件"→"保存"命令。
⑥按【Ctrl+S】组合键。执行另存为命令后,会弹出"图形另存为"对话框,需要用户确定文件的保存位置及文件名,如图 1-18 所示。

图 1-18　文件保存

提示

使用另存为命令可以将已命名保存的图形(即已有图形文件)换名保存。

(4)关闭图形文件

绘图结束后,需要退出 AutoCAD 2010 时,可以使用以下几种方法。
①在命令行中输入"CLOSE"命令,按【Enter】键确定。
②选择菜单栏"文件"→"关闭"命令。
③单击标题栏右侧的"关闭"按钮。
④在绘图窗口中单击"关闭"按钮。

执行关闭命令后,如果当前图形没有保存,将弹出 AutoCAD 警告对话框,询问是否保存文件。此时,单击"是"按钮或直接按【Enter】键,可以保存当前图形文件并将其关闭;单击"否"按钮,可以关闭当前图形文件但不保存;单击"取消"按钮,取消关闭当前图形文件操作,既不保存也不关闭,如图 1-19 所示。

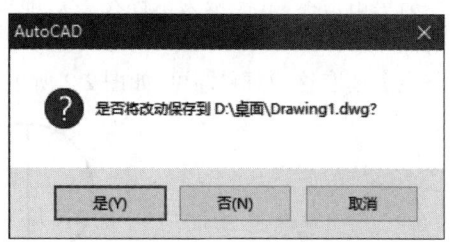

图 1-19　警告对话框

提示

用户绘制图形时,一定要养成随时保存的习惯,在退出 AutoCAD 之前,应确保已经对图形文件进行了保存,默认状态下,AutoCAD 有自动保存功能,间隔 10 min。

第 2 章 AutoCAD 2010 基本操作

本章主要介绍 AutoCAD 2010 的一些基本操作知识,如选择图中部件的方法、图层和坐标等。另外,还介绍了 AutoCAD 2010 中绘图所需要的环境参数设置,绘图环境参数包括绘图界限、模型、图纸空间以及绘图单位等。掌握坐标、图层、命令、系统变量、数据输入、绘图界限和单位等基本概念,熟悉绘图环境和绘图知识,有利于用户准确快速地完成图形的绘制和编辑操作。

基本概念和基本操作是初学者要通过的第一道门槛,过了这一关就会感受到计算机辅助设计软件带给我们的便利和其强大功能。

2.1 选择图形对象

使用计算机辅助绘图时,进行任何一项编辑操作都需要先指定具体的对象,即选中该对象,这样所进行的编辑操作才会有效。在 AutoCAD 中,选择对象的方法很多,如通过单击对象选择、利用矩形窗口或交叉窗口选择以及使用选择栏线选择等。选择对象时,在被选中的对象上会出现一些蓝色方块(夹点),表明该对象已被选中,圆周上及圆心处出现夹点,如图 2-1 所示。

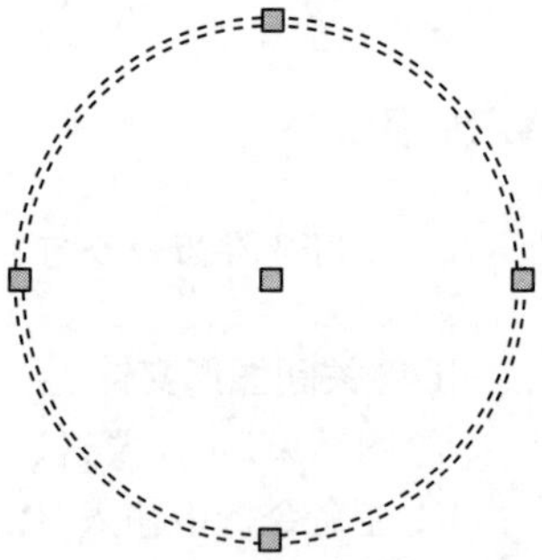

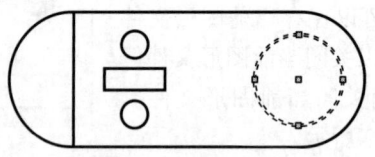

图 2-1 选择对象

1. 直接拾取法

直接拾取是 AutoCAD 绘图中最常见的一种选取方法,也是默认的对象选择方法。选择对象时,将十字光标移动到某个图形对象上,然后单击拾取键(一般为鼠标左键),即可选择与十字光标有公共点的图形对象,被选中的对象呈虚线显示,表示该对象已被选中。如果需要选取多个图形对象,只需逐个选取这些对象即可,如图 2-2 所示。

图 2-2 直接拾取法

2. 矩形窗口选择与交叉窗口选择法

窗口选择是一种确定选取图形对象范围的选取方法。窗口选择主要是指定矩形选择区域,通过指定对角点可以定义矩形区域。选中的区域的背景颜色将更改。从第一点向对角点拖动光标的方向将确定选择的对象。当需要选择的对象较多时,可以使用该方式。

窗口选择法主要包括矩形窗口选择和交叉窗口选择两种,其操作方法及区别如下所示。

(1)矩形窗口选择

①从左向右拖动十字光标,以选择完全位于矩形区域中的对象,如图2-3(a)所示。

②在图形左上方单击并将十字光标沿右下方拖动(或在图形左下方单击并将十字光标沿右上方拖动),将所选取的图形框在一个矩形框内。

③再次单击,形成选择框,这时所有出现在矩形框内的对象都将被选取,该矩形框称为选择窗口。

④选择框呈实线显示,被选择框完全包容的对象将被选择,而位于窗口外以及与窗口边界相交的对象则不会被选中。

(2)交叉窗口选择

交叉窗口选择与矩形窗口选择的操作方式类似,只是鼠标指针的移动方向不同,从右下方开始向左上方或从右上方开始向左下方移动形成选择框,选择框呈虚线,此时只要与交叉窗口相交或者被交叉窗口包容的对象都将被选中,如图2-3(b)所示。

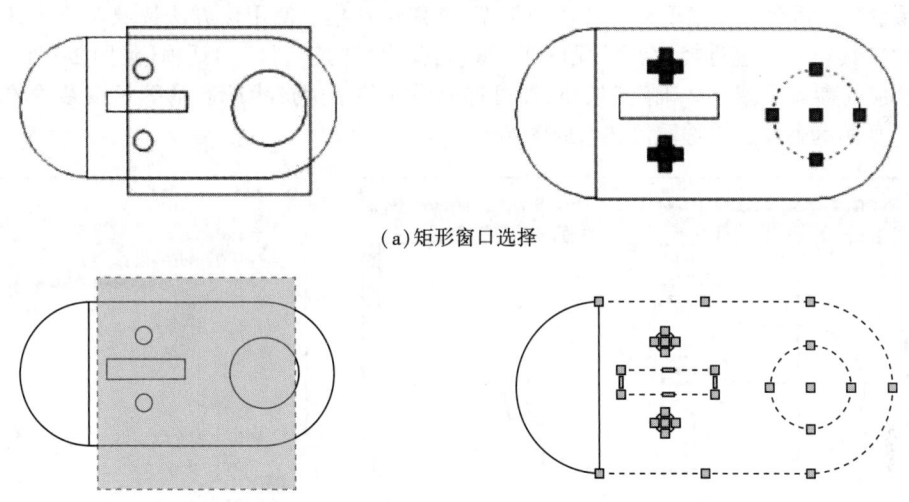

(a)矩形窗口选择

(b)交叉窗口选择

图2-3 矩形窗口选择与交叉窗口选择法

提示

窗口选择时,选择窗呈蓝色实矩形框;交叉窗口选择时,选择窗呈绿色虚矩形。

3. 栏线选方法

在复杂图形中,可以使用选择栏线。选择栏线的外观类似于多段线,它穿过的所有对象均被选中。使用该方法可以很容易地从复杂的图形中选择相邻的对象。使用选择栏线的具体步骤如下。

①单击功能区选项板中的"常用"选项卡"修改"面板中的"移动"按钮。

②在命令行中输入"F",按【Enter】键确定。

③将十字光标移动到要选择的对象上单击并拖动出一条直线,使其穿过要选择的对象。

④按【Enter】键,此时直线穿过的所有对象均被选中,如图 2-4 所示,图中的下边线、上边线、矩形以及矩形上方的圆均与选择栏线相交,即均被选中。

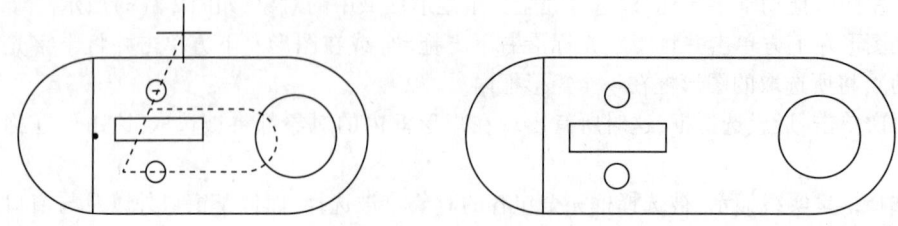

图 2-4　栏选方法

4. 快速选取法

在 AutoCAD 中,当需要选择具有某些共同特性的对象时,可以利用快速选择对话框,根据对象的图层、线型、颜色及图案填充等特性和类型,创建选择集。使用该方法选取对象的具体步骤为:选择"工具"→"快速选择"命令[见图 2-5(a)],弹出"快速选择"对话框[见图 2-5(b)],在其中设置相应的参数值,单击"确定"按钮,即可选取当前整个图形中所有的等于该参数的图形。图 2-5(c)所示为使用快速选取法选取的图形。

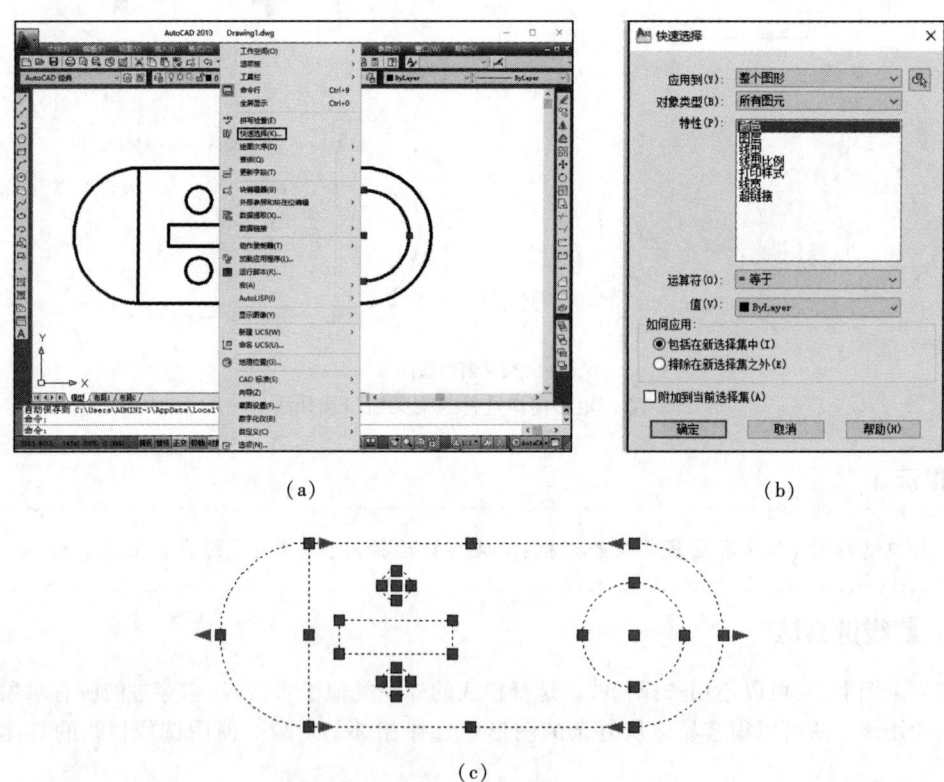

图 2-5　快速选择

2.2 坐标系与坐标

在绘图的过程中,如果要精确定位某个对象的位置,则应以某个坐标系作为参照。在 AutoCAD 2010 中,坐标系分为世界坐标系(World Coordinate System,WCS)和用户坐标系(User Coordinate System,UCS)。在这两种坐标系下都可以通过坐标(x,y)来精确定位点。掌握各种坐标系对于精确绘图十分重要。

1. 世界坐标系

当开始绘制一幅新图时,AutoCAD 会自动将当前坐标系设置为世界坐标系(WCS)。它包括 x 轴和 y 轴,如果在 3D 空间工作,则还有 z 轴。WCS 坐标轴的交汇处显示一个"口"形标记,其原点位于图形窗口的左下角,所有位移都是相对于该原点计算的,并且沿 x 轴向右及沿 y 轴向上的位移被规定为正向。AutoCAD 2010 工作界面内的图标就是世界坐标系的图标,如图 2-6 所示。

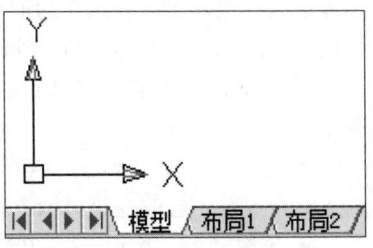

图 2-6 世界坐标系

2. 用户坐标系

在 AutoCAD 中,为了能够更好地辅助绘图,用户经常需要修改坐标系的原点和方向,这时世界坐标系将变为用户坐标系(UCS)。

UCS 的 x、y、z 轴以及原点方向都可以移动或旋转,甚至可以依赖于图形中某个特定的对象。尽管用户坐标系中 3 个轴之间仍然互相垂直,但是在方向及位置上却都有更大的灵活性。另外,UCS 的图标没有"口"形标记。

AutoCAD 2010 提供的 UCS 命令用于定制自己需要的用户坐标系。启动 UCS 命令的方法有以下几种。

①在命令行中输入"UCS"命令,按【Enter】键确定。
②选择菜单栏"工具"→"UCS"→"三点"命令。
③单击功能区选项板中的"视图"选项卡"坐标"面板中的相应按钮即可。
④单击 UCS 工具栏中的 按钮,如图 2-7 所示。

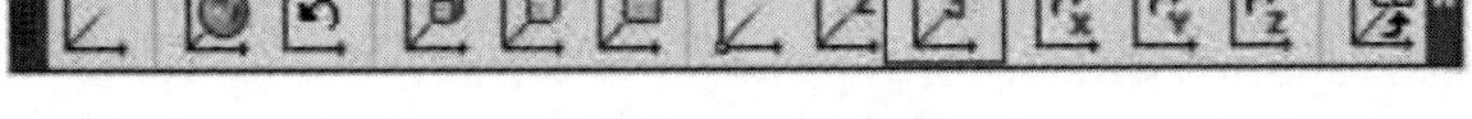

图 2-7 UCS 命令

用上述任意一种方法输入 UCS 命令后 Auto CAD 会提示:

> 当前 UCS 名称:* 世界* 指定 UCS 的原点或[面(F)/命名(NA)对象(OB)/上一个(P)/视图(V)/世界(W)/X/Y/Z/Z 轴(ZA)]<世界>

提示

根据以上启动 UCS 命令的方法单击"世界"按钮,或在命令行提示中输入"w",选择世界选项,即可实现将用户坐标系(UCS)切换为世界坐标系(WCS)。

3. 坐标的输入

在 AutoCAD 2010 中，点的坐标可以使用绝对直角坐标、绝对极坐标、相对直角坐标和相对极坐标 4 种方法表示。在输入点的坐标时要注意以下几点。

①绝对直角坐标是相对于当前坐标系原点(0,0)或(0,0,0)的坐标。可以使用分数、小数或科学计数等形式表示点的 x、y、z 坐标值，坐标间用逗号隔开，如(6,5.4)、(6.3,2,3.4)等。

②绝对极坐标也是从点(0,0)或(0,0,0)出发的位移，但它给定的是距离和角度。其中距离和角度用"<"分开，且规定 x 轴正向为 0，y 轴正向为 90，如(8<64)、(6<30)等。

③相对直角坐标和相对极坐标是指相对于某一点的 x 轴和 y 轴位移，或距离和角度。它的表示方法是在绝对坐标表达式的前面加"@"号，如(@2,3)和(@6<30)。其中，相对极坐标中的角度是新点和上一点连线与 x 轴的夹角。

④在 AutoCAD 中，坐标的显示方式有以下 3 种，它取决于所选择的方式和程序中运行的命令。

- 显示上一个拾取点的绝对坐标。只有在一个新的点被拾取时显示才会更新。但是从键盘输入一个点并不会改变该显示方式。
- 绝对坐标。显示光标的绝对坐标。其值是持续更新的。该方式下的坐标显示是打开的，为默认方式。

提示

> 使坐标显示为<动态 UCS 关>或<动态 UCS 开>时，可以直接按【F6】键、【Ctrl + D】组合键或在状态栏左边的坐标上直接单击。

- 相对极坐标。当选择该方式时，如果当前处在拾取点状态，系统将显示光标所在位置相对于上一个点的距离和角度。当离开拾取点状态时，系统将恢复到绝对坐标。该方式显示的是一个相对极坐标。

2.3 数据的输入方法

在 AutoCAD 2010 中，每当输入一条命令后，通常还需要为该命令的执行提供必要的附加信息。如输入"LINE"（直线）命令后，就要输入指定下一点的坐标值。

AutoCAD 在需要输入附加信息时会给出各种提示，告诉用户需要提供信息的内容（如点的坐标、角度或距离等）和相应的方法。

如果用户输入的数据与命令所要求的数据类型不匹配，就会出现错误信息，这时多数命令会重新提示用户，直到输入正确的数据为止。但有时当前命令及输入的所有信息会被取消而重新返回到命令输入状态。

下面介绍可供选择的各种数据输入方法。

1. 数值

AutoCAD 的许多命令提示要求用户输入表示点和距离的数值，这些数值可以从键盘上使用下列键输入：+、-、0、1、2、3、4、5、6、7、8、9、E、.（小数点）和/。

输入的数值可以是实数或整数。实数可以使用科学计数法的指数形式，也可以是分数，但分子和分母必须是整数且分母要大于零。整数后面紧跟分数要以短横线"-"分隔,且其间不能有空格。分子大于分母的假分数(如5/2)只能在不带整数的情况下出现。正数的标志可以省略。相应行、列的数值必须输入整数。

2. 点

在 AutoCAD 2010 中,可以用多种方法输入一个命令,可以通过键盘、工具栏、下拉菜单、屏幕菜单、对话框、快捷菜单和数字化仪等输入。在"命令:"提示下,可以通过键盘输入命令名,并按【Enter】键或空格键予以确认。

如果在"命令:"下要重复执行刚执行过的命令,可以直接按【Enter】键或空格键,也可以右击定点设备,在弹出的快捷菜单中选择需要重复执行(上一个命令)的命令。另外,还可以使用键盘的向上或向下箭头键显示并选择以前输入过的命令。使用向上箭头键可以在命令历史区显示上一个命令行,使用向下箭头键可以在命令历史区显示下一个命令行。根据内存的大小,AutoCAD可以存储当前进程中的所有通过键盘输入的信息。

用4种不同的输入方法绘制一条直线,绘制的结果如图 2-8 所示。

① 在命令行中输入"line"命令,按【Enter】键,绘制第 1 条直线。
② 选择菜单栏"绘图"→"直线"命令,绘制第 2 条直线。
③ 单击功能区选项板中的"常用"选项卡"绘图"面板"直线"按钮,绘制第 3 条直线。
④ 按【Enter】键(或空格键)重复直线命令,绘制第 4 条直线。

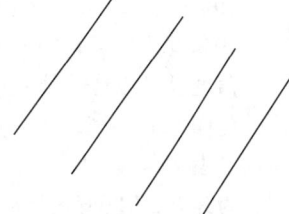

图 2-8 绘制直线

使用以上 4 种方法绘制直线时命令行的提示如下:

```
命令:line
指定第一点:在绘图区域适当位置单击以指定直线的起点。
指定下一点或 [放弃(U)]:将十字光标移动至起点的右上方处并单击。//指定直线的第二点或结束点
指定下一点或 [放弃(U)]:按【Enter】键确定。
```

将绘制结果保存为"结果\ch02\直线.dwg"文件。

提示

> 使用快捷键方式绘制直线时必须保证上一步使用的也是直线命令才可以完成。其他命令同样可以使用这种快捷方式。

使用不同的输入方法会产生不同的绘制结果吗?
使用不同的输入方法,其命令行中的提示是一样的,因而绘制的图形也一样。

3. 距离

AutoCAD 的许多命令提示要求用户输入某个距离的数值,这些提示有高、宽、半径、直径、列距和行距等。AutoCAD 不使用预定义的测量单位系统(如米或英寸)。例如,一个单位的距离可能代表实际单位的 1 厘米、1 英尺或 1 英里。所以开始绘图之前,需要决定一个单位代表多大距离,然后使用该惯例创建图形。要设置距离的单位,可选择"格式"→"单位"命令,弹出"图形单

位"对话框,在其中进行相应的设置。绘制其他图形时如果也采用相同的单位,输出打印时按比例缩放即可。输入的数值要按照数值输入的规定选择,但距离不能是一个负数。

当 AutoCAD 要求输入某个距离时,用户可以先指定一个点的位置,AutoCAD 随即会自动计算出某个明显的基点到指定点的距离。例如输入绘制圆命令(circle)时,命令行提示输入圆心;当输入圆心后,AutoCAD 会接着要求输入半径。如果指定一点,那么 AutoCAD 会认为用户想使用从圆心到这个点的距离作为半径,这时 AutoCAD 会绘制出一个使用用户指定的点在圆周上的圆。如果使用这种方法定义距离,AutoCAD 会显示出一条从基点到十字光标所在点的橡皮线,这样可以看到测得的距离,以便判断确定。

4. 角度

当 AutoCAD 要求用户输入角度时,也就是要输入角度的大小。AutoCAD 的角度一般以度为单位,但用户可以改变角度的单位。AutoCAD 角度的设置规则如下:

①角度的增加是以逆时针方向计算的。
②零度直接指向右边的起始点。
③和世界坐标系的 x 轴重合。

角度也可以像数值一样用键盘或鼠标输入(如 30),接着按【Enter】键或空格键;也可以在数值的前面加上"<"表示角度,如<30。另外,用户也可以沿着所需的方向,指定一条线的起点和终点来表示角度。需要注意的是:角度的大小和输入点的顺序有关。通常第一个点为起点,第二个点为终点,角度值是指从起点到终点的连线与 x 轴正方向的夹角。

5. 位移量

位移量是指一个点或图形从一个位置移动到另一个位置的平移量。位移量的输入方法有两种:一种是使用鼠标给出位移量,为此用户只需给出起点和终点即可,AutoCAD 会用一根线连接用户指定的第 1 个点和第 2 个点,使用户能够看清位移量;另一种是使用键盘输入两个点的坐标,这两个点之间的距离便是用户输入的距离。

2.4 AutoCAD 命令的基本调用方法

AutoCAD 命令的调用方法有多种,用户可以根据实际应用的需要调用。AutoCAD 将对命令做出响应,并在命令提示行显示执行状态,或给出执行命令需要进一步选择的选项。

1. 输入命令

在 AutoCAD 中输入命令的方式有很多种,用户可以使用功能区选项板、菜单栏、工具栏、右键快捷菜单、命令行或快捷键来启动命令。有些命令只有一种输入方式。

AutoCAD 还提供了常用命令的简写形式,在命令行中输入这些简写命令,然后按【Enter】键或者空格键就可以启动相应的常规命令。这种方法也适用于命令窗口和文本窗口。表 2-1 中列出了常用命令的简写形式。

表 2-1 常用命令的简写形式

命令全名	简写	对应操作	命令全名	简写	对应操作
Arc	A	绘制圆弧	Move	M	移动对象
Block	B	定义块	Offset	O	偏移
Circle	C	绘制圆	Pan	P	视图平移
Dimstyle	D	标注样式	Redraw	R	垂面
Erase	E	删除对象	Stretch	S	拉伸
Fillet	F	倒圆角	Mtext	T	创建多行文字
Group	G	编组	Undo	U	撤销上一次操作
Bhatch	H	快速填充	View	V	视图
Insert	I	块插入	Wblock	W	块写入
Line	L	绘制直线	Zoom	Z	缩放视图

2. 命令提示

无论以哪一种方法启动命令，AutoCAD 都会以同样的方式执行命令。执行命令后 AutoCAD 一般是在命令行中显示提示，或者显示一个对话框。输入命令后，命令行中会相应地出现命令提示，以帮助完成这个命令。例如，使用圆命令，根据命令提示绘制一个圆，绘制结果如图 2-9 所示。

① 选择菜单栏"绘图"→"圆"→"[圆心、半径]"命令（或单击功能区选项板"常用"选项卡"绘图"面板中的"圆"按钮）绘制一个圆。具体的命令行操作如下：

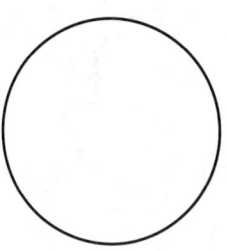

图 2-9 绘制圆

```
命令：circle
指定圆的圆心或[三点(3P)/两点(2P)/切点、切点、半径(T)]：在绘图区域适当位置处单击以指定
圆心。指定圆的半径或[直径(D)]：输入"500"，按【Enter】键确定。//指定圆的半径
```

输入"circle"命令后，命令行中会提示指定圆心、圆的半径或直径等。
② 将绘制结果保存为"结果 ch02 圆.dwg"文件。

3. 退出命令

有的命令在输入后会自动回到无命令状态，等待用户输入下一个命令；而有的命令则要求用户进行退出操作才能返回到等待输入下一个命令的状态，否则就会一直响应用户的操作。

退出命令的方法有两种：一种是绘制完成时按【Enter】键，有的按【Esc】键也可以；另一种是右击，在弹出的快捷菜单中选择"确认"命令即可。

4. 透明命令

很多命令可以"透明"使用，即在运行其他命令的过程中在命令行中输入并执行该命令。

透明命令多为修改图形设置的命令，或是打开绘图辅助工具的命令，如 Snap（捕捉）、Grid（栅格）或 Zoom（窗口缩放）等。

以透明方式使用命令，应在输入命令之前输入单引号"'"。在命令行中，透明命令的提示前有一个双折号"＞＞"。执行完透明命令后将继续执行原命令。例如，画线时，要打开栅格并将其间隔设置为某个数值,则可以输入以下命令。

> 命令:line
> 指定第一点:grid(输入 grid 命令,执行透明命令)
> >>指定栅格间距(X)或[开(ON)/关(OFF)/捕捉(S)/主(M)/自适应(D)/界限(L)/跟随(F)纵横向间距(A)]<10.0000>:输入"10",按【Enter】键确定。//指定栅格的间距
> 正在恢复执行 LINE 命令
> 指定第一点:单击指定直线的第一点。

一般不是用来选择对象、创建新对象、导致重新生成或结束绘图任务的命令可以使用透明命令。在执行完被透明命令中断的命令之前,在执行透明命令打开的对话框中所做的改变不能生效。同样,透明重置系统变量时,新值在下一命令开始时才能生效。但需要注意的是:当命令处于活动状态时,执行取消(Undo)命令可以取消该命令及其任何已执行的透明命令。

用户也可以不用透明方式使用透明命令,而直接使用该命令。

在绘制矩形的过程中使用栅格(Grid)命令,绘制效果如图 2-10 所示。

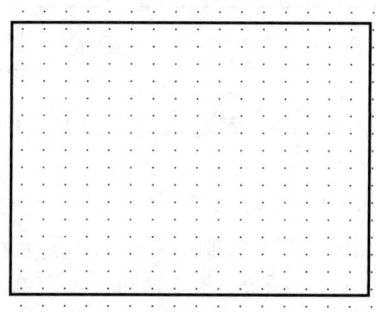

图 2-10 栅格命令

①选择菜单栏"绘图"→"矩形"命令(或单击功能区选项板中的"常用"选项卡"绘图"面板"矩形"按钮)绘制一个矩形,在绘制的过程中使用 Grid 命令设置栅格及打开捕捉(Snap)命令。具体命令行操作如下:

> 命令:rectang
> 指定第一个角点或[倒角(C)/标高(E)/圆角(F)/厚度(T)/宽度(W)]:在绘图区域适当位置处单击以指定矩形的第一个角点。
> 指定另一个角点或[面积(A)/尺寸(D)/旋转(R)]:'grid(输入 grid 命令,执行透明命令)
> 指定栅格间距(X)或[开(ON)/关(OFF)/捕捉(S)/主(M)/自适应(D)/界限(L)/跟随(Fy)纵横向间距(A)]<10.0000:输入"10",按【Enter】键确认。//指定栅格的间距
>
> 正在恢复执行 RECTANG 命令。
> 指定另一个角点或[面积(A)/尺寸(D)/旋转(R)]:平移十字光标到另一点处单击。//完成矩形的绘制

②将绘制的结果保存为"结果 ch02 矩形.dwg"文件。

🔧 提示

> 右击状态栏上的栅格显示按钮,在弹出的快捷菜单中选择"设置"命令,弹出"草图设置"对话框,在其中对栅格进行设置。按【F9】键可打开/关闭捕捉功能。

5. 重复执行命令

如果用户要重复执行上一个命令,可以按【Enter】键或空格键实现;或者在绘图区域中右击,在弹出的快捷菜单中选择"重复"命令。

要重复执行最近的 6 个命令之一,则可在命令行窗口中右击,在弹出的快捷菜单中选择"最近的输入"命令,然后选择最近使用过的 6 个命令之一即可,如图 2-11 所示。

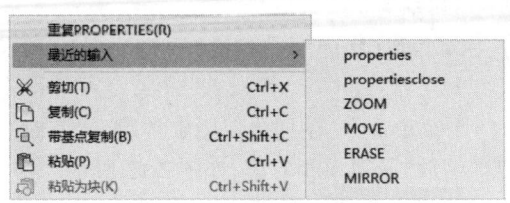

图 2-11 最近的输入命令

要多次重复执行同一个命令,可以在命令行中输入"Multiple",然后在下一个提示的后面输入要重复执行的命令,AutoCAD 将重复执行这一命令直到用户按【Esc】键退出为止。下面是重复执行 circle 命令的例子。

```
命令: Multiple
输入要重复的命令名: circle
指定圆的圆心或[三点(3P)/两点(2P)/切点、切点、半径(T)]
指定圆的半径或[直径(D)]
CIRCLE 指定圆的圆心或[三点(3P)/两点(2P)/切点、切点、半径(T)]
指定圆的半径或[直径(D)]<305,3916>:
CIRCLE 指定圆的圆心或[三点(3P)/两点(2P)/切点、切点、半径(T)]:
指定圆的半径或直径(D)<198.4919>:
CIRCLE 指定圆的圆心或[三点(3P)/两点(2P)/切点、切点、半径(T)]:*取消
```

6. AutoCAD 文本窗口

AutoCAD 文本窗口是一个浮动窗口,按【F2】键可以显示或关闭 AutoCAD 文本窗口。用户可以在文本窗口中输入命令、查看命令提示和消息。在文本窗口中可以很方便地查看当前 AutoCAD 任务的命令历史。另外,还可以使用文本窗口查看较长的输出结果。

用户可以在文本窗口中查看当前图形的全部历史命令。要浏览命令文字,可以使用窗口滚动条或命令行窗口浏览键(如【PageUp】【PageDown】【Home】和【End】等)实现。

文本窗口中的内容是只读的,但是可以将命令窗口中的文字(或其他来源的文字)复制并粘贴到命令行中,这样也可以重复前面的操作或重新输入前面输入过的值。此外,在文本窗口的底部也有一个命令行,可以输入命令。

2.5 图形查看设置

在绘图过程中,有时希望查看整个图形,有时希望查看细微之处。AutoCAD 2010 可以自由控制视图的显示比例,需要对图形进行细微观察时,可适当放大视图比例以显示图形中的细节部分;需要观察全部图形时,可缩小视图的显示比例。

应用正投影法将机件向各投影面投射所得到的图形称为视图。在 AutoCAD 中,可以通过缩放视图来观察图形对象。图形显示缩放只是将屏幕上的对象放大或缩小其视觉尺寸,就像照相机的镜头一样,放大对象时,就好像靠近物体进行观察,从而可以放大图形的局部细节;缩小对象时,就好像远离物体进行观察,以观察整个图形的全貌。执行显示缩放后,对象的实际尺寸仍保持不变。

1. 缩放菜单和缩放工具栏

在 AutoCAD 2010 中,选择菜单栏"视图"→"缩放"子菜单命令,或单击功能区"视图"选项卡中的相应按钮,即可缩放视图。

"缩放"子菜单中包含 11 个菜单命令,在具体使用中常用到"实时""窗口""动态""中心"等命令。"缩放"工具栏基本与"缩放"子菜单相对应,如图 2-12 所示。

图 2-12 缩放菜单

2. 实时平移

在平移工具中,实时平移工具使用的频率最高,通过使用该工具可以拖动十字光标来移动视图在当前窗口中的位置。具体操作步骤如下:

①选择菜单栏"视图"→"平移"→"实时"命令,此时十字光标变成手形。

②单击并拖动十字光标在绘图区域中沿任意方向移动,窗口内的图形就可按十字光标移动的方向移动。释放鼠标,可返回平移等待状态。按【Esc】键或【Enter】键可退出实时平移。通过中键或按住鼠标滚轮可平移图形。

2.6 图形界限和单位

在绘图之前都要设置绘图界限和图形单位。设置绘图界限(又称绘图区域,也称图限)就是要标明用户的工作区域和图纸的边界,让用户在设置好的区域内绘图,以免所绘制的图形超出该边界。图形单位主要是设置长度和角度的类型、精度,以及角度的起始方向等。

1. 设置绘图界限

在 AutoCAD 2010 中,主要使用以下两种方法设置绘图界限。

① 在命令行中输入"LIMITS"命令,按【Enter】键确定。

② 选择菜单栏"格式"→"图形界限"命令。

执行 LIMITS 命令,在命令行中会出现以下提示。

```
命令: LIMITS
重新设置模型空间界限
指定左下角点或[开(ON)/关(OFF)]<0.0000,0.0000>://提示输入左下角的位置,默认为(0,0)
指定右上角点<420.0000,297.0000>://指示输入右上角的位置,默认为(420,297)
```

为什么要设置绘图界限?

设置绘图界限将直接影响图纸的空间范围,便于用户在设置的空间范围内绘图和观察图。

2. 设置图形单位

对任何图形而言,总有其大小、精度以及所采用的单位。在 AutoCAD 中,在屏幕上显示的只是屏幕单位,但屏幕单位应该对应一个真实的单位,不同的单位其显示格式是不同的。

同样,也可以设定或选择角度类型、精度和方向。

设置图形单位的方法主要有以下两种:

① 在命令行中输入"UNITS"命令,按【Enter】键确定。

② 选择菜单栏"格式"→"单位"命令,弹出"图形单位"对话框,其中包含长度、角度、插入时的缩放单位、输出样例和光源 5 个区,如图 2-13 所示。

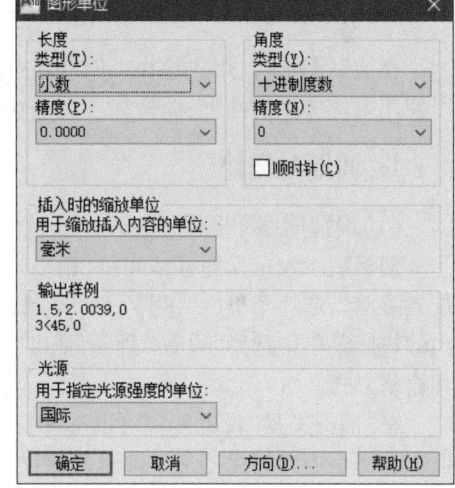

图 2-13 "图形单位"对话框

• 长度:指定测量的当前单位及当前单位的精度。

• 角度:指定当前角度格式和当前角度显示的精度。

• 插入时的缩放单位:控制插入到当前图形中的块和图形的测量单位。如果块或图形创建时使用的单位与该选项指定的单位不同,则在插入这些块或图形时,将对其按比例缩放。插入比例是源块或图形使用的单位与目标图形使用的单位之比。如果插入块时不按指定单位缩放,可选择"无单位"。

🔍 **注意**

当源块或目标图形中插入时的缩放单位设置为"无单位"时,将使用"选项"对话框的"用户系统配置"选项卡中的源内容单位和目标图形单位设置。

• 输出样例:显示用当前单位和角度设置的例子,单击"方向"按钮,弹出"方向控制"对话框。

在该对话框中可以设定基准角度方向,默认 0°为东的方向。如果要设定除了东、南、西、北 4 个方向以外的方向作为 0°方向,可以选中"其他"单选按钮,此时下面的"角度"文本框有效,用户可以直接输入一个角度值作为 0°方向,如图 2-14 所示。

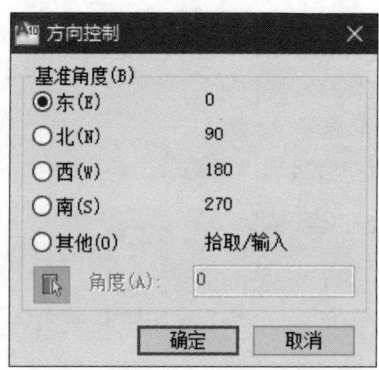

图 2-14 "方向控制"对话框

- 光源:用于指定光源强度的单位。该选项包括常规、国际和美国 3 种。

2.7 辅助功能

在绘制图形时,用户往往难以使用十字光标(即鼠标在绘图区域时的显示)准确定位,这时可以使用系统提供的捕捉、栅格和正交等功能来辅助定位。

1. 捕捉与栅格

(1)设置捕捉和栅格

捕捉用于设定光标移动间距;栅格是一些标定位置的小点,使用它们可以提供直观的距离和位置参照。选择菜单栏"工具"→"草图设置"命令,或右击状态栏中的"栅格显示"等按钮,在弹出的快捷菜单中选择"设置"命令,弹出"草图设置"对话框,选择"捕捉和栅格"选项卡,设置捕捉和栅格方式。

在"捕捉类型"设置区中可以选择捕捉类型为栅格捕捉或极轴捕捉。如果选择栅格捕捉,还可以选择是矩形捕捉还是等轴测捕捉;如果选择极轴捕捉,还可以在极轴间距文本框中设置极轴距离。

(2)使用捕捉的要点

在 AutoCAD 中,使用"Snap"命令也可以设置捕捉,其命令提示如下:

命令:snap
指定捕捉间距或[开(ON)/关(OFF)/纵横向间距(A)/样式(S)/类型(T)] <10.000>

在使用 Snap 命令设置捕捉时要注意:

等轴测选项用于绘制轴测图,以 30°、90°、150°、210°、270°和 330°为基础,捕捉间距最好设为栅格的几分之一,这样有利于按栅格调整捕捉点。

(3)使用栅格的要点

在 AutoCAD 中,使用 Grid 命令也可以设置栅格的显示及间距。在设置显示栅格时要注意:

栅格间距不要太小,否则将导致图形模糊及屏幕重画太慢,甚至无法显示栅格。

栅格的纵横比可以不相同,应根据需要设定。

如果设置了图形界限,则只能在图形界限区域内显示栅格。

2. 正交模式

在正交模式中,使用光标就能绘制水平直线和垂直直线,此时只需要输入直线的长度即可。用户可以通过单击状态栏中的"正交"按钮、使用 ORTHO 命令或按【F8】键打开或关闭正交模式。

3. 对象捕捉

在 AutoCAD 中,使用对象捕捉可以将指定点快速、精确地限制在现有对象的确切位置上(如中点或交点),而不必知道坐标或绘制构造线。

(1)对象捕捉模式详解

选择菜单栏"工具"→"草图设置"命令,弹出"草图设置"对话框,选择"对象捕捉"选项卡,用户可以通过选中"对象捕捉模式"设置区中的相应复选框来打开对象捕捉模式,如图 2-15 所示。

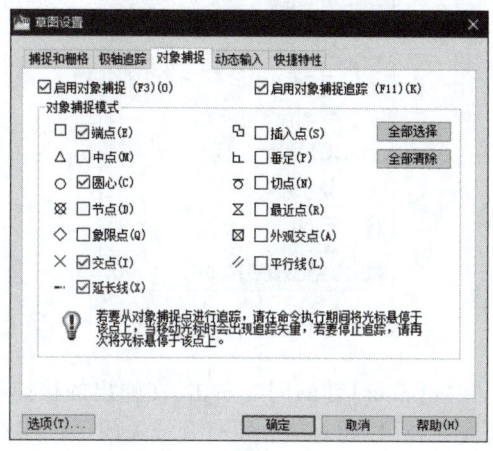

图 2-15 "草图设置"对话框

在 AutoCAD 中,也可以使用"对象捕捉"工具栏中的按钮随时打开"捕捉"工具。"对象捕捉"工具栏,如图 2-16 所示。

图 2-16 "对象捕捉"工具栏

> **工具有什么作用?**
> "捕捉"工具并不是对象捕捉模式,但它经常与对象捕捉一起使用。在使用相对坐标指定下一个应用点时,"捕捉"工具可以提示用户输入基点,并将该点作为临时参考点。这与通过输入前级@使用最后一个点作为参考点类似。

(2)设置运行捕捉模式和覆盖捕捉模式

在"草图设置"对话框的"对象捕捉"选项卡中,设置的对象捕捉模式始终为运行状态,直到关闭它们为止,用户将这种捕捉模式称为运行捕捉模式,如图 2-17 所示。如果要临时打开捕捉模式,可以选择"对象捕捉"工具栏中的工具。这种捕捉模式称为覆盖捕捉模式,它仅对本次捕捉点有效。

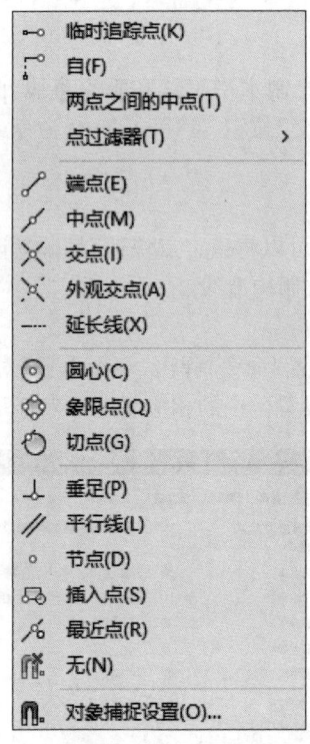

图 2-17　运行捕捉模式

设置覆盖捕捉模式时,在按【Shift】键的同时右击,在弹出的快捷菜单中选择相应的捕捉方式。该快捷菜单与"对象捕捉"工具栏相对应。要打开或关闭运行捕捉模式,可以单击状态栏中的"捕捉"按钮。此外,设置覆盖捕捉模式后,系统将暂时覆盖运行捕捉模式。

(3) 设置对象捕捉参数

通过调整对象捕捉靶框,可以只对落在靶框内的对象使用对象捕捉。靶框大小应根据选择的对象、图形的缩放设置、显示分辨率和图形的密度等进行设置。此外,还可以通过设置确定是否显示捕捉标记、自动捕捉标记框的大小和颜色、是否显示自动捕捉靶框等。用户可以在绘图区域右击,在弹出的快捷菜单中选择"选项"命令,弹出"选项"对话框,选择"草图"选项卡,在其中进行设置,如图 2-18 所示。

4. 对象追踪

在 AutoCAD 中,用相对图形中的其他点来定位点的方法称为追踪。使用自动追踪功能可按指定角度绘制对象,或者绘制与其他对象有特定关系的对象。当自动追踪打开时,可以利用屏幕上出现的追踪线在精确的位置和角度上创建对象。自动追踪包含极轴追踪和对象捕捉追踪,可以通过单击状态栏中的"极轴"或"对象追踪"按钮打开或关闭追踪模式。

(1) 使用极轴追踪

选择菜单栏"工具"→"草图设置"命令,弹出"草图设置"对话框,选择"极轴追踪"选项卡,启用极轴追踪,以及设置极轴角度增量和极轴角测量方式。

在极轴角设置参数区中,如果在增量角下拉列表中预设的角度不能满足需要,则可选中"附加角"复选框,然后单击"新建"按钮增加新角度。

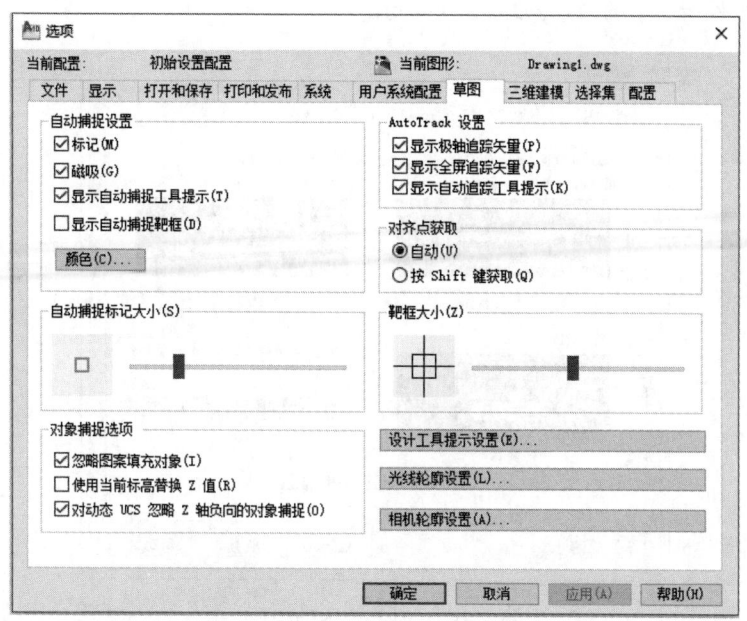

图 2-18 "草图"选项卡

能否同时打开正交模式和极轴追踪模式?
　　打开正交模式后,光标将被限制沿水平或垂直方向移动,因此正交模式和极轴追踪模式不能同时打开。若一个打开,另一个将自动关闭。

(2) 使用对象捕捉追踪

在状态栏中单击"对象追踪"按钮,可以打开对象捕捉追踪功能。所谓对象捕捉追踪是指系统在找到对象上的特定点后,可继续根据设置进行正交或极轴追踪(取决于状态栏中的正交或极轴开关的设置)。

5. 动态输入

动态输入在光标附近提供了一个命令界面,以帮助用户专注于绘图区域。启用动态输入时,工具栏提示将在光标附近显示信息,该信息会随着光标的移动而动态更新。当某条命令为活动时,工具栏提示将为用户提供输入位置。

完成命令或使用夹点所需的动作与命令行中的动作类似,区别是用户的注意力可以保持在光标附近。

动态输入不会取代命令窗口。可以隐藏命令窗口以增加绘图屏幕区域,但是在有些操作中还是需要显示命令窗口。按【F2】键可根据需要隐藏或显示命令提示和错误消息。另外,也可以浮动命令窗口,并使用自动隐藏功能来展开或卷起该窗口。

(1) 打开和关闭动态输入

单击状态栏中的"动态输入"按钮 ![icon] 可打开和关闭动态输入。按【F12】键可临时将其关闭。动态输入有 3 个组件:指针输入、标注输入和动态提示。右击状态栏中的"动态输入"按钮,在弹出的快捷菜单中选择"设置"命令,弹出"草图设置"对话框,选择"动态输入"选项卡,控制启用动态输入时每个组件所显示的内容,如图2-19所示。

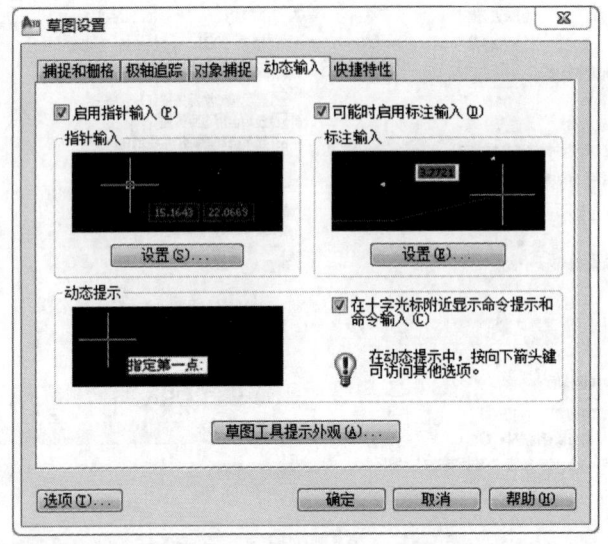

图2-19 "动态输入"选项卡

> 注意
>
> 透视图不支持动态输入。

(2)使用动态输入

除了在状态栏上右击启用"草图设置"对话框外,还可以选择菜单栏"工具"→"草图设置"命令,启用"草图设置"对话框。在"动态输入"选项卡中可以启用指针输入,还可启用标注输入和动态提示。

①指针输入。当启用指针输入且有命令在执行时,十字光标的位置将在光标附近的工具栏提示中显示为坐标。可以在工具栏提示中输入坐标值,而不用在命令行中输入。第2个点和后续点的默认设置为相对极坐标(对于 RECTANG 命令,为相对笛卡儿坐标),但不需要输入"@"符号。如果需要使用绝对坐标,可以使用"#"前缀。例如,要将对象移到原点,可以在提示输入第2个点时输入"#0,0"。使用指针输入设置可以修改坐标的默认格式,以及控制指针输入工具栏提示何时显示。

②标注输入。启用标注输入时,当命令提示输入第2点时,工具栏提示将显示距离和角度值。在工具栏提示中的值将随着光标的移动而改变。按【Tab】键可以移动到要更改的值。标注输入可用于 ARC、CIRCLE、ELLIPSE、LINE 和 PLINE 等命令。

> 注意
>
> 对于标注输入,在输入字段中输入值并按【Tab】键后,该字段将显示一个锁定图标,并且光标会受输入的值的约束。

③动态提示。启用动态提示时,提示会显示在光标附近的工具栏提示中。用户可以在工具栏提示(而不是在命令行)中输入响应。按【↓】键可以查看和选择选项。按【↑】键可以显示最近的输入。

> **注意**
>
> 要在动态提示工具栏提示中使用 PASTECLIP，可以输入字母，然后粘贴，输入之前用【Backspace】键将其删除。否则，输入将作为文字粘贴到图形中。

2.8 在模型空间与图纸空间之间切换

在 AutoCAD 中绘图和编辑时，可以采用不同的工作空间，即模型空间和图纸（又称布局）空间。在不同的工作空间可以完成不同的操作，如绘图操作和编辑操作、注释和显示控制等。

1. 模型空间和图纸空间的概念

在使用 AutoCAD 绘图时，多数的设计和绘图工作都是在模型空间完成二维或三维图形。模型空间和图纸空间的区别主要在于：模型空间是针对图形实体的空间，是放置几何模型的三维坐标空间；图纸空间则是针对图纸布局而言的，是模拟图纸的平面空间，它的所有坐标都是二维的。需要指出的是：两者采用的坐标系是一样的。

通常在绘图工作中，无论是对二维还是三维图形的绘制与编辑，都是在模型空间这个三维坐标空间下进行的。

模型空间就是创建工程模型的空间，它为用户提供了一个广阔的绘图区域。用户在模型空间中所需考虑的只是单个的图形是否绘出或正确与否，而不用担心绘图空间是否足够大。包含模型特定视图和注释的最终布局则位于图纸空间。也就是说，图纸空间侧重于图纸创建最终的打印布局，而不用于绘图或设计工作，只需将模型空间的图形按照不同的比例搭配，再加以文字注释，最终构成一个完整的图形即可。在这个空间中，用户几乎不需要再对任何图形进行修改编辑，所要考虑的只是图形在整张图纸中如何布局。因此建议用户在绘图时，应先在模型空间进行绘制和编辑，在上述工作完成之后再进入图纸空间进行布局调整，直到最终出图。

在模型空间和图纸空间中，AutoCAD 都允许使用多个视图。但在两种绘图空间中多视图的性质与作用是不同的。在模型空间中，多视图只是为了便于观察和绘图，因此其中的各个视图与原绘图窗口类似。

在图纸空间中，多视图的主要目的是便于进行图纸的合理布局，用户可以对其中的任何一个视图本身进行如复制和移动等基本的编辑操作。

如何进一步理解模型空间与图纸空间的概念？

模型空间与图纸空间的概念较为抽象，初学者只需简单了解即可。它们的细微之处可以在以后的使用中逐步体会。需要注意的是：在模型空间与图纸空间中 UCS 图标是不同的，但均是三维图标。

---

2. 模型空间和图纸空间的切换

在 AutoCAD 2010 中，模型空间与图纸空间的切换可以通过以下两种方法实现。

在绘图区下部的"切换"选项卡中，单击"模型"选项卡即可进入模型空间，单击"布局"选项卡则可进入图纸空间，如图 2-20 所示。

单击状态栏中的"快速查看布局"按钮 ，在弹出的模型或布局页面上单击即可实现两者之间的相互切换。

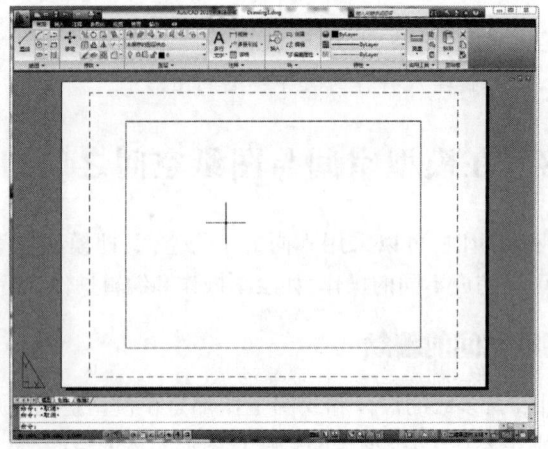

图 2-20　空间切换

提示

如果布局和模型选项卡的名称不显示在绘图区域下方,可以通过在绘图区域右击,在弹出的快捷菜单中选择"选项"命令,弹出"选项"对话框,选择"显示"选项卡,在"布局元素"栏中选中"显示布局和模型选项卡"复选框将其显示出来。

在默认状态下,AutoCAD 2010 将引导用户进入模型空间。但在实际操作时,用户尚需进行一些图纸布局方面的设置。具体操作步骤如下:

①如图 2-21 所示,右击"布局 1"选项卡,在弹出的快捷菜单中选择"页面设置管理器"命令,弹出"页面设置管理器"对话框。

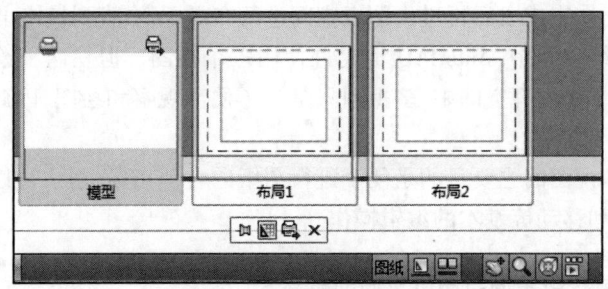

图 2-21　模型空间

②单击"修改"按钮,弹出页面设置布局 1 对话框,从中可以进行图纸大小、打印范围和打印比例等方面的设置,设置完毕单击"确定"按钮,使用 AutoCAD 的默认选项即可进入图纸空间。

提示

如果希望每次创建新的图形布局时都显示页面设置管理器,可以在"选项"对话框的"显示"选项卡的"布局元素"选项中选择"新建布局时显示页面设置管理器"复选框。如果不需要为每个新布局都自动创建视口,可以在"选项"对话框的"显示"选项卡的"布局元素"选项中取消选择"在新布局中创建视口"复选框。

第 3 章　开始二维图形的绘制

绘制和编辑图形是 AutoCAD 绘图技术的两大重点，所以绘制和编辑这些基本图形元素的各种命令也就构成了 AutoCAD 的基本绘制命令。本章介绍点、直线类和曲线类二维图形的基本绘制命令。

无论多么复杂的二维图形，都是由若干简单的点、线、圆和圆弧等基本图形元素组成的，因此，一幅工程图的绘制过程其实就是这些基本图形元素的组合设计和分类绘制的过程。

3.1　AutoCAD 基本绘图命令

AutoCAD 提供了多种绘制图形的命令，用户可以在功能区选项板的"常用"选项卡"绘图"面板中调用这些绘图命令，如图 3-1 所示。

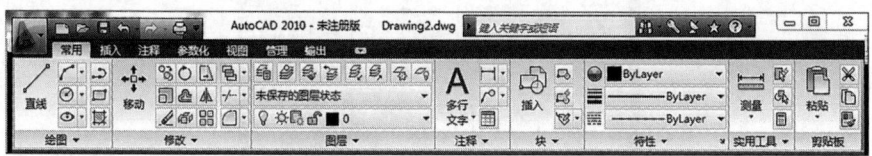

图 3-1　"常用"选项卡

在绘制图形的过程中，用户也可以利用右键快捷菜单调用绘图命令，图 3-2 所示为直线绘制过程中的右键快捷菜单。

图 3-2　右键快捷菜单

3.2 坐标点的输入方法

在绘图过程中,经常要通过输入点的坐标来确定某个点的位置。如在绘制直线时,需要输入其端点;绘制圆或圆弧时,需要确定圆心点等。在利用 AutoCAD 绘制图形时,当确定好自己的坐标系以后,一般可以采用键盘输入、使用鼠标在绘图区内拾取或利用对象捕捉方式捕捉一些特征点(如圆心、线段的端点、垂足点、切点或中点)等方法来确定点的位置。

在执行 AutoCAD 命令时,当系统提示要求输入确定点位置的参数信息时,就必须通过键盘输入坐标点来响应提示。

绘制点的方式有以下 3 种。

①在命令行中输入"POINT"命令,按【Enter】键确定。

②选择菜单栏"绘图"→"点"子菜单中的命令。

③单击功能区选项板"常用"选项卡"绘图"面板中的"多点"按钮 ,也可单击该按钮右侧的下拉按钮,从中选择"其他选项",即单点、多点、定数等分和定距等分,如图 3-3 所示。

图 3-3 "点"命令

使用这 4 种方法绘制点,其绘制结果如下。

选择"单点"命令,可以在屏幕上绘制一个点。

选择"多点"命令,可以在屏幕上同时绘制多个点。

选择"定数等分"命令,可以定数等分一个实体。

选择"定距等分"命令,可以定距等分一个实体。

在绘制点的实际操作中,可以通过"DDPTYPE"命令或选择"格式"→"点样式"命令,弹出"点样式"对话框。

AutoCAD 提供了 20 种不同式样的点。在"点样式"对话框中,可以选择需要的点样式。在"点大小"文本框中可以设置点相对于屏幕的大小,也可以设置成绝对单位的大小。设置完毕单击"确定"按钮,系统就会自动采用新的设定重新生成图形,如图 3-4 所示。

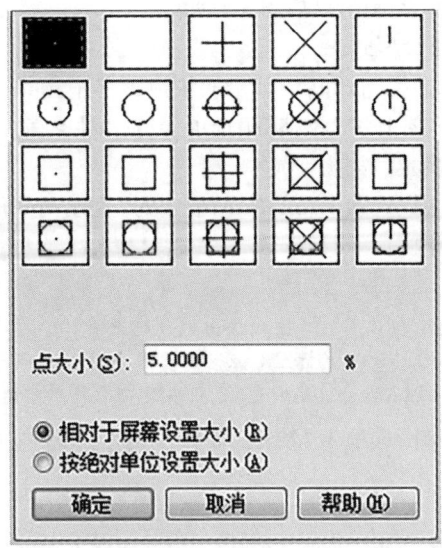

图 3-4 "点样式"对话框

3.3 绘制直线和射线

在各类工程图形的绘制中,直线和由直线构成的线性几何图形是使用最多且应用最广泛的一种图形对象。下面分别介绍其中的直线、构造线和射线等图形的绘制方法。

1. 绘制直线

直线是 AutoCAD 中最基本的图形对象之一。绘制直线的命令是"Line",调用直线命令的方法有以下 3 种。

①在命令行中输入"LINE"(或"L")命令,按【Enter】键确定。
②选择菜单栏"绘图"→"直线"命令。
③单击功能区选项板"常用"选项卡"绘图"面板中的"直线"按钮 ╱。

> **使用直线命令如何绘制直线?**
> 直线命令启动后,根据操作,在命令提示区会依次显示提示信息,提示用户通过鼠标或键盘确定第一点和下一点的位置,从而绘制出需要的直线段。

2. 直线命令的命令行提升

用 AutoCAD 绘制的直线可以是一条线段,也可以是一组相连的线段。当绘制一条线段时在系统命令提示区第二次出现"指定下一点或放弃(U)"提示信息时,直接按【Enter】键即可;若绘制的是一组线段,则需要在"指定下一点或放弃(U)"提示信息后再一次指定端点的位置。当输入的端点超过 3 个时,出现"指定下一点或闭合(C)/放弃(U)"提示。其中各个选项的含义如下:

闭合(C):表示在命令提示区输入"C",将封闭多条直线段绘制的图形。
放弃(U):表示在命令提示区输入"U",按【Enter】键将剔除最后一次绘制的图形线段。

使用"Line"命令绘制直线,绘制结果如图 3-5 所示。

①打开对象捕捉模式和正交模式。

②右击状态栏中的"对象捕捉"按钮,在弹出的快捷菜单中选择"设置"命令,弹出"草图设置"对话框,选择"对象捕捉"选项卡,在"对象捕捉模式"栏中选择"端点"选项,单击"确定"按钮。

③单击功能区选项板"常用"选项卡"绘图"面板中的"直线"按钮,绘制一条线段。具体的命令行提示如下:

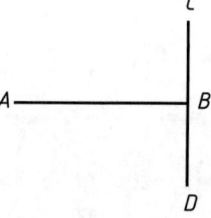

图 3-5　绘制直线 1

```
命令:line
指定第一点:在绘图区域的适当位置处单击以给出线段起点 A
指定下一点或[放弃(U)]:平移十字光标至起点的右方适当位置 B 点后单击。
指定下一点或[放弃(U)]:按【Enter】键确定(或在右键快捷菜单中选择"确认"命令)
```

④单击功能区选项板"常用"选项卡"绘图"面板中的"直线"按钮,绘制 C 点到 D 点的直线段。具体的命令行提示如下:

```
命令:ine
指定第一点:捕捉到 B 点后向上平移到适当位置 C 点后单击,以给出直线段的起点。
指定下一点或[放弃(U)]:向下平移十字光标到 D 点后单击。
指定下一点或[放弃(U)]:按【Enter】键确认。
```

⑤重复以上操作,绘制直线 EF、GH。

⑥将绘制的直线保存为"结果 ch03 直线绘制.dwg"文件,如图 3-6 所示。

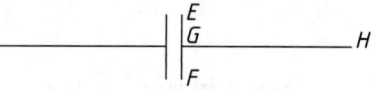

图 3-6　绘制直线 2

3. 绘制构造线和射线

在绘图时经常需要绘制一些临时线作为辅助线,以帮助精确定位、调整或设置对象。AutoCAD 提供了两种类型的辅助线,即构造线和射线。

构造线为两端可以无限延伸的直线,它没有起点和终点,可以放置在三维空间的任一地方。要创建构造线,可选择菜单栏"绘图"→"构造线"命令或单击功能区选项板"常用"选项卡"绘图"面板中的"构造线"按钮。此时系统将启动 Xline 命令并显示如下信息:

```
命令:Xline
指定点或[水平(H)垂直(V)角度(A)二等分(B)偏移(O)]:
```

创建构造线时要注意以下几点:

①在默认情况下,可以通过指定两点定义构造线的方向。其中,第一个点(即根)是构造线概念上的中点。

②绘制时若选择水平或垂直,可以创建一条经过指定点(中点)并且平行于当前坐标系统的 x 轴或 y 轴的构造线。

③若选择角度,可以先选择一条参考线,然后指定直线与构造线的角度;或者指定构造线的角度,然后设置必经的点,这时可以创建与 x 轴呈指定角度的构造线。

④若选择二等分,可以创建二等分指定角的构造线,这时需要指定等分角的顶点、起点和端点。

⑤若选择偏移,可以创建平行于指定基线的构造线,这时需要指定偏移距离和选择基线,然后指明构造线位于基线的哪一侧。

⑥在使用构造线辅助定位时,为了使整个画面整洁,通常需要使用修剪和打断命令除去多余的部分。

AutoCAD 提供的"Ray"命令可以帮助用户绘制射线。射线可以用作图形设计的辅助线以帮助用户定位。在图形所代表的真实实体中不可能包含一条真正意义上的射线。在命令行中输入"Ray"(也可选择菜单栏"绘图"→"射线"命令或单击功能区选项板"常用"选项卡"绘图"面板中的"射线"按钮)即可绘制射线,如图3-7 所示。

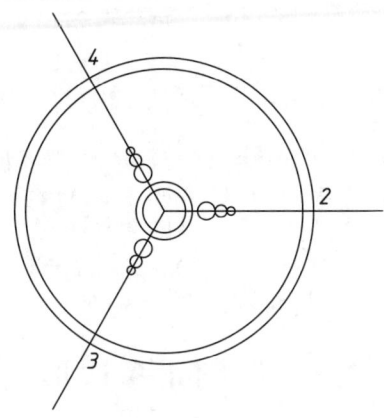

图 3-7　绘制射线

绘图时使用射线代替构造线有哪些好处?

使用射线代替构造线有助于降低视觉混乱。与构造线一样,显示图形范围的命令将忽略射线。

3.4　绘 制 矩 形

矩形是绘图中应用较多,较常用的基本图元。在 AutoCAD 中,使用"Rectangle"命令可以绘制由两个角点确定的矩形。调用该命令的方法有以下 3 种。

①在命令行中输入"Rectang"或"Rectangle"命令,按【Enter】键确定。
②选择菜单栏"绘图"→"矩形"命令。
③单击功能区选项板"常用"选项卡"绘图"面板中的"矩形"按钮 。

矩形命令启动后,系统会在命令提示区依次显示提示信息,提示用户通过鼠标或键盘输入两个角点来绘制矩形。

在 AutoCAD 2010 中,执行矩形命令后,命令行提示如下:

```
命令:_rectang
指定第一个角点或[倒角(C)/标高(E)/圆角(F)/厚度(T)/宽度(W)]:
指定另一个角点或[面积(A)/尺寸(D)/旋转(R)]:
```

可以指定倒角、宽度、面积和旋转等参数,还可以控制矩形上角点的类型(圆角、倒角等)。如果按照命令行的提示"指定第一个角点或[倒角(C)/标高(E)/圆角(F)/厚度(T)/宽度(W)]:"选择相应的倒角(C)或圆角(F)选项,则可绘制出带倒角或圆角的矩形图形;如果选择执行宽度

(W)选项,则可指定所画矩形的线宽。另外,选择厚度(T)选项可以指定所画矩形的厚度。

在选择矩形的角点时没有方向性,既可以从左到右,也可以从右到左。另外,使用 Rectang 命令绘制出来的矩形是一条封闭的多段线。使用 Rectang 命令绘制矩形的结果如图3-8 所示。

单击功能区选项板"常用"选项卡"绘图"面板中的"矩形"按钮绘制矩形。具体命令行提示如下:

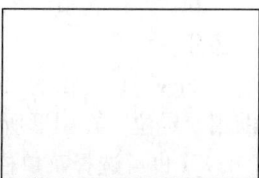

图3-8 绘制矩形

```
命令:_rectang
①指定第一个角点或[倒角(C)/标高(E)/圆角(F)/厚度(T)/宽度(W)]:在绘图区域适当位置处单击,以指定矩形的第一个角点。
②指定另一个角点或[面积(A)/尺寸(D)/旋转(R)]:输入"D",按【Enter】键确认。
③指定矩形的长度 <300.0000>:输入"300",按【Enter】键确认。//指定矩形的长度为300
④指定矩形的宽度 <200.0000>:输入"200",按【Enter】键确认。//指定矩形的宽度为200
⑤指定另一个角点或[面积(A)/尺寸(D)/旋转(R)]:在绘图区域平移十字光标并单击。
⑥将绘制的图形保存为"结果\ch3\矩形.dwg"文件。
```

3.5 绘制正多边形

正多边形是由多条等边长的封闭线段构成的,可以利用 AutoCAD 2010 提供的"Polygon"命令绘制。利用"Polygon"命令可以绘制 3～1 024 条边的正多边形。调用该命令的方法有以下3种:

①在命令行中输入"POLYGON"(或"POL")命令,按【Enter】键确定。
②选择菜单栏"绘图"→"正多边形"命令。
③单击功能区选项板"常用"选项卡"绘图"面板中的"正多边形"按钮 ⬠。

启动命令后,命令提示区显示提示信息,提示用户确定正多边形的边数,以及指定是用内接圆还是外切圆的方式绘制正多边形。

【例3-1】使用"Polygon"命令绘制正多边形,绘制结果如图3-9 所示。

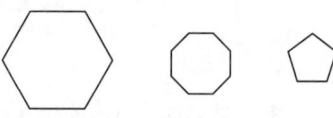

图3-9 绘制正多边形

单击功能区选项板"常用"选项卡"绘图"面板中的"正多边形"按钮,通过指定边绘制正六边形。具体命令行提示如下:

```
命令:_polygon
①输入边的数目 <4>:输入"6",按【Enter】键确认。
指定正多边形的中心点或[边(E)]:输入"E",按【Enter】键确认。
指定边的第一个端点:在绘图区域适当位置处单击,以指定边的第一个端点。
指定边的第二个端点:将十字光标移动到另一适当位置处单击,以指定边的第二个端点。
②重复正多边形命令的操作,通过外切于圆绘制正八边形。
命令:_polygon
输入边的数目 <6>:输入"8",按【Enter】键确认。
指定正多边形的中心点或[边(E)]:在绘图区域正六边形右侧的适当位置处单击,以指定正八边形的中心点。
```

输入选项[内接于圆(I)/外切于圆(C)]<C>:输入"C",按【Enter】键确认。
指定圆的半径:输入"400",按【Enter】键确认。//指定圆的半径为400
③重复正多边形命令的操作,通过内接于圆绘制正五边形。具体命令行提示如下:
命令:_polygon
输入边的数目<8>:输入"5",按【Enter】键确认。
指定正多边形的中心点或[边(E)]:在绘图区域正八边形右侧的适当位置处单击,以指定正五边形的中心点。
输入选项[内接于圆(I)/外切于圆(C)]<C>:输入"I",按【Enter】键确认。
指定圆的半径:输入"500",按【Enter】键确认。//指定圆的半径为500
将绘制的图形保存为"结果ch03正多边形.dwg"文件。

3.6 绘制圆

圆与曲线类图形也是AutoCAD中比较常见的基本图形对象,主要包括圆、圆弧、椭圆和样条曲线等。

圆是一种特殊的平面曲线,在许多图中都有圆的形状,AutoCAD中绘制圆的命令是"Circle",调用该命令的方法有以下3种。

①在命令行中输入"CIRCLE"(或"C")命令,按【Enter】键确定。

②选择菜单栏"绘图"→"圆"子菜单中的命令,如图3-10所示。

③单击功能区选项板中的"常用"选项卡"绘图"面板"圆"按钮 。

确定一个圆的位置和大小的方法有多种,如给定圆的圆心和半径,或者给定圆上3个点的位置坐标等。从圆的子菜单中可以看出,用AutoCAD绘制一个圆有6种方式,其中采用"圆心,半径"命令绘制圆是AutoCAD 2010的默认作图方法。启动圆命令后,命令提示区会显示提示信息,依次提示用户指定圆心和半径。执行圆命令后,除了采用上述默认的"圆心,半径"方式绘制圆外,在"指定圆的圆心或[三点(3P)/两点(2P)/切点、切点、半径(T):]"提示下,通过选择方括号中的各个选项,还可以使用其他方式绘制圆。

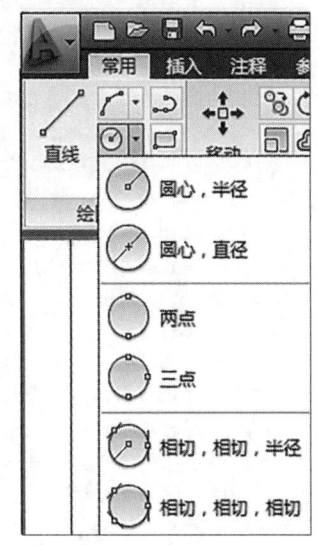

图3-10 绘制圆命令

①3P(三点方式):以圆周上的3个点来绘制圆。当输入"3P",按【Enter】键后,系统提示输入第一点、第二点和第三点。

②2P(两点方式):以直径的两个端点绘制圆。当输入"2P",按【Enter】键后,系统提示指定圆上直径的两个端点坐标。

③T(切点、切点、半径):通过两条切线和半径绘制圆。当输入"T",按【Enter】键后,系统将依次提示指定圆的第一个相切对象和第二个相切对象,以及圆的半径参数。

另外,在圆的子菜单中还可以选择其他方式绘制圆,如通过给定3条切线来确定圆的位置和大小等。

在实际作图的过程中,由于图形结构的不同,以上6种方式并不一定全部用到,读者按照要求绘制出满意的圆即可。因此,对AutoCAD提供的绘制圆的方法一定要根据具体的作图情况合理使用。

可以使用多种方法绘制圆,默认方法是指定圆心和半径。AutoCAD 还提供了其他 3 种绘制圆的方法,下面通过几种不同的方法简单地绘制几个圆,如图 3-11 所示。

①单击功能区选项板"常用"选项卡"绘图"面板中的"圆"按钮 ⊙▼ ,通过"圆心,半径"方式绘制一个圆。

②重复圆命令的操作,通过"圆心,直径"方式绘制另外一个圆形(里面的那个圆)。

③重复圆命令的操作,通过两点方式绘制位于绘制好的那两个圆下面的一个圆。具体的命令行提示如下。

④重复圆命令的操作,通过"切点、切点、半径"方式绘制左右对称的两个圆。具体命令行提示如下:

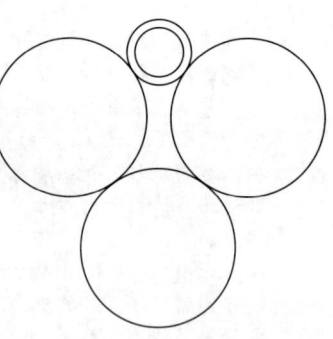

图 3-11　绘制圆

①命令:_circle
指定圆的圆心或[三点(3P)/两点(2P)/切点、切点、半径(T)]:在适当位置处单击,以指定圆的圆心。
指定圆的半径或[直径(D)]<100.000>:输入"100",按【Enter】键确认。//完成圆的绘制
②命令:_circle
指定圆的圆心或[三点(3P)/两点(2P)/切点、切点、半径(T)]:打开对象捕捉模式,捕捉步骤①中所绘制的圆的圆心作为该圆的圆心。
指定圆的半径或[直径(D)]<100.000>:输入"d",按【Enter】键确认。
指定圆的直径<200.0000>:输入"100",按【Enter】键确认。　　//完成圆的绘制
③命令:_circle
指定圆的圆心或[三点(3P)/两点(2P)/切点、切点、半径(T)]:输入"2p",按【Enter】键确认。
指定圆直径的第一个端点:在所绘制的圆下适当位置处单击指定圆直径的一点。
//指定圆上第一个端点
指定圆直径的第二个端点:平移十字光标到一点处单击以指定圆直径的另一点。//完成圆的绘制
命令:_circle
指定圆的圆心或[三点(3P)/两点(2P)/切点、切点、半径(T)]:输入"T",按【Enter】键确认。
指定对象与圆的第一个切点:在所绘制的同心圆大圆右下侧适当位置处单击以指定切点。
指定对象与圆的第二个切点:在所绘制的下面圆的右上方适当位置处单击指定另一切点。
指定圆的半径:按【Enter】键确认。　　//完成圆的绘制
④命令:_circle
指定圆的圆心或[三点(3p)/两点(2P)/切点、切点、半径(T)]:输入"T",按【Enter】键确认。
指定对象与圆的第一个切点:在所绘制的同心圆大圆左下侧适当位置处单击以指定切点。
指定对象与圆的第二个切点:在所绘制的下面圆的左上方适当位置处单击指定另一切点。
指定圆的半径:按【Enter】键确认。　　//完成圆的绘制

将绘制好的图形保存为"结果\ch03\绘制的圆.dwg"文件。

3.7　绘制圆弧

可以将圆弧看成是圆的一部分。圆弧不仅有圆心和半径,而且还有起点和端点。因此可以通过指定圆弧的圆心、半径、起点、端点、角度、方向或弦长等参数的方法绘制圆弧。绘制圆弧需要使用"Arc"命令,用户可以通过以下 3 种方式调用,如图 3-12 所示。

①在命令行中输入"ARC"(或"A")命令,按【Enter】键确定。

②选择菜单栏"绘图"→"圆弧"子菜单中的命令。

③单击功能区选项板"常用"选项卡"绘图"面板中的"三点"按钮,也可单击该按钮右侧的下拉按钮 ,从中选择其他选项。

三点方式是 AutoCAD 2010 中默认的绘制圆弧的方式,当调用 Arc 命令时,将在命令提示区显示信息,提示用户指定3 点,即圆弧的起点、圆弧的第 2 个点(任意一点)以及端点绘制圆弧。

采用三点方式绘制圆弧时,在"指定圆弧的第二个点或[圆心(C)/端点(E)]:"提示下,如果用户不是直接指定圆弧的第 2 个点,而是选择方括号中的圆心(C)或端点(E)选项,将会出现以下不同的提示和操作。

①输入"C",表示将指定圆弧的圆心作为第 2 个点,随后通过确定角度或弦长等参数绘制圆弧。

②输入"E",表示将指定圆弧的端点作为第 2 个点,接下来通过确定角度、方向或半径等参数绘制圆弧。

③其中,"方向"指的是圆弧起点处的切线方向。

从圆弧子菜单中可以看出,AutoCAD 2010 提供了 11 种绘制圆弧的方式,其中前 7 种绘制方式与上述执行"C"和"E"命令相同,这里不再赘述。用户可以根据实际作图需要选择相应的方式绘制圆弧。

①圆心,起点,端点:表示用圆心、起点和端点绘制圆弧。

②圆心,起点,角度:表示用圆心、起点和圆心角绘制圆弧。

③圆心,起点,长度:表示用圆心、起点和弦长绘制圆弧。

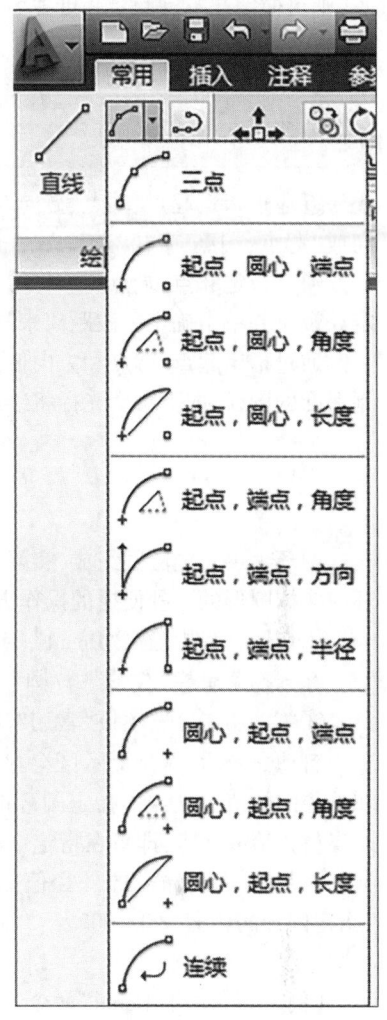

图 3-12 绘制圆弧命令选项

在执行圆弧命令时,半径值和圆弧的圆心角有正负之分。对于半径,当输入的半径值为正值时,表示从圆弧起点开始顺时针方向绘制圆弧;反之,则沿逆时针方向绘制圆弧。对圆心角,当角度为正值时,系统沿逆时针方向绘制圆弧;反之,则沿顺时针方向绘制圆弧。

①通过指定三点绘制圆弧。通过指定三点也可以绘制圆弧,圆弧的起点捕捉到直线的端点。在该示例中,圆弧的第 2 个点捕捉到中间的圆。

②通过指定起点、圆心、端点绘制圆弧。如果已知起点、中心点和端点,可以通过指定起点或中心点绘制圆弧。中心点是指圆弧所在圆的圆心。

③包含角度决定圆弧的端点。如果已知两个端点但不能捕捉到圆心,则可使用"起点,端点,角度"选项。

④通过指定起点、圆心、角度绘制圆弧。如果存在可以捕捉到的起点和圆心点,并且已知包含角度,则可使用起点、圆心、角度或"圆心,起点,角度"选项。

⑤通过指定起点、圆心、长度绘制圆弧。如果存在可以捕捉到的起点和中心点,并且已知弦

长,则可使用起点、圆心、长度或"圆心,起点,长度"选项。

> **提示**
> 弧的弦长决定包含角度。

⑥通过指定起点、端点、方向/半径绘制圆弧。如果存在起点和端点,则可使用起点、端点、方向或"起点,端点,半径"选项。

通过指定起点、端点和半径绘制的圆弧。可以通过输入长度,或者通过顺时针或逆时针移动定点设备并单击确定一段距离来指定半径。

通过指定起点、端点和方向使用定点设备绘制的圆弧。向起点和端点的上方移动光标将绘制上凸的圆弧,向下移动光标将绘制上回的圆弧。

3.8 绘制圆环

圆环由一对同心圆组成,实际上就是一种呈圆形封闭的多段线。绘制圆环也是创建填充圆环或实体圆形的一种便捷的操作方法。操作时可以通过以下方式调用绘制圆环命令。

①在命令行中输入"Donut"(或"DO")命令,按【Enter】键确定。

②选择菜单栏"绘图"→"圆环"命令。

③单击功能区选项板"常用"选项卡→"绘图"面板中的"圆环"按钮 。

启动命令后,命令提示区会显示提示信息。即提示先后输入圆环内径和外径的数值,之后在"指定圆环的中心点或<退出>:"提示下,用光标在适当位置拾取一点,即可在指定中心点绘制出一个指定内径和外径的圆环。

绘制圆环时,输入的外径值必须大于内径值。执行圆环命令后,出现"指定圆环的内径<0.5000>:"提示时,若直接输入"0"将绘制出一个实心圆。

图 3-13 绘制圆环

【例 3-2】 使用"Donut"命令绘制圆环的最终结果如图 3-13 所示。

①选择菜单栏"绘图"→"圆环"命令。具体的命令行提示如下:

```
命令_donut
指定圆环的内径<0.5000>:输入"600",按【Enter】键确认。//指定圆环的内径为600
指定圆环的外径<1.0000>:输入"800",按【Enter】键确认。//指定圆环的外径为800
指定圆环的中心点或<退出>:在绘图区域适当位置处单击以指定圆环的中心点,按【Enter】键确认。
```

②将绘制好的图形保存为"结果 ch03 圆环.dwg"文件。

3.9 绘制椭圆和椭圆弧

椭圆也是一种在工程制图中常见的平面图形,它是由距离两个定点的长度之和为定值的点组成的。在椭圆图形中,一般把较长的轴称为长轴,较短的轴称为短轴。椭圆与圆的本质区别就在于长、短轴的半径是不相等的。在 AutoCAD 2010 中,绘制椭圆或椭圆弧需要使用"Ellipse"命令,用户可以通过以下方式调用。

①在命令行中输入"ELLIPSE"命令,按【Enter】键确定。
②选择菜单栏"绘图"→"椭圆"子菜单的命令。
③单击功能区选项板"常用"选项卡"绘图"面板中的"圆心"按钮 ⊙▾,也可以单击该按钮右侧的下拉按钮,从中选择其他选项绘制椭圆。

【例3-3】 使用 ellipse 命令以不同的方式绘制椭圆和椭圆弧,最终结果如图 3-14 所示。
①单击功能区选项板"常用"选项卡"绘图"面板中的"圆心"按钮, ⊙▾ 通过指定中心点绘制一个椭圆。
②重复椭圆命令的操作,通过指定椭圆的轴端点绘制一个椭圆。
③重复椭圆命令的操作,通过圆弧绘制一个椭圆弧。
④将绘制好的图形保存为"结果 ch03 绘制的椭圆.dwg"文件。

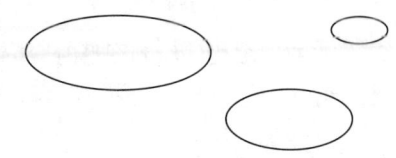

图 3-14 绘制椭圆

```
①命令:_ellipse
指定椭圆的轴端点或[圆弧(A)/中心点(C)]:输入"C",按【Enter】键确认。
                                           //指定椭圆的轴端点
指定椭圆的中心点:在适当位置处单击,以指定中心点。    //指定椭圆的中心点
指定轴的端点:<正交 开>移动十字光标到一点单击。       //指定轴的端点
指定另一条半轴长度或[旋转(R)]:移动十字光标到另一点单击。//指定另一条半轴长度
②命令:_ellipse
指定椭圆的轴端点或[圆弧(A)/中心点(C)]:在适当位置处单击,以指定中心点。
                                           //指定椭圆的轴端点
指定轴的另一个端点:移动十字光标到一点单击。指定轴的另一个端点
指定另一条半轴长度或[旋转(R)]:移动十字光标到另一点单击。//指定另一条半轴长度
③命令:_ellipse
指定椭圆的轴端点或[圆弧(A)/中心点(C)]:输入"A",按【Enter】键确认。
指定椭圆弧的轴端点或[中心点(C)]:在绘图区域适当位置处单击以指定椭圆弧的轴端点。
指定轴的另一个端点:移动十字光标到一点单击。
指定另一条半轴长度或[旋转(R)]:移动十字光标到另一点单击。
④指定起始角度或[参数(P)]:  <正交 关>移动十字光标到一点单击。
指定终止角度或[参数(P)/包含角度(D)]:移动十字光标到另一点单击。//完成椭圆弧的绘制
```

> **椭圆是如何定义的?**
> 椭圆由长度和宽度不同的两条轴决定。较长的轴称为长轴,较短的轴称为短轴。

输入命令后,在命令提示区会显示提示信息,提示用户通过鼠标或键盘输入指定作为长轴的两个轴端点,然后进一步确定椭圆另一条短半轴长度,这也是 AutoCAD 绘制椭圆的默认方式。

3.10 绘制多段线

绘制多段线时,可以绘制直线段或圆弧,还可以设置各线段的宽度,使线段的始末端点具有不同的线宽,或者封闭多段线。在多段线中,圆弧的起点是前一个线段的端点,可以通过指定角度、圆心、方向或半径创建圆弧。

在 AutoCAD 2010 中,绘制多段线的方法如下:
① 在命令行中输入"PLINE"命令,按【Enter】键确定。
② 选择菜单栏"绘图"→"多段线"命令。
③ 单击功能区选项板"常用"选项卡"绘图"面板中的"多段线"按钮 。

1. 多段线绘制要点

当使用多段线绘制图形时,其命令行显示如下提示信息:

```
命令:_pline
指定起点:
当前线宽为 0.0000
指定下一点或[圆弧(A)/闭合(C)/半宽(H)/长度(L)/放弃(U)/宽度(W)]:
```

各选项的含义如下:

圆弧(A):用于从直多段线切换到圆弧多段线,并显示一些提示选项。

闭合(C):用于封闭多段线(用直线或圆弧)并结束多段线命令,该选项从指定第 3 点时才开始出现。

半宽(H):设置多段线的半宽。

长度(L):用于设定新多段线的长度。如果前一段是直线,延长方向则与该线相同;如果前一段是弧,延长方向则为端点处弧的切线方向。

放弃(U):用于取消前面刚绘制的一段多段线,可逐次回溯。

宽度(W):用于设定多段线的线宽,默认值为 0。对多段线的初始宽度和结束宽度可分别设置不同的值,从而绘制出诸如箭头之类的图形。

当输入"A"绘制圆弧时,其命令行显示如下提示信息:

```
指定圆弧的端点或[角度(A)/圆心(CE)/方向(D)/半宽(H)/直线(L)/半径(R)/第二个点(S)/放弃(U)/宽度(W)]:
```

各选项的含义如下:

角度(A):提示用户指定圆弧包含角度,顺时针为负。

圆心(CE):提示指定圆弧中心。

方向(D):提示用户指定圆弧的起点切线方向。

半宽(H)和宽度(W):设定多段线半宽和全宽。

直线(L):切换回直线绘制模式。

半径(R):提示输入圆弧的半径。

放弃(U):取消上一次选项的操作。

第二个点(S):选择 3 点圆弧中的第 2 点。

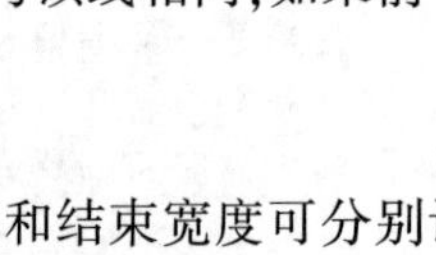

【例3-4】使用多段线命令绘制多段线,最终结果如图 3-15 所示。

① 单击功能区选项板"常用"选项卡"绘图"面板中的"多段线"按钮 。具体的命令行提示如下:

图 3-15 绘制多线段

```
命令:_pline
指定起点:在绘图区域适当位置处单击。//指定起点
当前线宽为 0.0000
```

```
指定下一个点或[圆弧(A)/半宽(H)/长度(L)/放弃(U)/宽度(W)]:
指定下一点或[圆弧(A)/闭合(C)/半宽(H)/长度(L)/放弃(U)/宽度(W)]:移动十字光标指定曲
线段的点。
指定下一点或[圆弧(A)/闭合(C)/半宽(H)/长度(L)/放弃(U)/宽度(W)]:移动十字光标指定曲
线段的点。
指定下一点或[圆弧(A)/闭合(C)/半宽(H)/长度(L)/放弃(U)/宽度(W)]:移动十字光标指定曲
线段的点。
指定下一点或[圆弧(A)/闭合(C)/半宽(H)/长度(L)/放弃(U)/宽度(W)]:移动十字光标指定曲
线段的点,按【Enter】键确认。
```

②将绘制好的图形保存为"结果 ch03 多段线.dwg"文件。

2. 编辑多段线

创建好多段线之后,可以通过以下几种方法编辑多段线。
①在命令行中输入"PEDIT"命令,按【Enter】键确定。
②选择菜单栏"修改"→"对象"→"多段线"命令。
③单击功能区选项板"常用"选项卡"修改"面板中的"编辑多段线"按钮 ⌒。
直接在绘制的多段线对象上双击;执行该命令后,命令行显示如下提示信息:

```
命令_pedit
输入选项[闭合(C)/合并(D)/宽度(W)/编辑顶点(E)/拟合(F)/样条曲线(S)/非曲线化(D)/线型
生成(L)/放弃(U)]:
```

各选项的含义如下:

闭合(C)/打开(O):如果多段线是打开的,提示则为"闭合(C)",选择该选项将增加连接始末端点的直线以生成封闭多段线。如果多段线是封闭的,提示则为"打开(O)",选择此选项将打断多段线。此时即使始末点看似封闭,但实际上已被打断,要重新封闭它则必须使用"闭合(C)"选项。

合并(D):只用于2D多段线,可以把其他圆弧、直线、多段线连接到已有多段线上,不过连接端点必须精确重合。

宽度(W):只用于2D多段线,提示指定多段线宽度。新宽度值输入后,先前生成的宽度不同的多段线都将用该宽度值替换。但是,用户可以用编辑顶点子选项编辑单段线宽。

编辑顶点(E):提供一组子选项,使用户能编辑顶点及与顶点相邻的线段(参见下面的解释)。

拟合(F):创建圆弧拟合多段线(由圆弧连接每对顶点的平滑曲线),该曲线通过多段线的所有顶点并使用指定的切线方向。

样条曲线(S):生成由多段线顶点控制的样条曲线,该曲线并不一定通过这些顶点,样条类型和分辨率由系统变量控制。

非曲线化(D):取消拟合或样条曲线,回到初始状态。

线型生成(L):用于控制非连续线型多段线顶点处的线型。如果线型生成为关,在多段线顶点处则采用连续线型,否则在多段线顶点处则采用多段线自身的非连续线型。

放弃(U):取消最后的编辑功能。

在多段线编辑提示下输入"E"并按【Enter】键,进入顶点编辑状态,此时系统将把当前顶点标记为 X 并给出如下提示。

> 输入顶点编辑选项[下一个(N)/上一个(P)/打断(B)/插入(D)/移动(M)/重生成(R)/拉直(S)/切向(T)/宽度(W)/退出(X)]<N>：

各选项的含义如下：

下一个(N)/上一个(P)：移动 X 标记到新顶点上，初始默认为 N(下一个)。

打断(B)：将多段线一分为二，或删除一段多段线。其中，第一个打断点为选择打断选项时的当前顶点，接下来可以选择"下一个(N)/上一个(P)"移动顶点标记，最后输入"G"完成打断。

插入(D)：在当前顶点与下一个顶点之间插入一个新顶点。

移动(M)：移动当前顶点到指定位置。

重生成(R)：重新生成多段线以观察编辑效果，如宽度变化等。

拉直(S)：删除当前顶点与所选顶点之间的所有顶点，并用直线段代替原线段。

切向(T)：调整当前标记顶点处的切向方向以控制曲线的拟合形状。

宽度(W)：设置当前顶点与下一个顶点之间多段线的始末宽度。

退出(X)：结束顶点编辑，返回 PEDIT 提示。

3.11　绘制与编辑样条曲线

在 AutoCAD 中，使用"SPLINE"命令创建的样条曲线是非均匀的有理样条曲线(NURBS)，它是通过拟合数据点绘制而成的光滑曲线。样条曲线适用于创建形状不规则的曲线，如机械零件图中的折断线等。

1. 平滑多段线与样条曲线的区别

在 AutoCAD 中，可以通过编辑多段线生成平滑多段线。它们近似于样条曲线，但与之相比，真正的样条曲线有以下 3 个优点：

①通过对曲线路径上的一系列点进行平滑拟合，可以创建样条曲线。在进行二维制图或三维建模时，使用这种方法创建的曲线边界远比多段线精确。

②使用"SPLINEDIT"命令或夹点可以很容易地编辑样条曲线，并保留样条曲线定义，如果使用"PEDIT"命令编辑就会丢失这些定义，而成为平滑多段线。

③带有样条曲线的图形比带有平滑多段线的图形占据的磁盘空间和内存要小。

2. 创建样条曲线

可以通过使用样条曲线命令指定坐标点来创建样条曲线。调用样条曲线命令的方法有以下几种：

①在命令行中输入"SPLINE"命令，按【Enter】键确定。

②选择"绘图"→"样条曲线"命令。

③单击功能区选项板"常用"选项卡"绘图"面板中的"样条曲线"按钮 ～。

也可以封闭样条曲线使起点和端点重合。在绘制时可以改变拟合样条曲线的公差，以便查看拟合的效果。

当使用样条曲线绘制图形时，其命令行显示如下提示信息：

```
命令:_spline
指定第一个点或[对象(O)]:
指定下一点:
指定下一点或[闭合(C)/拟合公差(F)]<起点切向>:
指定起点切向:
指定端点切向:
```

各选项的含义如下:

指定第一个点:可以提示用户指定样条曲线的起始点。确定起始点后,AutoCAD 提示用户指定第 2 个点。在一条样条曲线中至少应包括 3 个点。

对象(O):可以将已存在的由多段线生成的拟合曲线转换为等价样条曲线。确定样条曲线的第 2 个点后,其命令行会显示如下提示信息:

```
指定下一个点或[闭合(C)/拟合公差(F)]<起点切向>:
```

指定下一点:继续确定其他数据点。如果此时按【Enter】键,AutoCAD 将提示用户确定始末点的切向,然后结束该命令。

闭合(C):使样条曲线的起始点和结束点重合,并共享相同的切向。

拟合公差(F):控制样条曲线对数据点的接近程度。公差越小,样条曲线就越接近数据点,如为 0 则表明样条曲线精确地通过数据点。

放弃:该选项不在提示区中出现。但用户可以在选取任何点后按【U】键,以取消前段样条曲线。

3. 创建与编辑图案填充

在机械制图中,为了标识某一区域的意义或用途,通常需要将其填充为某种图案,以区别于图形中的其他部分。

(1)创建图案填充

在 AutoCAD 中,可以对封闭区域进行图案填充。在指定图案填充边界时,可以在闭合区域中任选一点,然后由 AutoCAD 自动搜索闭合边界,或通过选择对象来定义边界。

可选择菜单栏"绘图"→"图案填充"命令,或单击功能区选项板"常用"选项卡"绘图"面板中的"图案填充"按钮,弹出"图案填充和渐变色"对话框,选择"图案填充"选项卡,设置填充的类型、图案和角度等参数,如图 3-16 所示。

设置时要注意以下几点:

类型:图案类型包括 3 种。选择"预定义"时,可以使用已定义在 ACAD.PAT 文件中的图案;选择"用户定义"时,可以使用当前线型定义的图案;选择"自定义"时,可以使用定义在其他 PAT 文件(非 ACAD.PAT)中的图案。

图案:在该下拉列表中可以选择填充图案,也可以单击其后面的按钮,弹出"填充图案选项板"对话框,然后从中选择填充图案。

样例:显示选中的填充图案。

角度:设置填充图案的填充角度。

比例:设置填充图案的缩放比例。

预览图案填充:设置后单击预览按钮,AutoCAD 将返回作图屏幕显示填充图案。

应用图案填充:选择对象后按【Enter】键返回图案填充和渐变色对话框,单击"确定"按钮即可显示填充效果。

图 3-16 "图案填充"选项卡

此外,在"图案填充和渐变色"对话框中还可以设置以下选项:

添加:拾取点。单击该按钮,在填充区域中单击一点,系统将自动分析边界集。并从中确定包围该点的闭合边界,如图 3-17 所示。

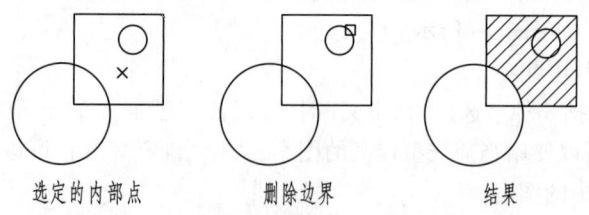

图 3-17 选择填充区域

添加:选择对象。直接选择对象(闭合或开放对象均可)进行填充。

删除边界:定义了填充区域后单击该按钮,然后单击边界则可将边界一并填充。

重新创建边界:围绕选定的图案填充或填充对象创建多段线或面域,并使其与图案填充对象相关联(可选)。

查看选择集:暂时关闭对话框,并使用当前的图案填充或填充设置显示当前定义的边界。如果未定义边界,此选项则不可用。

继承特性:单击该按钮可以在绘图区选择某个已有的图案填充,并将其类型和属性设置作为当前图案填充的类型与属性。

选项:控制几个图案填充或填充选项。

注释性:使用此特性,用户可以自动完成缩放注释的过程,从而使注释能够以正确的大小在图纸上打印或显示。

关联:控制图案填充或填充的关联,关联的图案填充或填充在用户修改其边界时将会更新。

创建独立的图案填充:控制当指定了几个独立的闭合边界时,是创建单个图案填充对象还是创建多个图案填充对象。

绘图次序:为图案填充或填充指定绘图次序。图案填充可以放在所有其他对象之后、所有其他对象之前、图案填充边界之后或图案填充边界之前。

提示

> 打开 AutoCAD 2010 后,按【F1】键,弹出 AutoCAD 2010 帮助对话框,在其中可了解更多相关知识。

(2)编辑图案填充

生成图案填充后,有可能需要修改图案填充或修改图案填充区域的边界。在 AutoCAD 中处理这一点很容易,因为在默认情况下,系统创建的都是关联图案填充。也就是说,在改变边界对象时,关联图案会自动调整以适应边界的变化。但是,如果用户移动、删除了原边界对象和图案,将造成图案和原边界对象之间失去关联。

要编辑图案填充,可以在选择填充的图形后,选择"修改"→"对象"→"图案填充"命令,弹出"图案填充编辑"对话框,它和"图案填充和渐变色"对话框一样,其中某些选项被禁止使用,使用图案填充命令给绘制的矩形填充斜纹图案。

单击功能区选项板"常用"选项卡"绘图"面板中的"矩形"按钮,绘制一个矩形。具体的命令行提示如下:

> **如何选取被图案覆盖的边界?**
>
> 由于生成图案填充以后,图案会覆盖下面的边界,因此通常的单击操作可能无法再选取原边界,为此可按住【Ctrl】键反复单击,直到选中所要的边界对象为止。通过观察夹点的位置与数量,可以判断所选对象的类型。

```
命令:_rectang
指定第一个角点或[倒角(C)/标高(E)/圆角(F)/厚度(T)/宽度(W)]:在绘图区域的适当位置单击以指定矩形的第一个角点。
指定另一个角点或[面积(A)/尺寸(D)/旋转(R)]:移动十字光标到一点处单击。
                                                //完成矩形的绘制
```

①选择菜单栏"绘图"→"图案填充"命令(或单击功能区选项板"常用"选项卡"绘图"面板中的"图案填充"按钮),弹出"图案填充和渐变色"对话框,如图 3-18 所示。

②选择"图案填充"选项卡,将"类型和图案"栏中的类型设置为"预定义",图案设置为"ANSI32",单击"添加:拾取点"按钮,返回 AutoCAD 绘图界面。

③选中所绘制的矩形,按【Enter】键返回"图案填充和渐变色"对话框,单击"确定"按钮。具

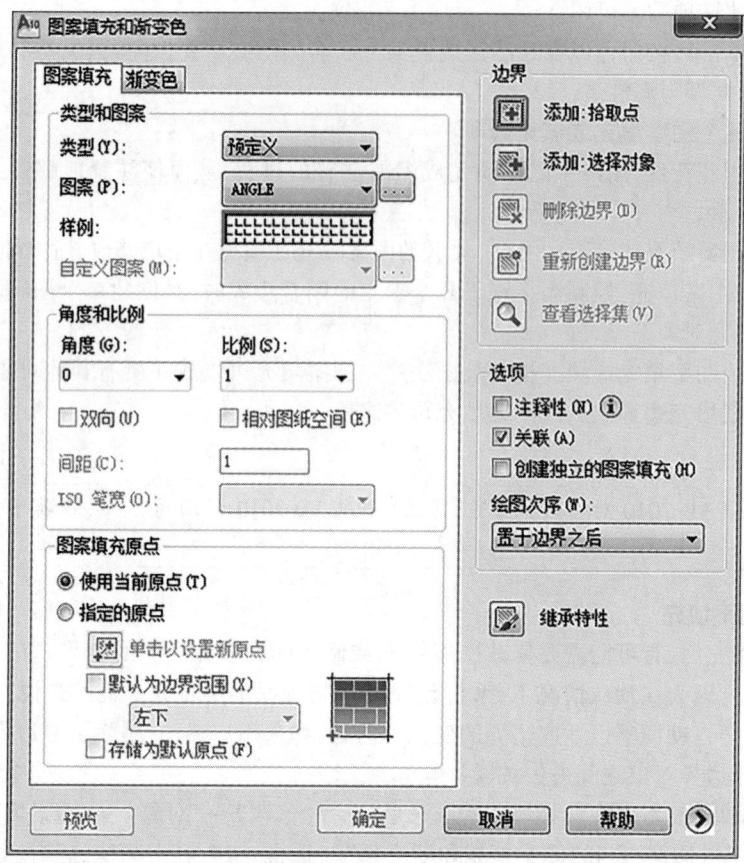

图 3-18 图案填充选项卡

体的命令行提示如下:

```
命令: _bhatch
选择对象或[拾取内部点(K)/删除边界(B)]:选择所绘制的矩形。
选择对象或[拾取内部点(K)/删除边界(B)]:按【Enter】键确认。
```

④将填充好的实体保存为"结果\ch03\图案填充.dwg"文件。

第4章　编辑图形对象

在绘图时，单纯地使用绘图工具只能创建一些基本对象。为了获得所需图形，在很多情况下都必须借助于图形编辑命令对图形基本对象进行加工。在AutoCAD中，系统提供了丰富的图形编辑命令，如图形的取消和重做、删除和恢复、复制、移动、旋转、剪切、延伸、缩放拉伸、偏移、镜像与分解等，使得用户在图形绘制过程中能够做到得心应手。

在AutoCAD中绘制的所有图形都是可编辑的对象。复杂的图形往往不是一次完成的，而是要通过不断调整来达到满意的结果。另外，一些相似的形状也可以通过复制和镜像等手段轻松、快捷地绘制出来。

AutoCAD在图形编辑方面有着非常强大的功能，熟练使用这些功能可以使绘制达到事半功倍的效果。可以这样说：图形不仅是画出来的，也是调整出来的。

在AutoCAD 2010中，选择对象是一个非常重要的环节，执行任何编辑命令都必须先选择对象，即先选择对象再执行编辑命令。在第2章中已经详细介绍了选择图形中对象的方法，这里不再赘述。

4.1　复制图形对象

在图形编辑过程中，复制对象的方式和形式是多种多样的，用户可以根据情况灵活运用。

1. 复制对象

复制对象的方式有以下3种：
① 在命令行中输入"COPY"命令，按【Enter】键确定。
② 选择菜单栏"修改"→"复制"命令。
③ 单击功能区选项板"常用"选项卡"修改"面板中的"复制"按钮。

(1) 功能

将指定对象复制到指定位置，当需要绘制多个相同形状的图形时可以使用此功能，即先绘制出其中一个图形，再利用复制的方式得到其他图形。

(2) 操作格式

使用复制命令的一般步骤如下：
① 选择复制命令。
② 选择要复制的对象，按【Enter】键确定。
③ 命令行的提示如下：

```
命令_copy
选择对象：选择要复制的对象。
选择对象：按【Enter】键确认。//完成对象的选择
当前设置：复制模式=多个
```

指定基点或[位移(D)/模式(O)]<位移>:在适当位置单击或以键盘输入形式指定基点坐标。
　　指定第二个点或<使用第一个点作为位移>:以上一步指定点为基点,单击将图形复制到的位置,按
【Enter】键确认。　　　//完成对象的复制

【例4-1】使用复制命令完成对电子元件的复制,最终结果如图4-1所示。
①打开正交模式。
②单击功能区选项板"常用"选项卡"绘图"面板中的"矩形"按钮 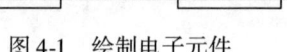,绘制一个矩形。

图4-1　绘制电子元件

③单击功能区选项板"常用"选项卡"绘图"面板中的"直线"按钮。
④单击功能区选项板"常用"选项卡"修改"面板中的"复制"按钮,复制当前图形。
⑤将绘制好的图形保存为"结果 ch04 复制对象.dwg"文件。

2. 镜像对象

镜像对象的方式有以下3种:
①在命令行中输入"MIRROR"命令,按【Enter】键确定。
②选择菜单栏"修改"→"镜像"命令。
③单击功能区选项板"常用"选项卡"修改"面板中的"镜像"按钮。

(1)功能
将指定对象按指定的镜像线做镜像(即反射),该功能特别适合绘制对称图形。
(2)操作格式
使用镜像命令的一般步骤如下:
①选择镜像命令。
②选择要镜像的对象,按【Enter】键确认。
③依次指定镜像线上的两个点。
④命令行将显示"要删除源对象吗?[是(Y)/否(N)]<N>:"提示信息。如果直接按
【Enter】键,则镜像复制对象,并保留原来的对象;如果输入"Y",则在镜像复制对象的同时删除原来的对象。

【例4-2】使用镜像命令用镜像的方式完成双绕组的绘制,镜像前后的图形如图4-2所示。

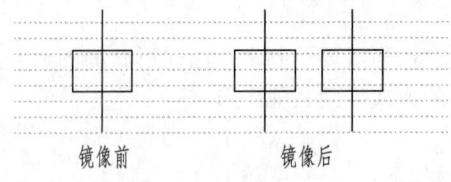

图4-2　镜像图形

①打开"素材 ch04 镜像.dwg"文件。
②单击状态栏中的"正交和对象捕捉"按钮,打开"正交模式和对象捕捉"模式。
③单击功能区选项板"常用"选项卡"修改"面板中的"镜像"按钮,将图形镜像。命令行提示如下:

```
命令: mirror
选择对象:选择电子元件符号。
选择对象:按【Enter】键确认。
指定镜像线的第一点:单击图形右边。
指定镜像线的第二点:向下移动十字光标并单击。      //指定竖直方向为镜像轴
要删除源对象吗? [是(Y)/否(N)]<N>:输入"N",按【Enter】键确认。//保留源对象
```

④将绘制好的图形保存为"结果 ch04 镜像对象.dwg"文件

3. 阵列对象

阵列对象的方式有以下 3 种。
①在命令行中输入"ARAY"命令,按【Enter】键确定。
②选择菜单栏"修改"→"阵列"命令。
③单击功能区选项板"常用"选项卡"修改"面板中的"阵列"按钮。

(1)功能

按矩形或环形方式多重复制对象。

(2)操作格式

执行阵列命令,弹出"阵列"对话框,用户可以形象直观地进行矩形或环形阵列的设置。下面分别予以介绍。

【**例 4-3**】 使用阵列命令复制圆形,最终结果如图 4-3 所示。

①单击功能区选项板"常用"选项卡"绘图"面板中的"圆"按钮,绘制半径为 50 的圆。

②单击功能区选项板"常用"选项卡"修改"面板中的"阵列"按钮,弹出"阵列"对话框,勾选"选择对象"复选框,AutoCAD 临时切换到绘图屏幕。命令行提示如下:

图 4-3 阵列图形

```
命令: _circle
指定圆的圆心或[三点(3P)/两点(2P)/切点、切点、半径(T)]:在适当位置单击以指定圆心指定圆
的半径或[直径(D)]:输入"50",按【Enter】键确认。
命令:
选择对象:选择步骤①中所绘制的圆。
选择对象:按【Enter】键确认。
```

③AutoCAD 再次切换到"阵列"对话框,将行和列分别设置为"5"和"3",行偏移和列偏移分别设置为"200"和"200",然后单击"确定"按钮完成阵列操作。具体设置如图 4-4 所示。

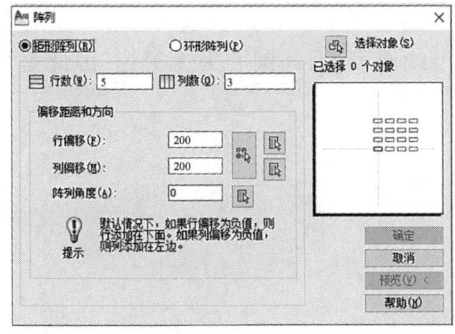 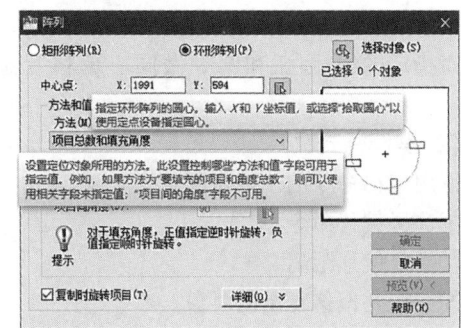

图 4-4 阵列图形设置

④将绘制好的图形保存为"结果 ch04 阵列对象.dwg"文件。

阵列有哪些用处？
可以在矩形或环形(圆形)阵列中创建对象的副本。对于矩形阵列,可以控制行和列的数目以及它们之间的距离。对于环形阵列,可以控制对象副本的数目并决定是否旋转副本,对于创建多个定间距的对象,阵列比复制要快;如果选中阵列对话框中的"环形阵列"单选按钮,AutoCAD 则切换到环形阵列模式。

环形阵列对话框中主要选项的功能如下:
"方法和值"选项组:确定环形阵列的具体方法和相应数据。
"方法"下拉列表:确定环形阵列的方法。可以通过下拉列表在项目总数和填充角度、项目总数和项目间的角度以及填充角度和项目间的角度之间选择。
"项目总数""填充角度""项目间角度"文本框:分别用来确定环形阵列后的项目总数、环形阵列时要填充的角度以及各项目间的夹角。在方法下拉列表中选择不同的选项,这 3 个文本框中会有对应的两个文本框有效。

提示

> 填充角度是指通过定义阵列中第一个和最后一个元素的基点之间的包含角来设置阵列大小。正值指定逆时针旋转,负值指定顺时针旋转,默认值为 360,不允许值为 0。

如何设置填充角度？
对于填充角度来说,在默认设置下,正值将沿逆时针方向环形阵列对象,反之则沿顺时针方向环形阵列对象。

"复制时旋转项目"复选框:确定环形阵列对象时对象本身是否绕其基点旋转。
"选择对象"按钮:选择环形阵列对象。单击"选择对象"按钮,AutoCAD 临时切换到绘图屏幕。

4. 偏移对象

偏移对象的方式有以下 3 种:
①在命令行中输入"OFFSET"命令,按【Enter】键确定。
②选择菜单栏"修改"→"偏移"命令。
③单击功能区选项板"常用"选项卡"修改"面板中的"偏移"按钮。

(1) 功能

对指定的线、圆弧和圆等做同心偏移复制。对于线而言,因其圆心为无穷远,因此是平行复制。

(2) 操作格式

使用偏移命令的一般步骤如下:
①选择偏移命令。
②指定偏移距离。
③选择要偏移复制的对象。
④指定偏移方向,完成图形的偏移复制。

【例4-4】使用偏移命令完成电源线的偏移,偏移前后图形如图4-5所示。

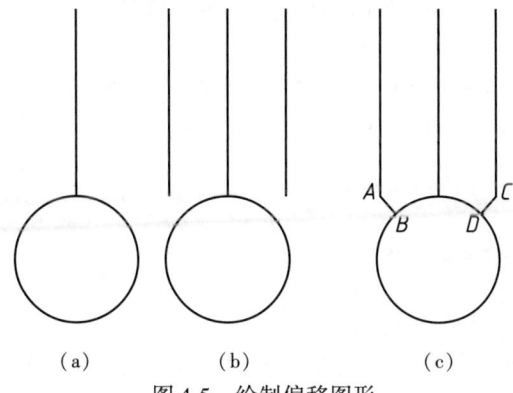

图4-5 绘制偏移图形

①打开"素材ch04偏移.dwg"文件。
②单击功能区选项板"常用"选项卡"修改"面板中的"偏移"按钮,将图形中的竖直线偏移复制。命令行提示如下:

```
命令:offset
当前设置:删除源=否 图层=源    OFFSET GAPTYPE=0
指定偏移距离或[通过(T)/删除(E)/图层(L)]<通过>:输入"150",按【Enter】键确认。
选择要偏移的对象,或[退出(E)/放弃(U)]<退出>:选择直线为偏移对象。
指定要偏移的那一侧上的点,或[退出(E)/多个(M)/放弃(U)]<退出>:单击直线左侧
选择要偏移的对象,或[退出(E)/放弃(U)]<退出>:选择直线为偏移对象。
指定要偏移的那一侧上的点,或[退出(E)/多个(M)/放弃(U)]<退出>:单击直线右侧。
选择要偏移的对象,或[退出(E)/放弃(U)]<退出>:按【Enter】键确认。
```

③右击状态栏中的"对象捕捉"按钮,在弹出的快捷菜单中选择"设置"命令,弹出"草图设置"对话框,选择"最近点"选项,单击"确定"按钮。
④单击功能区选项板"常用"选项卡"绘图"面板中的"直线"按钮,绘制直线段 *AB* 和 *CD*。命令行提示如下:

```
命令:line
指定第一点:捕捉并单击线段端点 A 点以给出线段起点。
指定下一点或[放弃(U)]:关闭正交模式,向上移动十字光标捕捉到圆上最近点 B 处单击。
指定下一点或[放弃(U)]:按【Enter】键确认。
按【Enter】键重复 line 命令。
命令:line
指定第一点:捕捉并单击线段端点 C 点以给出线段起点。
指定下一点或[放弃(U)]:捕捉到圆上 B 点,然后平移十字光标到圆上 D 点处单击。
指定下一点或[放弃(U)]:按【Enter】键确认。
```

⑤将绘制好的图形保存为"结果ch04偏移对象.dwg"文件。

5. 移动对象

在绘图的过程中通常要调整图形对象的位置和摆放姿态,AutoCAD提供了位移和旋转等命令用以完成对象位置的调整。

移动对象的方式有以下 3 种：
①在命令行中输入"MOVE"（或"M"）命令，按【Enter】键确定。
②选择菜单栏"修改"→"移动"命令。
③单击功能区选项板"常用"选项卡"修改"面板中的"移动"按钮。
(1) 功能
将对象移动到指定位置。
(2) 操作格式
使用移动命令的一般步骤如下：
①选择移动命令。
②选择要移动的对象，按【Enter】键确认。

【例 4-5】使用移动命令调整电气元件位置，调整前后的图形如图 4-6 所示。

①打开"素材 ch04 移动.dwg"文件。
②打开对象捕捉模式。
③右击"对象捕捉"按钮，在弹出的快捷菜单中选择"设置"命令，弹出"草图设置"对话框，选中"对象捕捉模式"栏中的"端点"复选框，然后单击"确定"按钮。

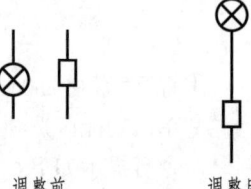

图 4-6 绘制电子元件

④单击功能区选项板中的"常用"选项卡"修改"面板"移动"按钮，移动对象。命令行提示如下：

```
命令:move
选择对象:选择要移动的对象。
选择对象:按【Enter】键确认。
指定基点或[位移(D)]<位移>:在适当位置单击或以键盘输入形式指定基点坐标。
指定第二个点或<使用第一个点作为位移>:以上一步指定点为基点,将图形移动到需要的位置处
单击。                                                                //完成对象的移动
命令:move
选择对象:选择右边的电阻符号。
选择对象:按【Enter】键确认。
指定基点或[位移(D)]<位移>:捕捉并单击电阻的上端点。
指定第二个点或<使用第一个点作为位移>:捕捉并单击信号灯的下端点。    //完成电气元件的移动
```

⑤将绘制好的图形保存为"结果 ch04 移动对象.dwg"文件。

6. 旋转对象

旋转对象的方式有以下 3 种
①在命令行中输入"ROTATE"命令，按【Enter】键确定。
②选择菜单栏"修改"→"旋转"命令。
③单击功能区选项板"常用"选项卡"修改"面板中的"旋转"按钮。
(1) 功能
将指定对象绕基点旋转指定的角度。
(2) 操作格式
使用旋转命令的一般步骤如下：
①选择旋转命令，命令行将提示"UCS 当前的正角方向：ANGDIR = 逆时针 ANGBASE = 0"，可

以了解到当前的正角度方向(如逆时针方向),零角度方向与 x 轴正方向的夹角(如 0°夹角)。

②选择要旋转的对象,按【Enter】键确认。

③命令行的提示如下:

> 指定基点:单击以指定旋转的基点。
> 指定旋转角度或[复制(C)参照(R)]<0>:直接输入角度值或拖动十字光标指定角度。

④单击功能区选项板"常用"选项卡"绘图"面板中的"圆心"按钮,绘制一个椭圆。

⑤单击功能区选项板"常用"选项卡"修改"面板中的"旋转"按钮,旋转椭圆。

⑥将最终旋转图形保存为"结果 ch04 旋转对象.dwg"文件,如图 4-7 所示。

图 4-7　椭圆旋转

> 指定基点:单击以指定旋转的基点。
> 指定旋转角度或[复制(C)/参照(R)]<0>:直接输入角度值或拖动十字光标指定角度,可以将对象绕基点转动该角度。角度为正时对象逆时针旋转,角度为负时对象顺时针旋转。
> //如果输入"C",将保留旋转对象,并得到旋转后的图形;如果输入"R",将以参照方式旋转对象,需要依次指定参照方向的角度值和相对于参照方向的角度值。

使用旋转命令旋转一个椭圆。

①命令:cli

指定椭圆的轴端点或[圆弧(A)/中心点(C)]:在功能区选项板上直接单击"圆心"按钮,默认以指定中心点方式绘制椭圆。

指定椭圆的中心点:在适当位置单击以指定椭圆的中心点。

指定轴的端点:平移十字光标到一点单击。指定轴的一个端点

指定另一条半轴长度或[旋转(R)]:将十字光标移动到另一点处单击以指定另一条半轴长度。
//完成椭圆的绘制

②命令:rotate

UCS 当前的正角方向:ANGDIR=逆时针 ANGBASE=0

选择对象:选择步骤①中所绘制的椭圆。//选择旋转对象

选择对象:按【Enter】键确认。

指定基点:在椭圆圆心处单击。//指定基点

指定旋转角度,或[复制(C)/参照(R)]<0>:输入"C",按【Enter】键确认。//指定旋转角度 90

③命令:rotate

UCS 当前的正角方向:ANGDIR=逆时针 ANGBASE=0

选择对象:选择步骤②中所绘制的椭圆。//选择旋转对象

选择对象:按【Enter】键确认。

指定基点:在椭圆圆心处单击。//指定基点

指定旋转角度,或[复制(C)/参照(R)]<0>:输入"C",按【Enter】键确认。

旋转一组选定对象。

指定旋转角度,或[复制(C)/参照(R)]<0>:输入"C",按【Enter】键确认。//指定旋转角度 60

众多的旋转参数之间有什么关系?

通过选择基点和相对或绝对的旋转角度来旋转对象。指定相对角度,可以将对象从当前的方向围绕基点按指定角度旋转。指定绝对角度,可以将对象从当前角度旋转到新的绝对角度。

4.2 截取图形对象

在图形对象的绘制过程中,有时需要将一个实体从某一点折断和分解,甚至需要删除该实体的一部分。为此,AutoCAD 提供了打断、删除、修剪以及分解等命令。

1. 删除对象

删除对象的方式有以下 3 种:
①在命令行中输入"ERASE"命令,按【Enter】键确定。
②选择菜单栏"修改"→"删除"命令。
③单击功能区选项板"常用"选项卡"修改"面板中的"删除"按钮 ![del]。
(1)功能
从图形中删除指定的对象,与手工绘图时用橡皮擦图类似。
(2)操作格式
可以使用多种方法从图形中删除对象:
①使用"ERASE"命令删除对象。
②选择对象,按【Ctrl+X】组合键将其剪切到剪贴板。
③选择对象,按【Delete】键。

如何选择多个对象?

一般情况下,在选择对象提示下进行一次操作后,AutoCAD 会继续提示选择对象,接下来即可继续选择对象。直到在此提示下按空格键、【Enter】键或右击,AutoCAD 则结束选择对象的操作,同时给出后续提示以进行相应的操作。

使用删除命令的一般步骤如下:
①选择删除命令。
②选择要删除的对象。
③按【Enter】键、空格键或右击结束对象选择,同时删除已选择的对象。

【例 4-6】 使用删除命令删除三角形中的圆,删除前后的图形如图 4-8 所示。
①打开"素材 ch04 删除.dwg"文件。
②单击功能区选项板"常用"选项卡"修改"面板中的"删除"按钮,删除三角形中的圆。
③将最终删除结果保存为"结果 ch04 删除对象.dwg"文件。

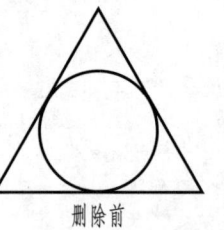

图 4-8 删除图形

命令:erase
选择对象:选择三角形内的圆
选择对象:按【Enter】键确认。//完成三角形内圆的删除

2. 打断对象

打断对象的方式有以下 3 种：
①在命令行中输入"BREAK"命令，按【Enter】键确定。
②选择菜单栏"修改"→"打断"命令。
③单击功能区选项板"常用"选项卡"修改"面板中的"打断"按钮（在两点之间打断选定对象）或"打断于点"按钮（在一点打断选定对象）。

(1) 功能

删除对象上的某一部分或把对象分成两部分。

(2) 操作格式

使用打断命令的一般步骤如下：
①选择打断命令。
②在对象上单击选择打断点。
③指定第 2 个打断点，即可删除两个打断点之间的部分（默认情况下，圆的打断部分为从第 1 个打断点逆时针打断到第 2 个打断点）。

单击功能区选项板"常用"选项卡"修改"面板中的"打断于点"按钮 ▭，可以将对象在一点处断开成两个对象，它是从打断命令中派生出来的。

使用打断于点命令的一般步骤如下：
①选择"打断于点"命令。
②选择要被打断的对象（如果要打断的对象为圆弧，圆弧不能为 360°）。
指定打断点，即可从该点打断对象，将对象从打断点处分为两部分。

3. 合并对象

合并对象的方式有以下 3 种：
①在命令行中输入"JOIN"命令，按【Enter】键确定。
②选择菜单栏"修改"→"合并"命令。
③单击功能区选项板"常用"选项卡"修改"面板中的"合并"按钮 ⊷。

(1) 功能

使用 JOIN 命令将相似的对象合并为一个对象。用户也可以使用圆弧和椭圆弧创建完整的圆和椭圆。被合并的对象称为源对象。要合并的对象必须位于相同的平面上。

🔍 **注意**

合并两条或多条圆弧（或椭圆弧）时，将从源对象开始沿逆时针方向合并圆弧（或椭圆弧）。

(2) 操作格式

【例 4-7】使用合并命令合并圆弧，合并前后的图形如图 4-9 所示。

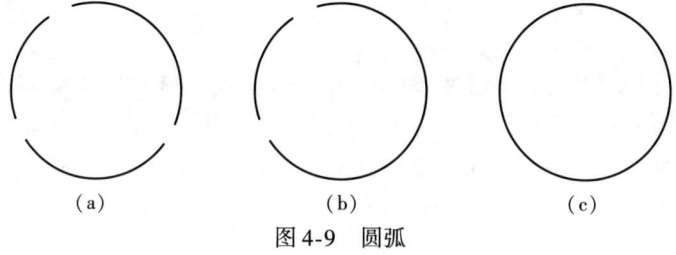

图 4-9　圆弧

①打开"素材 ch04 合并.dwg"文件。
②单击功能区选项板"常用"选项卡"修改"面板中的"合并"按钮 ✦✦ 合并圆弧。具体的命令行提示如下：

```
命令:join
选择源对象:选择左边的一条圆弧。              //选择源对象
选择圆弧,以合并到源或进行[闭合(L)]:选择下边的一条圆弧。
选择要合并到源的圆弧:选择右边的一条圆弧
选择要合并到源的圆弧:按【Enter】键确认。   //完成2个圆弧合并到源
已将 2 个圆弧合并到源。
```

③将合并的结果保存为"结果\ch04\合并对象.dwg"文件。

4. 修剪对象

修剪对象的方式有以下 3 种：
①在命令行中输入"TRIM"命令,按【Enter】键确定。
②选择菜单栏"修改"→"修剪"命令。
③单击功能区选项板中的"常用"选项卡"修改"面板"修剪"按钮右侧的下拉按钮,从下拉列表中选择"修剪"选项。

(1) 功能

用剪切边修剪对象(称其为被剪边)。即以剪切边为界,将被修剪对象(即被剪边)上位于剪切边某一侧的部分剪掉。

(2) 操作格式

使用修剪命令的一般步骤如下：
①选择修剪命令。
②选择剪切边。
③选择要修剪的对象(即选择被剪边),系统将以剪切边为界,将被剪切对象上位于拾取点一侧的部分剪切掉。如果按住【Shift】键,同时选择与修剪边不相交的对象,修剪边将变为延伸边界,将选择的对象延伸至修剪边界。

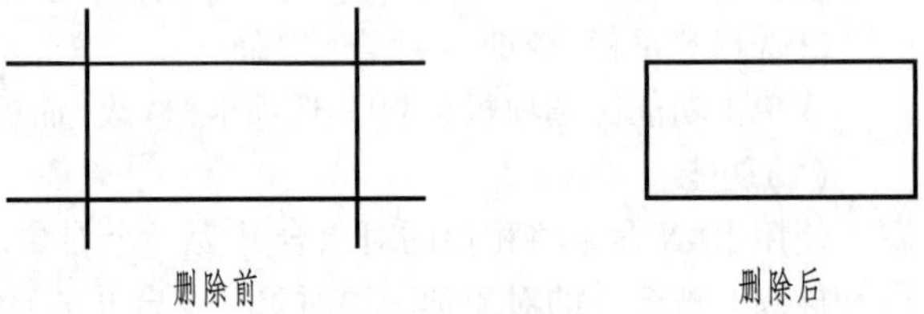

【例 4-8】使用修剪命令把打开的图形修剪成一个矩形,修剪前后的图形,如图 4-10 所示。

图 4-10 修剪案例

```
命令:tmim
当前设置:投影=UCS,边=无;选择剪切边
选择对象或<全部选择>:按【Enter】键确认。  //完成对象的选择
选择要修剪的对象,或按住【Shift】键选择要延伸的对象,或[栏选(F)/窗交(C)/投影(P)/边(E)/删除(R)/放弃(U)]:依次选择长方形外围的线段。
选择要修剪的对象,或按住【Shif】键选择要延伸的对象,或[栏选(F)/窗交(C)/投影(P)/边(E)/删除(R)放弃(U)]:按【Enter】键确认。         //完成对象的修剪
```

"选择要修剪的对象,或按住【Shift】键选择要延伸的对象,或[栏选(F)/窗交(C)/投影(P)/边(E)/删除(R)/放弃(U)]:"中各选项的含义如下。

要修剪的对象：指定修剪对象。选择修剪对象提示将会重复，因此可以选择多个修剪对象。按【Enter】键退出命令。

按住【Shift】键选择要延伸的对象：延伸选定对象而不是修剪它们。此选项提供了在修剪和延伸之间切换的简便方法。

栏选：选择与选择栏相交的所有对象。选择栏是一系列临时线段，它们是用两个或多个栏选点指定的。选择栏不构成闭合环。

窗交：选择矩形区域（由两点确定）内部或与之相交的对象。

投影：指定修剪对象时使用的投影方式。选择该选项时命令行提示"输入投影选项[无(N)/UCS(U)/视图(V)]＜UCS＞："。

边：确定对象是在另一对象的延长边处进行修剪，还是仅在三维空间中与该对象相交的对象处进行修剪。选择该选项时命令行提示"输入隐含边延伸模式[延伸(E)/不延伸(N)]＜不延伸＞："。

延伸：沿自身自然路径延伸剪切边使其与三维空间中的对象相交。

不延伸：指定对象只在三维空间中与其相交的剪切边处修剪。

删除：删除选定的对象。此选项提供了一种用来删除不需要的对象的简便方式，而无须退出TRIM命令。

放弃：撤销由TRIM命令所做的最近一次修改。

5. 分解对象

分解对象的方式有以下3种：

①在命令行中输入"EXPLODE"命令，按【Enter】键确定。

②选择菜单栏"修改"→"分解"命令。

③单击功能区选项板"常用"选项卡"修改"面板中的"分解"按钮 。

(1) 功能

把多段线分解成一系列组成该多段线的直线与圆弧，把多段线分解成各直线段，把块分解成组成该块的各对象，把一个尺寸标注分解成线段、箭头和尺寸文字等。

(2) 操作格式

执行 EXPLODE 命令，AutoCAD 会提示选择对象，执行结束后则将选择对象分解。

4.3 调整图形对象大小

在图形对象的绘制过程中，有时需要将一个实体调整到合适的大小，以便于观察和应用。AutoCAD 为用户提供了缩放拉伸以及延伸等命令。

1. 缩放对象

缩放对象的方式有以下3种：

①在命令行中输入"SCALE"命令，按【Enter】键确定。

②选择菜单栏"修改"→"缩放"命令。

③单击功能区选项板"常用"选项卡"修改"面板中的"缩放"按钮 。

(1) 功能

放大或缩小选定对象，并且缩放后对象的比例保持不变。

(2)操作格式

下面通讨一个缩放示例介绍缩放命令的使用方法。

执行缩放命令,AutoCAD 提示如下:

```
命令:_scale
选择对象:选择要缩放的对象。
选择对象:按【Enter】键确认。
指定基点:指定缩放基点。
指定比例因子或[复制(C)/参照(R)]<1.0000>:指定比例因子或输入其他选项继续。
```

3 个选项的含义如下:

指定比例因子:确定要缩放的比例因子。若执行该默认项,即输入比例因子后按【Enter】键,AutoCAD 则将对象按该比例因子相对于基点缩放,且 0 < 比例因子 < 1 时缩小对象,比例因子 > 1 时放大对象。

复制:缩放一组选定对象。

参照:将对象以参考方式缩放,执行该选项后 AutoCAD 会提示:

```
指定参照长度<1.0000>:    指定新的长度或[点(P)]<1.0000>:
```

执行命令后,AutoCAD 根据参考长度与新长度的值自动计算比例因子(比例因子 = 新长度值/参考长度值),然后按该比例进行相应的缩放。

2. 拉伸对象

拉伸对象的方式有以下 3 种:

①在命令行中输入"STRETCH"(或"S")命令,按【Enter】键确定。

②选择菜单栏"修改"→"拉伸"命令。

③单击功能区选项板"常用"选项卡"修改"面板中的"拉伸"按钮。

(1)功能

移动或拉伸对象。执行 STRETCH 命令既可以移动对象,也可以拉伸对象。

(2)操作格式

在 AutoCAD 2010 中,拉伸命令主要用于非等比缩放,使用拉伸命令可以对对象进行形状或比例上的改变。

下面通过一个拉伸示例介绍拉伸命令的使用方法。

【例 4-9】使用交叉窗口的方式选定对象进行拉伸,最终结果如图 4-11 所示。

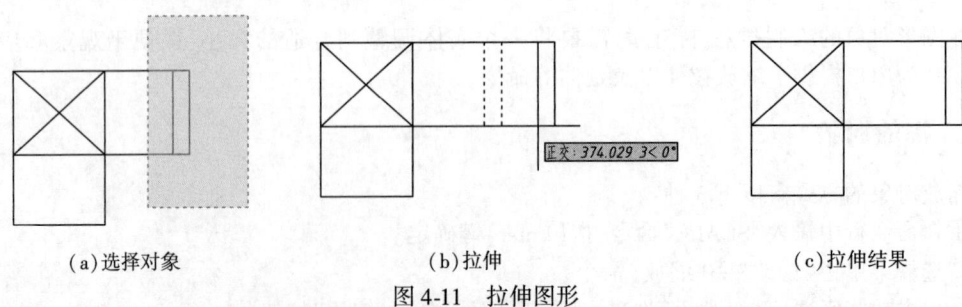

(a)选择对象　　　　　　　(b)拉伸　　　　　　　(c)拉伸结果

图 4-11　拉伸图形

选定用于拉伸的点 AutoCAD 提示如下:

```
命令:_stretch
以交叉窗口或交叉多边形选择要拉伸的对象
选择对象:选择要拉伸的对象。
选择对象:按【Enter】键确认。//完成对象的选择
```

上面的提示说明此时只能以交叉窗口方式或交叉多边形方式(即不规则交叉窗口方式)选择对象。AutoCAD 可以将位于选择窗口之内的对象进行移动;将与窗口边界相交的对象按规则拉伸或压缩、移动。

3. 延伸对象

延伸对象的方式有以下 3 种:

①在命令行中输入"EXTEND"命令,按【Enter】键确定。

②选择菜单栏"修改"→"延伸"命令。

③单击功能区选项板"常用"选项卡"修改"面板中的"修剪"按钮 ⊁· 右侧的下拉按钮,从下拉列表中选择"延伸"选项。

(1)功能

延长指定的对象到指定的边界(称其为边界边)。

(2)操作格式

下面通过一个实例讲解延伸命令的使用方法。

【例 4-10】使用延伸命令对打开的图形进行延伸,最终结果如图 4-12 所示。

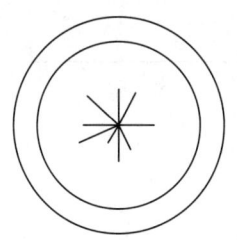 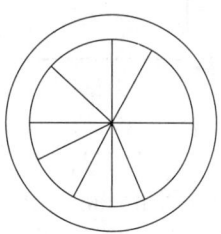

图 4-12 延伸图形更改

①打开"素材 ch04 延伸.dwg"文件。

②单击功能区选项板"常用"选项卡"修改"面板中的"修剪"按钮 ⊁· 右侧的下拉按钮,从下拉列表中选择"延伸"选项,对打开的图形进行延伸操作。具体的命令行提示如下:

```
命令:_extend
当前设置:投影=UCS,边=无
选择边界的边…
选择对象或<全部选择>:    指定对角点:使用交叉窗口方式选择所有对象。
选择对象:按【Enter】键确认。   //完成对象的选择
选择要延伸的对象,或按住【Shift】键选择要修剪的对象,或[栏选(P)/窗交(C)/投影(P)/边
(E)/放弃(U)]:依次单击圆内所有需要延伸的线段。
选择要延伸的对象,或按住【Shift】键选择要修剪的对象,或[栏选(F)/窗交(C)/投影(P)/边
(E)/放弃(U)]:按【Enter】键确认。//完成所有对象的延伸
```

③将延伸后的结果保存为"结果 ch04 延伸对象.dwg"文件。

4.4 倒角与圆角

在工程绘图中经常要绘制倒角和圆角,AutoCAD 提供了倒角和圆角命令,可以分别完成这两类操作。

1. 倒角

绘制倒角的方式有以下几种:
①在命令行中输入"CHAMFER"命令,按【Enter】键确定。
②选择菜单栏"修改"→"倒角"命令。
③单击功能区选项板"常用"选项卡"修改"面板中的"圆角"按钮 ⌒· 右侧的下拉按钮,从下拉列表中选择"倒角"选项。

(1) 功能
连接两个对象,使它们以平角或倒角相接。

(2) 操作格式
下面通过一个实例讲解倒角命令的使用方法。
【例 4-11】使用倒角命令对矩形进行倒角,倒角前后的图形如图 4-13 所示。

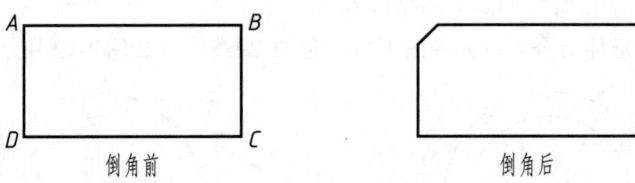

图 4-13 倒角图形更改

打开"素材 ch04 倒角.dwg"文件。
选择菜单栏"修改"→"倒角"命令,对相邻两边进行倒角操作。具体的命令行提示如下:

```
命令:_chamfer
    选择第一条直线或[放弃(U)/多段线(P)/距离(D)/角度(A)/修剪(T)/方式(E)/多个(M)]:输入
"d",按【Enter】键确认
    指定第一个倒角距离 <200.0000:输入"20.00",按【Enter】键确认。//指定第一个倒角距离
    指定第二个倒角距离 <200.0000:输入"20.00",按【Enter】键确认。//指定第二个倒角距离
    选择第一条直线或[放弃(U)/多段线(P)/距离(D)/角度(A)/修剪(T)/方式(E)/多个(M)]:单击
AB 边。                                                   //选择第一条倒角边
    选择第二条直线,或按住【Shift】键选择要应用角点的直线:单击 AD 边,按【Enter】键确认。
                                                         //完成 A、B 边的倒角操作
```

2. 圆角

绘制圆角的方式有以下 3 种:
①在命令行中输入"FILLET"(或"F")命令,按【Enter】键确定。
②选择菜单栏"修改"→"圆角"命令。
③单击功能区选项板"常用"选项卡"修改"面板中的"圆角"按钮 ⌒。

(1) 功能

给对象加圆角。

(2) 操作格式

下面通过一个实例讲解圆角命令的使用方法。

【例 4-12】使用圆角命令制作一条弧形跑道,圆角前后的图形如图 4-14 所示。

图 4-14　倒圆角图形更改

① 打开"素材\ch04\圆角.dwg"文件。

② 单击功能区选项板"常用"选项卡"修改"面板中的"圆角"按钮 ，对 a、b 边进行圆角操作。具体的命令行提示如下:

```
命令:_fillet
当前设置:模式 = 修剪,半径 = 2000.0000
选择第一个对象或[放弃(U)/多段线(P)/半径(R)/修剪(T)/多个(M)]:输入"r",按【Enter】键确认。
指定圆角半径 <2000.0000>:输入"20.00",按【Enter】键确认。
选择第一个对象或[放弃(U)/多段线(P)/半径(R)/修剪(T)/多个(M)]:单击 a 边。
                                                        //选择第一条圆角边
选择第二个对象,或按住【Shift】键选择要应用角点的对象:单击 b 边。 //选择第二条圆角边
```

提示

如果重复使用圆角命令,且半径与上一步操作时的半径大小一样,直接单击需要绘制圆角的两个边即可。

第5章 创建、编辑文字和表格

文字和表是 AutoCAD 图形中很重要的非图形元素,是机械制图和工程制图中不可缺少的组成部分。AutoCAD 有很强的文字处理能力,可以支持 Windows 系统字体,包括 Truetype 字体和扩展的字符格式等。另外,AutoCAD 还具有拼写检查(Spelling Check)功能,可以找出拼写不正确的单词,帮助用户书写正确的文字。在一个完整的图样中,通常都包含一些文字注释来标注图样中的一些非图形信息。例如,机械工程图形中的技术要求、装配说明,以及工程制图中的材料说明、施工要求等。另外,在 AutoCAD 2010 中,使用表格功能可以创建不同类型的表格,还可以在其他软件中复制表格,以简化制图操作。

AutoCAD 有很强的和丰富的文字处理功能。但是对于初学者来说,功能越强大可能越无所适从,那该怎么办呢?学习完本章内容后读者就会知道应该怎样操作。

5.1 创建文字样式

在 AutoCAD 2010 中,所有文字都有与之相关联的文字样式。在创建文字注释和尺寸标注时,AutoCAD 通常使用当前的文字样式。也可以根据具体要求重新设置文字样式或创建新的样式。在一幅图形中可以定义多种文字样式,以适应不同对象的需要。在 AutoCAD 中创建新文字样式的命令为"Style"。创建新的文字样式的具体步骤如下:

①选择菜单栏"格式"→"文字样式"命令(或单击功能区选项板中的"常用"选项卡"注释"面板"文字样式"按钮)。

②弹出"文字样式"对话框,文字样式包括文字字体高度、颠倒、反向、宽度因子以及倾斜角度等参数,如图5-1 所示。

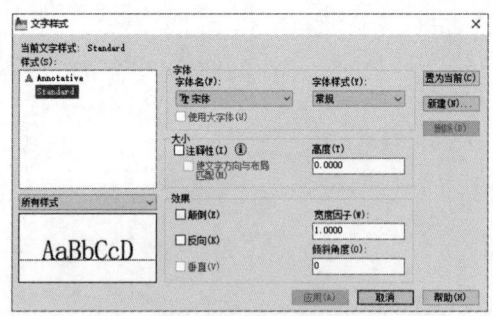

图5-1 "文字样式"对话框

③默认情况下,文字样式为"Standard"(标准),高度为"0",宽度因子为"1",如要新建文字样式,可以在"文字样式"对话框中单击"新建"按钮,弹出"新建文字样式"对话框,在样式名文本框中输入文字样式名称。

④单击"确定"按钮,即可创建新的文字样式,新建文字样式将显示在"样式"列表中。返回"文字样式"对话框,选中"样式1",单击"置为当前"按钮把"样式1"设置为当前样式,如图5-2所示。

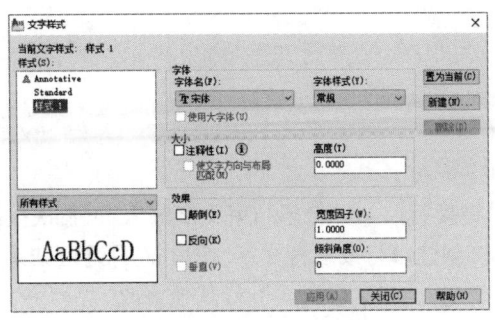

图5-2　创建文字样式

提示

> 单击"删除"按钮,可删除所选择的文字样式,但无法删除已经被使用了的文字样式和默认的Standard样式。

在"字体"设置区,可以设置文字样式使用的字体。在"字体名"下拉列表框中可以选择字体,在"字体样式"下拉列表框中可以选择字体的格式,如斜体、粗体和常规字体等。当选中"使用大字体"复选框时,"字体样式"下拉列表框变为"大字体"下拉列表框,用于选择大字体文件,常用字体文件为 gbcbig. shx。

在"大小"设置区,可以设置文字高度。

高度:用于设置输入文字的高度。当设置为0时,输入文字时将被提示指定文字高度。

"注释性"复选框:选中该复选框,高度文本框会自动转换为"图纸文字高度"文本框,且"使文字方向与布局匹配"复选框可选。

在"效果"设置区,可选择"颠倒"、"反向""垂直"复选框,还可以对"宽度因子"和"倾斜角度"进行设置。

单击"应用"按钮,对文字样式所进行的调整将应用于当前图形。

5.2　创建、编辑单行文字

对于不需要多种字体或多行的简短项,可以创建单行文字。单行文字对于创建标签非常方便。在 AutoCAD 中,单击功能区选项板中的"注释"选项卡"文字"面板中的按钮 A 的下拉按钮,在下拉列表中选择"单行文字"按钮 A;或单击功能区选项板中的"常用"选项卡"注释"面板中的按钮 A 的下拉按钮,在下拉列表中选择"单行文字"按钮;还可以选择"绘图"→"文字"→"单行文字"命令,都可创建单行文字,如图5-3所示。

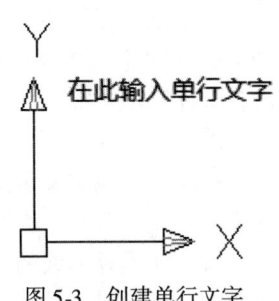

图5-3　创建单行文字

1. 创建单行文字

使用单行文字可以创建标注文字和标题块文字等内容。创建单行文字的具体步骤如下：

①选择菜单栏"绘图"→"文字"→"单行文字"命令。

②在绘图区域中单击，确定文字的起点。

③指定文字的高度。

④指定文字的旋转角度。

⑤输入文字，按【Enter】键换行。如果希望结束文字输入，可再次按【Enter】键。

⑥使用单行文字(TEXT)创建单行或多行文字，按【Enter】键可结束每行文字的输入。每行文字都是独立的对象，可以重新定位、调整格式或进行其他修改。

⑦使用单行文字命令输入单行文字，最终结果如图5-3所示。

⑧选择菜单栏"绘图"→"文字"→"单行文字"命令。在绘图区域的适当位置处单击以指定单行文字的起点，并对文字的高度和旋转角度进行设置。具体的命令行提示如下：

```
命令:_dtext
当前文字样式:"Standard" 文字高度:2.5000 注释性:否
指定文字的起点或[对正(J)/样式(S)]:在绘图区域适当位置处单击,以指定单行文字的起点。
指定高度<2.5000>:输入"50",按【Enter】键确认。
指定文字的旋转角度<0>:输入"0",按【Enter】键确认(或直接按【Enter】键使用默认角度0°)。
```

命令行中各参数的含义如下：

对正(J)：设置文字的对齐方式。

样式(S)：设置文字使用的样式。

> **设置文字样式时要注意哪些问题？**
>
> 创建单行文字时，要在命令行指定文字样式和设置对齐方式。文字样式设置文字对象的默认特征，对齐决定字符的哪一部分与插入点对齐。

⑨在绘图区域出现的文字输入框中输入"在此输入单行文字"文字，按【Enter】键换行，或再次按【Enter】键结束文字的输入。

⑩输入完毕后，将创建的单行文字保存为"结果\ch05\单行文字.dwg"文件。

2. 设置单行文字的对齐方式

在创建单行文字时，系统提示用户指定文字的起点、选择对正或样式选项。其中，选择对正(J)选项可以设置文字的对齐方式，选择样式(S)选项可以设置文字使用的样式。设置对正选项时各参数的含义如下：

对齐(A)：通过指定基线端点来指定文字的高度和方向。

布满(F)：指定文字按照由两点定义的方向和一个高度值布满一个区域。只适用于水平方向的文字。

居中(C)：从基线的水平中心对齐文字，此基线是由用户给出的点指定的。

中间(M)：文字在基线的水平中点和指定高度的垂直中点上对齐。

右对齐(R)：在由用户给出的点指定的基线上右对正文字。

左上(TL):在指定为文字顶点的点上左对正文字。只适用于水平方向的文字。
中上(TC):以指定为文字顶点的点居中对正文字。只适用于水平方向的文字。
右上(TR):以指定为文字顶点的点上右对正文字。只适用于水平方向的文字。
左中(ML):在指定为文字中间点的点上靠左对正文字。只适用于水平方向的文字。
正中(MC):在文字的中央水平和垂直居中对正文字。只适用于水平方向的文字。
右中(MR):以指定为文字的中间点的点上靠右对正文字。只适用于水平方向的文字。
左下(BL):以指定为基线的点靠左对正文字。只适用于水平方向的文字。
中下(BC):以指定为基线的点居中对正文字。只适用于水平方向的文字。
右下(BR):以指定为基线的点靠右对正文字。只适用于水平方向的文字

3. 编辑单行文字

对单行文字的编辑主要是修改文字特性和修改文字内容。要修改文字内容可以通过以下方法实现。

①直接双击文字,此时可以直接在绘图区域修改文字内容,如图 5-4 所示。

②选择菜单栏"修改"→"对象"→"文字"→"编辑"命令。也可以选择比例和对正选项对文字进行修改。

③右击输入的单行文字,在弹出的快捷菜单中选择"编辑"命令,对单行文字进行编辑。

修改文字特性的方法有以下两种。

①选择菜单栏"格式"→"文字样式"命令,弹出"文字样式"对话框,在"效果"设置区可以修改样式,修改文字的颠倒、反向和垂直效果。

②选中单行文字后,选择菜单栏"修改"→"特性"命令;或单击功能区选项板"视图"选项卡"选项板"面板中的"特性"按钮,弹出"特性"选项板,如图 5-5 所示。

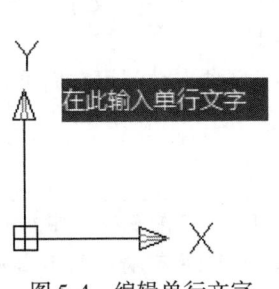

图 5-4　编辑单行文字

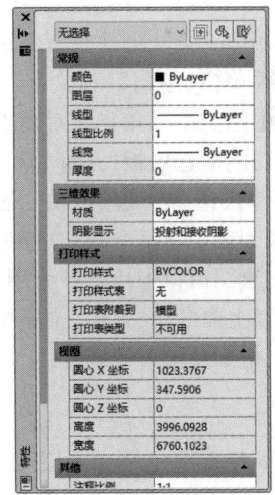

图 5-5　"特性"选项板

提示

也可以在"特性"选项板中选择相应的对象来显示其对应的特性选项板。

在输入文字时,用户除了输入普通文字和英文字符之外,还可能输入诸如"φ、°、±"之类的特殊符号,此时借助 Windows 系统提供的模拟键盘即可实现。具体操作步骤如下:

①选择某种汉字输入法,打开输入法提示条。

②右击输入法提示条中的"模拟键盘"图标,打开模拟键盘类型列表。

③单击选中某种模拟键盘(如搜狗拼音输入法)打开模拟键盘 ▦ ,单击选定希望输入的符号,如图 5-6 所示。

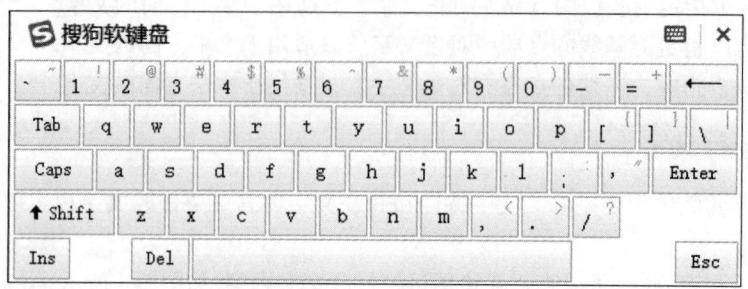

图 5-6　搜狗软键盘

5.3　创建、编辑多行文字

使用多行文字可以创建较为复杂的文字说明,如图样的技术要求和说明等。在 AutoCAD 中,多行文字是通过多行文字编辑器完成的,如图 5-7 所示。

1. 创建多行文字

可以采用以下方法创建多行文字:

①选择菜单栏"绘图"→"文字"→"多行文字"命令,然后在绘图区域中指定第一角点和对角点。

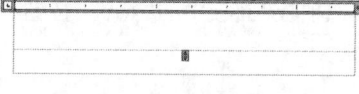

图 5-7　文字编辑器

②单击功能区选项板"注释"选项卡"文字"面板中的按钮 A 的下拉按钮,在下拉列表中选择"多行文字"按钮 A;或单击功能区选项板中的"常用"选项卡"注释"面板中的按钮 A 的下拉按钮,在下拉列表中选择"单行文字"按钮 A;还可以选择菜单栏"绘图"→"文字"→"多行文字"命令,然后在绘图窗口中指定一个用来放置多行文字的矩形区域。

③执行以上命令后,弹出"文字格式"工具栏和"多行文字"选项卡。利用它们可以设置多行文字的样式、格式及段落等属性。

提示

创建多行文字时,如果绘图区没有出现"文字格式"工具栏,可在多行文字编辑区中右击,在弹出的快捷菜单中选择"编辑器设置"→"显示工具栏"命令,即可将其显示出来。

④单击"文字格式"工具栏中的 b/a 按钮可以创建堆叠文字(堆叠文字是一种垂直对齐的文字或分数)。创建堆叠文字时,首先输入分别被作为分子和分母的文字,其间使用"/"分隔,然后选择这一部分文字,再单击 b/a 按钮即可。例如要创建分数 49/55,可首先输入"49/55",然后选中该文字后单击 b/a 按钮即可。

⑤要设置文字高度和颜色,可以选中文字,然后在文字高度编辑框中输入高度值,在颜色下拉列表中选择颜色(默认情况下字符颜色与层相同)。

⑥选中多行文字后,选择菜单栏"修改"→"特性"命令;或单击功能区选项板中的"视图"选项卡"选项板"面板"特性"按钮,都可弹出多行文字的特性选项板。

⑦在"特性"选项板中可以查看并修改多行文字的对象特性,其中包括仅适用于文字对象的特性。

对正选项:用于确定文字相对于边框的插入位置,并可设置输入文字时文字的走向。

行距比例选项:用于控制文字行之间的空间大小。

背景遮罩选项:用于在背景中插入不透明背景,此时文字下的对象就被遮住了(不适用于表格单元)。

⑧单击内容编辑框,右边会出现按钮,单击该按钮,弹出"文字格式"工具栏和编辑窗口,此时输入内容将出现在文字编辑区中。

⑨使用文字命令创建单行或多行文字时,按【Enter】键可以结束每行文字的输入。每行文字都是独立的对象,可以重新定位、调整格式或进行其他修改。

使用多行文字命令输入多行文字,最终结果如图 5-8 所示。使用多行文字可以创建较为复杂的文字说明,如图样的技术要求和说明等。在 AutoCAD 中,多行文字是通过多行文字编辑器来完成的。

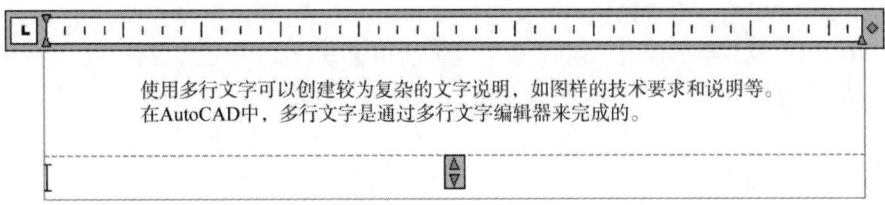

图 5-8　多行文字编辑器

①选择菜单栏"绘图"→"文字"→"多行文字"命令。

②在绘图区域适当位置处单击指定第一角点和对角点,弹出"文字格式"工具栏和"多行文字"选项卡。具体的命令行提示如下:

```
命令:_mtext
当前文字样式:"Standard"文字高度:2.5  注释性:否
指定第一角点:在绘图区域适当位置处单击,以指定文字的起点。
指定对角点或[高度(H)/对正(J)/行距(L)/旋转(R)/样式(S)/宽度(W)/栏(C)]:在另一点处单击,以指定对角点。    //弹出文字格式输入窗口和多行文字选项卡
```

如何设置多行文字的样式?

设置多行文字的文字样式与设置单行文字的文字样式的方法相同。创建文字时,可以通过在样式提示下输入样式名来指定现有样式。如果需要将格式应用到独立的词语和字符上,则应使用多行文字而不是单行文字。

③在文字编辑区中输入图示文字即可。

④将创建的多行文字保存为"结果\ch05\多行文字.dwg"文件。

2. 编辑多行文字

要编辑创建的多行文字,可以通过以下 3 种方法进行。

①选择菜单栏"修改"→"对象"→"文字"→"编辑"命令,并单击创建的多行文字,打开多行文字输入窗口,然后参照多行文字的设置方法,修改并编辑文字即可。

②在绘图窗口中双击输入的多行文字,打开多行文字输入窗口进行编辑即可。

③选中输入的多行文字并右击,在弹出的快捷菜单中选择"重复编辑多行文字"命令或"编辑多行文字"命令,打开多行文字输入窗口进行编辑即可。

5.4 创建表格

表格是在行和列中包含数据的对象。在 AutoCAD 2010 中有以下几种方法可以创建表格。

①在命令行中输入"TABLE"命令,按【Enter】键确定。

②选择菜单栏"绘图"→"表格"命令。

③单击功能区选项板"注释"选项卡"表格"面板中的"表格"按钮。

④单击功能区选项板"常用"选项卡"注释"面板中的"表格"按钮。

使用以上几种方法创建表格时,均会弹出"插入表格"对话框。

在"插入表格"对话框中可以选择表格的样式和插入方式,设置列和行、单元格样式等,单击"确定"按钮即可完成表格的创建。同时,在创建的表格上方会弹出"文字格式"工具栏和"表格"选项卡,如图 5-9 所示。

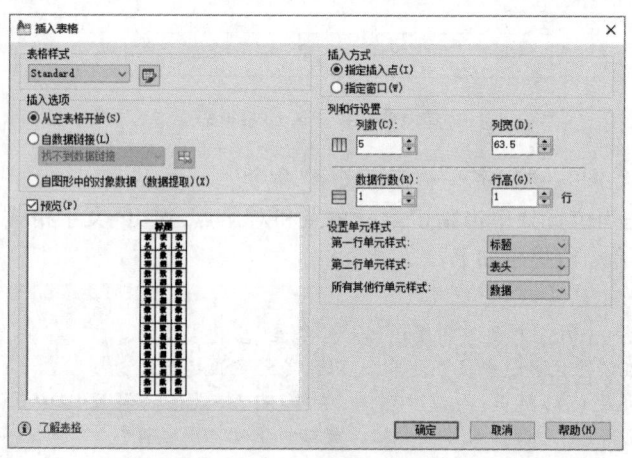

图 5-9 "插入表格"对话框

提示

创建表格时,如果不需要在绘图区显示"文字格式"工具栏,可右击选中的表格,在弹出的快捷菜单中取消选择"编辑器设置显示工具栏"命令。

1. 修改表格

表格创建完成后,可以根据需要通过以下几种方法修改表格。

①单击表格上的任意一条网格线以选中该表格,然后通过使用"特性"选项板或夹点来修改该表格。

②选中某个单元时,功能区选项板中会同时弹出"表格单元"选项卡,通过该选项卡中的不同面板可以进行相应的操作,如图5-10所示。

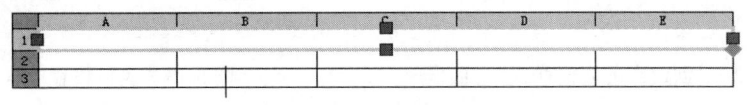

图 5-10 修改表格样式

③右击一个选中的单元,在弹出的快捷菜单中选择"插入"/"删除"列和行或进行其他修改。选中单元后按【Ctrl + Y】组合键重复上一个操作,其中包括在"特性"选项板中所做的修改。

2. 使用表格样式

表格的外观由表格样式控制。用户可以使用默认表格样式 Standard,也可以创建自己的表格样式。创建新的表格样式的具体步骤如下:

①选择菜单栏"格式"→"表格样式"命令;或单击功能区选项板"常用"选项卡"注释"面板中的"表格样式"按钮,弹出"表格样式"对话框,如图5-11所示。

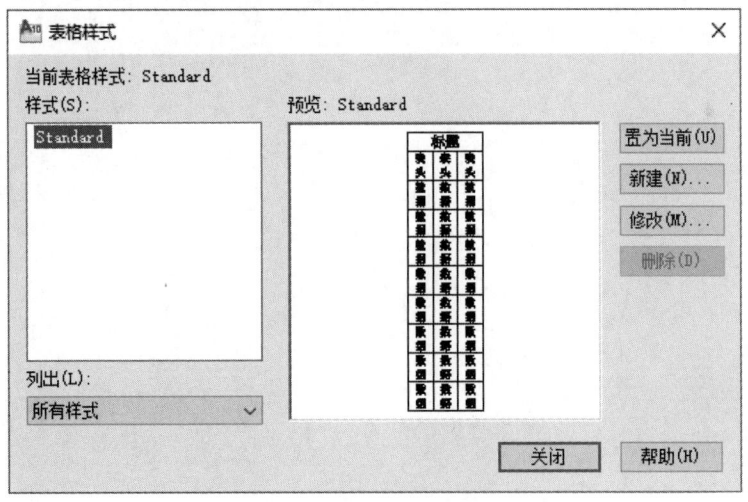

图 5-11 "表格样式"对话框

②单击"新建"按钮,弹出"创建新的表格样式"对话框,如图5-12所示。

③输入新样式名,选择基础样式后单击"继续"按钮,弹出"新建表格样式:Standard 副本"对话框。

④在"新建表格样式:Standard 副本"对话框中进行特性、页边距等的设置,然后单击"确定"按钮即可,如图5-13所示。

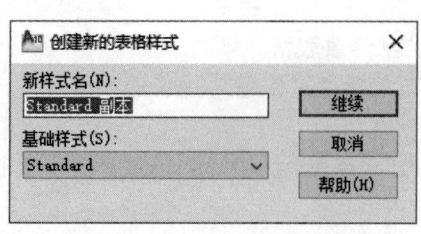 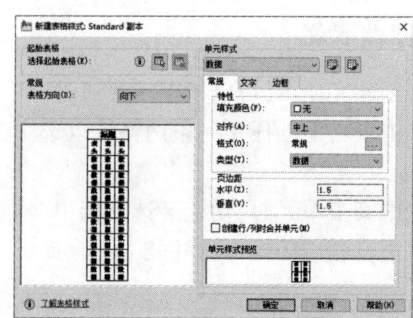

图 5-12 "创建新的表格样式"对话框　　　　图 5-13 表格设置

3. 向表格中添加内容

表格单元中的数据可以是文字或块。

创建表格后会亮显第一个单元,显示"文字格式"工具栏时可以开始输入文字。单元的行高会自动加大以适应输入文字的行数。要移动到下一个单元,可以按【Tab】键,或使用方向键向左、向右、向上和向下移动。双击单元或通过在选定的单元中按【F2】键,可以快速编辑单元文字。

在表格单元中插入块时,块可以自动适应单元的大小,或者可以调整单元以适应块的大小。

在表格单元中可以用方向键移动光标。使用工具栏和快捷菜单可以在单元中格式化文字。输入文字或对文字进行其他修改。

第6章 图层应用

图层是 AutoCAD 提供的强大功能之一，利用图层可以方便地对图形进行管理。使用图层主要有两个好处：一是便于统一管理图形（如用户可以通过改变图层的线型和颜色等属性，统一调整该图层上所有对象的线型和颜色）；二是可以通过隐藏、冻结图层等操作统一隐藏冻结该图层上所有的图形对象，从而为图形的绘制提供方便。线型比例主要用于设置非连续线型的疏密程度。

本章主要讲解创建、管理图层和线型比例的设置等，并用实例说明图层的设置方法和线型比例的用法。

6.1 创建图层

图层是计算机辅助制图快速发展的产物，在许多平面绘图软件及网页软件中都有运用，比如大家熟悉的 Photoshop 和 Dreamweaver 等。

图层是用户组织和管理图形的强有力的工具，每个图层就像一张透明的玻璃纸，而每张纸上的图形可以进行叠加。绘制图形时，用户可以创建多个图层，每个图层上的颜色、线型和线宽都可以不同。用户可以根据图层对图形几何对象、文字和标注等进行归类处理，这样不仅能够使图形的各种信息清晰、有序和便于观察，而且也可以给图形的编辑、修改和输出带来很大的方便，从而提高绘制复杂图形的效率和准确性。

开始绘制新图形时，AutoCAD 2010 将自动创建一个名为"0"的特殊图层。默认情况下，就是在图层 0 的基础上绘制图形。图层 0 使用与背景颜色相区别的白色或黑色，默认线型为"Continuous"、线宽为"——默认"。用户不能删除或重命名该图层。在绘图的过程中，如果要使用更多的图层来组织图形，就需要创建新图层。

创建图层的具体步骤如下：

①单击功能区选项板"常用"选项卡"图层"面板中的"图层特性"按钮 ，弹出"图层特性管理器"对话框。利用该对话框可以很方便地创建新图层以及设置其基本属性，如图 6-1 所示。

②单击"图层特性管理器"对话框中的"新建图层"按钮 ，新建名为"图层 1"的图层。默认情况下，新建图层的设置与图层 0 的状态、颜色、线型及线宽等设置相同，如图 6-2 所示。

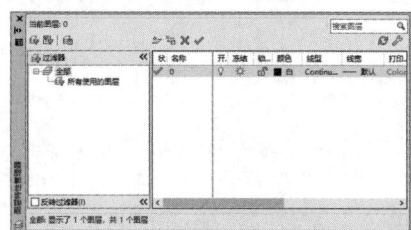

图 6-1 "图层特性管理器"对话框

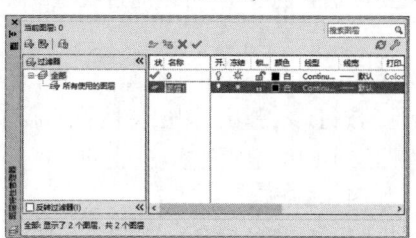

图 6-2 新建图层

③新建图层时可以直接输入图层名称。需要重命名时,单击此图层名称,然后输入新的图层名称,按【Enter】键即可。

6.2 设置图层颜色

为了能清楚醒目地区分不同的图形对象,可以设定不同的图层为不同的颜色。可以通过图层指定对象的颜色,也可以不依赖图层而明确地指定颜色。通过图层指定颜色可以在图形中轻易识别每个图层,明确地指定颜色会在同一图层的对象之间产生其他差别。颜色也可以用作一种为与颜色相关的打印指示线宽的方式。

①单击图层1对应的颜色小方块,弹出"选择颜色"对话框,如图6-3所示。

在最上面的标准颜色中单击第一个颜色块,即"红",在颜色提示栏中会自动显示用户选中的颜色名,在随后的小方块中会显示选中的颜色。用户也可以直接在颜色文本框中输入"红"或颜色号"1"来设定颜色值。

②单击"确定"按钮返回"图层特性管理器"对话框,然后使用同样的方法将图层2的颜色设置为"黄色",如图6-4所示。

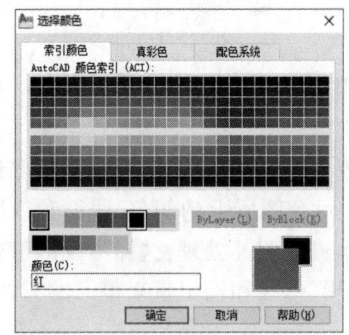

图6-3 "选择颜色"对话框　　　　图6-4 "图层特性管理器"对话框

③设置好颜色后单击"确定"按钮,返回"图层特性管理器"对话框。

6.3 设置图层线型

在绘制的图形中,线条的组成和显示方式称为线型,如虚线和实线等。为了满足不同国家或行业标准的要求,在 AutoCAD 中除了常用的线型外,也有一些由特殊线型或符号组成的复杂线型。在默认情况下,图层的线型有 Continuous、ByLayer 和 ByBlock 三种。

如果要增加新的线型,可以通过线型的加载来完成。在 AutoCAD 2010 中设置线型的具体步骤如下:

①选择菜单栏"格式"→"线型"命令;或单击功能区选项板"常用"选项卡"图层"面板中的"图层特性"按钮 ,弹出"图层特性管理器"对话框。

②在图层1的线型栏处右击,在弹出的快捷菜单中选择"选择线型"命令(或直接在线型一栏处单击),如图6-5所示。

③弹出"选择线型"对话框,单击"加载"按钮,如图6-6所示。

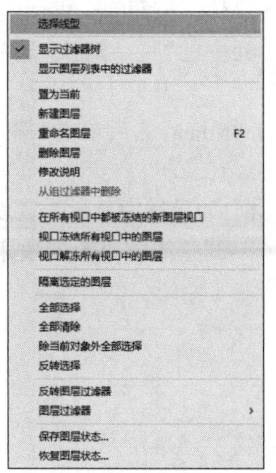

图 6-5　快捷菜单

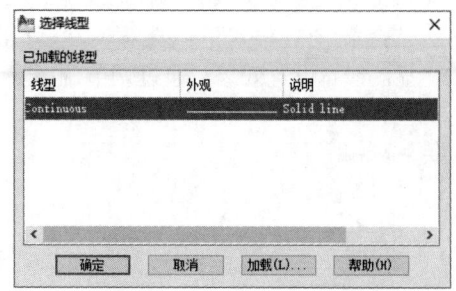

图 6-6　"选择线型"对话框

④弹出"加载或重载线型"对话框,在"可用线型"栏中选择需要的新线型,如 ACAD_IS002W100 线型,如图 6-7 所示。

⑤单击"确定"按钮,返回"选择线型"对话框,完成线型的加载,如图 6-8 所示。

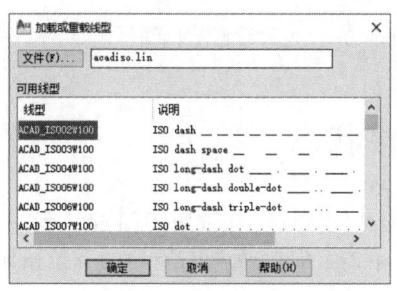

图 6-7　"加载或重载线型"对话框

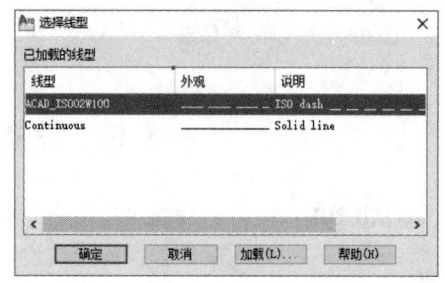

图 6-8　加载线型

⑥选择 ACAD_IS002W100 线型,单击"确定"按钮,返回"图层特性管理器"对话框。

> **如何加载外部的线型文件?**
> 在"加载或重载线型"对话框中单击"文件"按钮,弹出"选择线型文件"对话框,选择相应的线型文件。

6.4　设置图层线宽

使用线宽可以清楚地表现出截面的剖切方式、标高的深度、尺寸线和小标记,以及细节上的不同。例如通过为不同的图层指定不同的线宽,可以很方便地区分新建的、现有的和被破坏的结构。AutoCAD 2010 有 20 多种线宽可供选择。通过调整线宽的比例,可以使图形中的线宽显示得更宽或更窄。

设置图层线宽的具体步骤如下:

①单击功能区选项板"常用"选项卡"图层"面板中的"图层特性"按钮,弹出"图层特性管理器"对话框,在该对话框中,单击需要修改的图层的"线宽"列中的"——默认"选项,弹出"线宽"对话框,如图6-9所示。

②在"线宽"对话框中根据需要选择合适的线宽,如选择 0.25 mm,然后单击"确定"按钮,该图层上线的宽度就会更改为选择的线宽。

③选择菜单栏"格式"→"线宽"命令,弹出"线宽设置"对话框,如果选中显示线宽复选框,将在屏幕上显示线宽设置效果。通过调节调整显示比例滑块,也可以调整线宽显示的效果,如图6-10所示。

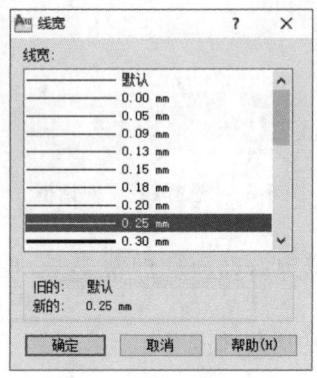
图6-9 "线宽"对话框

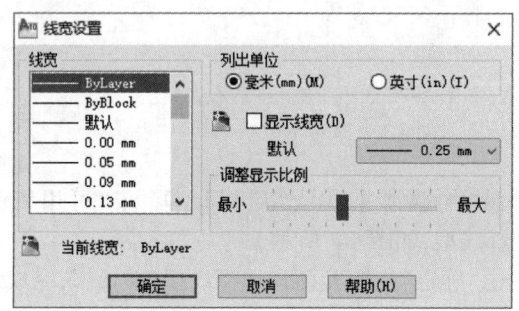
图6-10 "线宽设置"对话框

6.5 设置图层状态

在 AutoCAD 2010 中,单击功能区选项板"常用"选项卡"图层"面板中的"特征"按钮,可以控制图层的状态,如开关、锁定解锁以及冻结或解冻等。单击"图层"面板右下角的下拉按钮可以展开显示其他按钮。

注意

图层打开时,可显示和编辑图层上的内容;图层关闭时,图层上的内容全部被隐藏,且不可被编辑或打印。切换图层的开/关状态时不会重新生成图形。

隐藏图层的具体操作步骤如下:

①打开"素材\ch06\隐藏图层.dwg"文件。

②单击图层控制右侧的下拉按钮▼。

③单击图层1图层前面的"开/关"按钮。

④将隐藏后的图形保存为"素材\ch06\隐藏图层.dwg"文件,如图6-11所示。

冻结/解冻。冻结图层时,图层上的内容全部被隐藏,且不可被编辑或打印,从而可减少复杂图形的重生成时间。已冻结图层上的对象不可见,并且不会遮盖其他对象。

解冻一个或多个图层将导致重新生成图形。冻结和解冻图层比打开和关闭图层需要更多的时间。

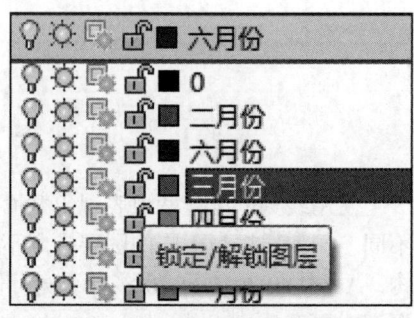
图6-11 隐藏图层对话框

锁定/解锁。锁定图层时，图层上的内容仍然可见，并且能够捕捉或添加新对象，但不能被编辑和修改。默认情况下图层是解锁的。锁定解锁图层的具体操作步骤如下：

①打开"素材\ch06\图层锁定.dwg"文件。

②单击图层控制右侧的下拉按钮▼。

③单击"三月份"图层前面的"锁定/解锁"按钮，结果如图6-12所示。

④按【Ctrl+A】组合键选择全部图形，按【Delete】键删除图形，但锁定的图层不会被删除。

⑤将锁定后的图形保存为"结果\ch06\图层锁定.dwg"文件。

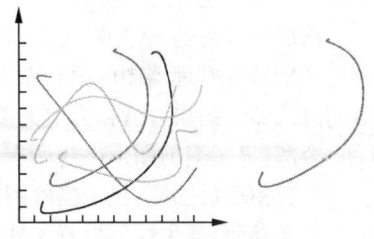

图 6-12　隐藏效果图

6.6　管 理 图 层

使用"图层特性管理器"对话框可以对图层进行更多的设置与管理，如进行图层的切换、重命名和删除等操作。

1. 切换当前层

当前层就是当前绘图层。用户只能在当前图层中绘制图形，而且所绘制实体的属性将继承当前层的属性。

在实际绘图中，可以通过以下两种方法实现图层间的切换，如图6-13所示。

①单击功能区选项板"常用"选项卡"图层"面板中的"图层控制"下拉按钮，在下拉列表中选择要切换到的图层。

②在"图层特性管理器"对话框中选择要置换为当前的图层，并单击"置为当前"按钮。

下面介绍切换当前层的具体操作步骤：

①单击功能区选项板"常用"选项卡"图层"面板中的"图层控制"下拉按钮，初始状态下系统默认0图层为当前层。

②单击"图层控制"下拉按钮，在下拉列表中将当前图层切换到其他图层。例如，可以将当前0图层切换到图层1或图层2图层。

③在"图层特性管理器"对话框中选择需要设置为当前层的图层，然后单击"置为当前"按钮　也可以进行当前层的切换。

图 6-13　图层切换

2. 显示图层组

用户可以控制图层特性管理器中列出的图层名，并且可以按照图层名或图层特性（如颜色或可见性）进行排序。

利用图层过滤器可以限制图层特性管理器和图层面板上的图层控制控件中显示的图层名。在大型图形中，利用图层过滤器可以仅显示要处理的图层。

有以下两种图层过滤器：

图层特性过滤器：包括名称或其他特性相同的图层。例如，可以定义一个过滤器，其中包括图层颜色为红色并且名称包括字符 mech 的所有图层。

图层组过滤器：包括在定义时放入过滤器的图层，而不考虑其名称或特性。

图层特性管理器中的树状图显示了默认的图层过滤器以及当前图形中创建并保存的所有命名的过滤器。图层过滤器旁边的图标表明过滤器的类型。有以下 5 个默认过滤器。

全部：显示当前图形中的所有图层。

所有使用的图层：显示当前图形中的对象所在的所有图层。

外部参照：如果图形附着了外部参照，将显示从其他图形参照的所有图层。

视口替代：如果存在具有当前视口替代的图层，将显示包含特性替代的所有图层。

未协调新图层：如果自上次打开、保存、重载或打印图形后添加了新图层，将显示新的未协调图层列表。

一旦命名并定义了图层过滤器，就可以在树状图中选择该过滤器，以便在列表视图中显示图层。

在树状图中选择一个过滤器并右击，可以使用快捷菜单中的命令删除、重命名或修改过滤器。例如，可以将图层特性过滤器转换为图层组过滤器，也可以修改过滤器中所有图层的某个特性。"隔离组"选项关闭图形中未包括在选定过滤器中的所有图层。

3. 定义图层特性过滤器

图层特性过滤器在"图层过滤器特性"对话框中定义。单击"图层特性管理器"对话框左上方的"新建特性过滤器"按钮，弹出"图层过滤器特性"对话框，在其中可以选择要包括在过滤器定义中的特性：图层名、颜色、线型、线宽和打印样式；图层是否正被使用；打开还是关闭图层；在当前视口或所有视口中冻结图层还是解冻图层；锁定图层还是解锁图层；是否设置打印图层。"图层过滤器特性"对话框如图 6-14 所示。

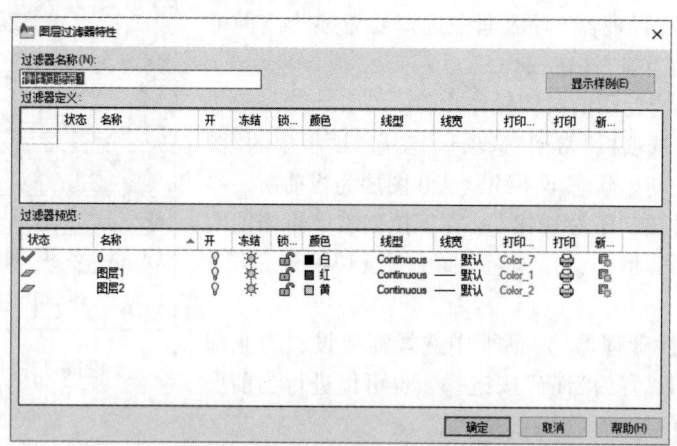

图 6-14 "图层过滤器特性"对话框

使用通配符按名称过滤图层。例如，只希望显示以字符"mech"开头的图层，可以输入"mech *"。

图层特性过滤器中的图层可能会因图层特性的改变而改变。例如，定义了一个名为"Site"的图层特性过滤器，该图层特性过滤器包括名称中包含字符"Site"并且线型为"连续"的所有图层；随后又修改了其中某些图层中的线型，那么具有新线型的图层将不再属于图层特性过滤器 Site，并且在应用此过滤器时这些图层将不再显示出来。

图层特性过滤器可以嵌套在其他特性过滤器或组过滤器下。

4. 定义图层组过滤器

图层组过滤器只包括那些明确指定到该过滤器中的图层。即使修改了指定到该过滤器中的图层的特性,这些图层仍属于该过滤器。图层组过滤器只能嵌套到其他图层组过滤器下。

单击"图层特性管理器"对话框左上方的"新建组过滤器"按钮,可以看到在"图层特性管理器"对话框的过滤器树状菜单中多出一个新建的"组过滤器1",也可以右击对其进行重命名,如图6-15所示。

5. 反转图层过滤器

也可以反转图层过滤器。例如,图形中所有的场地规划信息均包括在名称中包含字符"Site"的多个图层中,则可先创建一个以名称(﹡Site﹡)过滤图层的过滤器定义,然后使用反向过滤器选项,这样该过滤器就包括了除场地规划信息以外的所有信息。

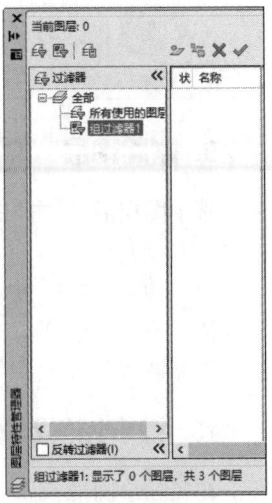

图 6-15　组过滤器

6. 对图层进行排序

一旦创建了图层,就可以使用名称或其他特性对其进行排序。在图层特性管理器中,单击列标题就会按照该列中的特性排列图层。图层名可以按字母的升序或降序排列。

7. 保存与恢复图层状态

可以将图形的当前图层设置先保存为命名图层状态,以后再恢复这些设置。如果在绘图的不同阶段或打印的过程中需要恢复所有图层的特定设置,保存图形设置会带来很大的方便。

8. 重命名图层

若要重命名图层,可以在图层特性管理器对话框的图层显示栏内选中图层,然后单击该图层名称后进行修改(或选中图层后右击,在弹出的快捷菜单中选择"重命名图层"命令)即可。

重命名图层的具体步骤如下:

①单击功能区选项板中的"常用"选项卡"图层"面板"图层特性"按钮,弹出"图层特性管理器"对话框,如图6-16所示进行设置。

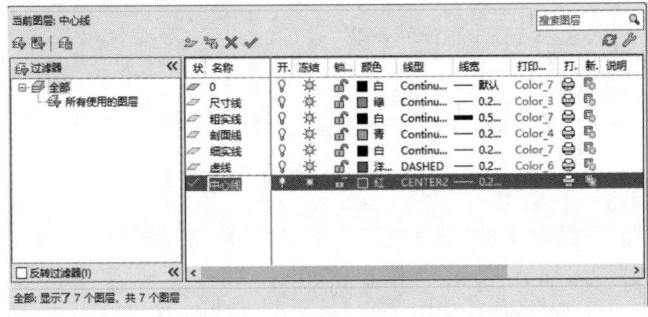

图 6-16　重命名图层

②通过选中图层后单击该图层来输入新名称(如"轴线")即可改变其名称。

提示

也可以按【F2】键重命名或在该图层名称处右击,在弹出的快捷菜单中选择"重命名图层"命令。

9. 删除图层

选中图层后,单击"图层特性管理器"对话框中的"删除"按钮 ✕ 或按【Delete】键可以删除该图层。

单击功能区选项板"常用"选项卡"图层"面板中的"删除"按钮 ,可以删除图层上的所有对象并清理图层。但是当前图层、包含对象的图层、0图层、Defpoints图层以及依赖于外部参照的图层等不能被删除。

10. 改变图形对象所在图层

在实际绘图中,有时绘制完某一图形元素后,会发现该元素并没有绘制在预先设置的图层上。这时可以选中该图形元素,再选中需要改变图形所在的图层,然后单击功能区选项板中的"常用"选项卡"图层"面板"图层控制"下拉按钮,在下拉列表中切换即可改变图形所在的图层。

6.7 设置线型比例

AutoCAD中提供了大量的非连续线型,如虚线、点画线和中心线等。通常非连续线型的显示和实线线型不同,要受到图形尺寸的影响。

为了改变非连续线型的外观,可以为图形设置线型比例。选择菜单栏"格式"→"线型"命令,弹出"线型管理器"对话框,如图6-17所示。

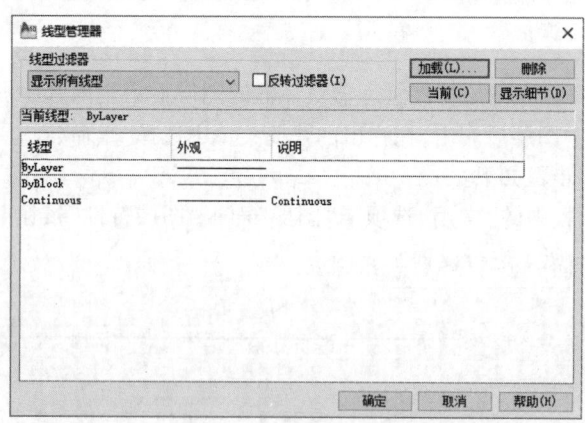

图6-17 "线型管理器"对话框

单击"线型管理器"对话框中的"显示细节"按钮,可以将详细信息显示在该对话框中,此时"显示细节"按钮变为"隐藏细节"按钮,如图6-18所示。

在"详细信息"设置区的"全局比例因子"编辑框中,可以设置图形中所有非连续线型的外观;

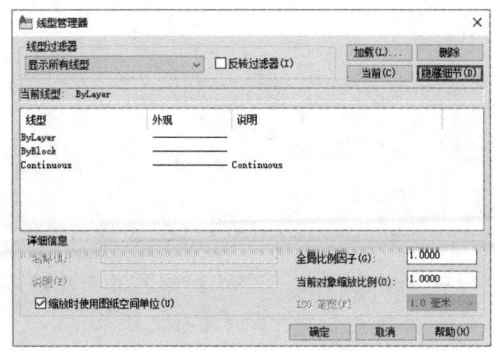

图 6-18　隐藏细节按钮

利用"当前对象缩放比例"编辑框,可以设置将要绘制的非连续线型的外观,而原来绘制的非连续线型的外观并不受影响。

6.8　控制如何显示重叠的对象

可以控制将重叠对象中的哪一个对象显示在前端。

通常情况下,重叠对象(如文字、宽多段线和实体填充多边形等)按其创建的次序显示,即新创建的对象在现有对象的前面,如图 6-19 所示。

在 AutoCAD 2010 中,可以通过选择菜单栏"工具"→"绘图次序"命令,在"绘图次序"子菜单中选择相应的命令。或单击功能区选项板中的"常用"选项卡"修改"面板"前置"按钮 的下拉按钮,在下拉列表中选择前置、后置、置于对象之上或置于对象之下选项。

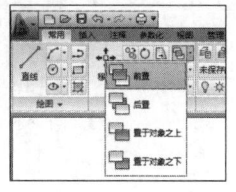

图 6-19　重叠对象

使用 TEXTTOFRONT 命令可以修改图形中所有文字和标注的绘图次序,如图 6-20 所示。

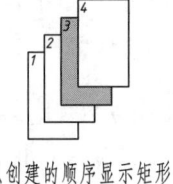

以创建的顺序显示矩形

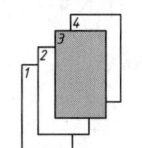

第3个矩形已被指定绘制顺序

图 6-20　绘图次序

> 注意
>
> 不能在模型空间和图纸空间之间控制重叠的对象,而只能在同一个空间内控制它们。

第7章 尺寸标注

尺寸标注是绘图设计中的一项重要内容。图形主要是用来反映各对象形状的,而对象的真实大小和相互间的位置关系只有在标注尺寸之后才能确定下来。

尺寸标注有着严格的规范。用 AutoCAD 标注尺寸需要通过标注样式做大量复杂的参数设置。

7.1 尺寸标注组成和标注规则

在 AutoCAD 2010 中,可以通过以下两种方法对图形尺寸进行标注。

①选择菜单栏"格式"→"标注"子菜单命令,如图7-1所示。

②单击功能区选项板"注释"选项卡"标注"面板中不同的命令按钮进行相应的标注,如图7-1所示。

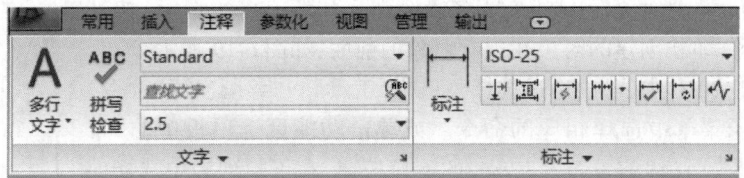

图7-1 "注释"选项卡

由于尺寸标注对传达有关设计元素的尺寸和材料等信息有着非常重要的作用,因此在对图形进行标注前,首先介绍一下尺寸标注的组成、类型、规则以及步骤等。

1. 尺寸标注的规则

在 AutoCAD 2010 中,对绘制的图形进行尺寸标注时应遵循以下规则。

对象的真实大小应以图样上所标注的尺寸数值为依据,与图形的大小及绘图的准确度无关。

图样中的尺寸以 mm(毫米)为单位时不需要标注计量单位的代号或名称。如采用其他单位,则必须注明相应计量单位的代号或名称,如 60°(度)、cm(厘米)或 m(米)等

图样中所标注的尺寸为该图形所表示的对象的最后完工尺寸,否则应另加说明。

视图中图形对象的每一尺寸一般只标注一次,并应标注在最能反映该对象形状特征的图形上。

2. 尺寸的组成

一个完整的尺寸标注一般由尺寸线、尺寸界线、尺寸箭头和尺寸数字(即尺寸值)4部分组成,如图7-2所示。

①尺寸线。尺寸线用来表示尺寸标注的范围,它一般是一条带有双箭头的单线段。对于角

度的标注,尺寸线为圆弧线。

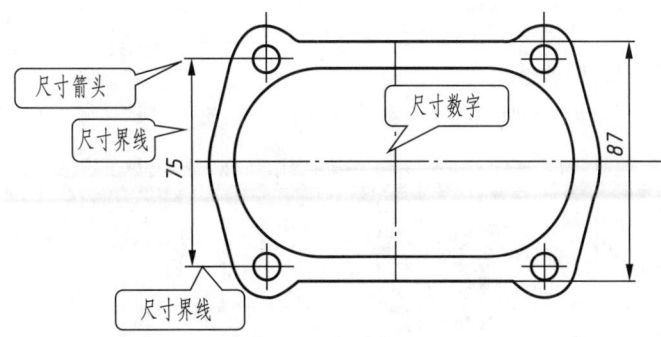

图 7-2　尺寸标注组成

②尺寸界线。为了标注清晰,通常用延伸线将标注的尺寸引出被标注对象之外。有时也用对象的轮廓线或中心线代替延伸线。

③尺寸箭头。尺寸箭头位于尺寸线的两端,用于标记标注的起始和终止位置。"箭头"是一个广义的概念,AutoCAD 提供有各种箭头供用户选择,也可以用短画线、点或其他标记代替尺寸箭头。

④尺寸数字。尺寸数字用来标记尺寸的具体值。尺寸数字可以只反映基本尺寸,也可以带尺寸公差,还可以按极限尺寸形式标注。如果尺寸界线内放不下尺寸数字,AutoCAD 会自动将其放到尺寸界线外部。

3. 创建尺寸标注的步骤

在 AutoCAD 2010 中对图形进行尺寸标注的具体步骤如下:

①单击功能区选项板中的"常用"选项卡"图层"面板"图层特性"按钮,弹出"图层特性管理器"对话框。利用"图层特性管理器"对话框创建一个独立的图层用于尺寸标注。

②选择菜单栏"格式"→"标注样式"命令;或单击功能区选项板中的"常用"选项卡"注释"面板"标注样式"按钮,弹出"标注样式管理器"对话框,设置标注样式。

③使用对象捕捉和标注等功能对图形中的元素进行标注。

4. 尺寸标注样式设定

使用标注样式可以控制尺寸标注的格式和外观,建立和强制执行图形的绘图标准,这样做有利于对标注格式及用途进行修改。在 AutoCAD 2010 中,用户可以利用"标注样式管理器"对话框创建和设置标注样式。

5. 新建标注样式

通常情况下,在 AutoCAD 2010 中,创建尺寸标注时使用的尺寸标注样式是"ISO-25",用户可以根据需要创建一种新的标注样式,将其设置为当前标注样式。

①选择菜单栏"格式"→"标注样式"命令或单击功能区选项板"常用"选项卡"注释"面板中的"标注样式"按钮,弹出"标注样式管理器"对话框,如图7-3 所示。

②单击"新建"按钮,弹出"创建新标注样式"对话框,利用该对话框即可新建标注样式,如图7-4 所示。

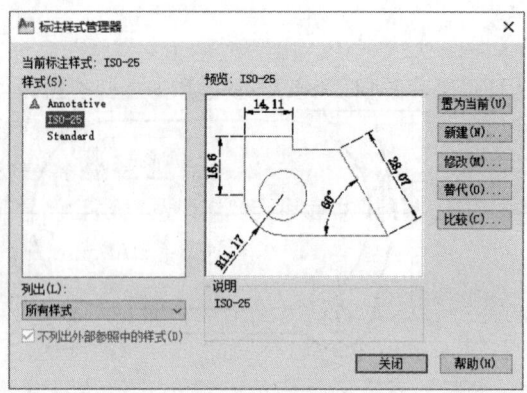

图7-3 "标注样式管理器"对话框

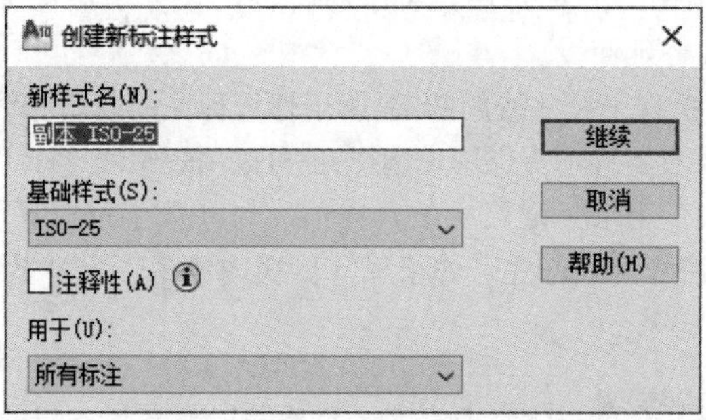

图7-4 "创建新标注样式"对话框

该对话框中各个选项的含义如下:

"新样式名"文本框:用于输入新标注样式的名称。

"基础样式"下拉列表:用于选择一种基础样式,新样式将在该基础样式上进行修改。

"用于"下拉列表:用于指定新建标注样式的适用范围,可适用的范围有所有标注、线性标注、角度标注、半径标注、直径标注、坐标标注以及引线和公差等。

③设置了新标注样式的名称、基础样式和适用范围后,单击"创建新标注样式"对话框中的"继续"按钮,弹出"新建标注样式:副本 ISO-25"对话框,利用该对话框可以对新建的标注样式进行详细设置,如设置线、符号、文字、主单位和公差等。

6. 设置线和箭头

在"新建标注样式:副本 ISO-25"对话框中选择"线"和"符号和箭头"选项卡,可以设置尺寸标注的尺寸线、延伸线、箭头、圆心标记的格式和位置等。

(1)设置尺寸线

在尺寸线选项区域,可以设置尺寸线的颜色、线型、线宽、超出标记以及基线间距等属性,如图7-5所示。

"颜色"下拉列表:用于设置尺寸线的颜色,默认情况下尺寸线的颜色随块。

"线型"下拉列表:用于设置尺寸线的线型。

"线宽"下拉列表:用于设置尺寸线的宽度,默认情况下尺寸线的线宽也随块。

"超出标记"文本框：当尺寸线的箭头采用倾斜、建筑标记、小点等样式时，使用该文本框可以设置尺寸线超出延伸线的长度。

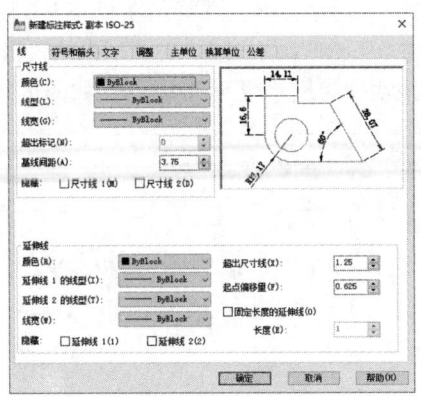

图7-5 "尺寸线"设置

"基线间距"微调框：进行基线尺寸标注时可以设置各尺寸线之间的距离。

"隐藏"选项区域：通过选择"尺寸线1"复选框或"尺寸线2"复选框，可以隐藏第一段或第二段尺寸线及其相应的箭头。

(2) 设置尺寸界线

在"延伸线"选项区域，可以设置尺寸界线的颜色、线宽、超出尺寸线起点偏移量以及隐藏控制等属性。

"颜色"下拉列表：用于设置延伸线的颜色。

"线宽"下拉列表：用于设置延伸线的宽度。

"超出尺寸线"微调框：用于设置尺寸界线超出尺寸线的距离。

"起点偏移量"微调框：用于设置尺寸界线的起点与标注定义点的距离。

"隐藏"选项区域：通过选择"延伸线1"复选框或"延伸线2"复选框，可以隐藏尺寸界线。

(3) 设置箭头

在符号和箭头选项卡中，可以设置箭头、圆心标记、折断标注、弧长符号、半径折弯标注和线性折弯标注等。通常情况下尺寸线的两个箭头应一致，如图7-6所示。

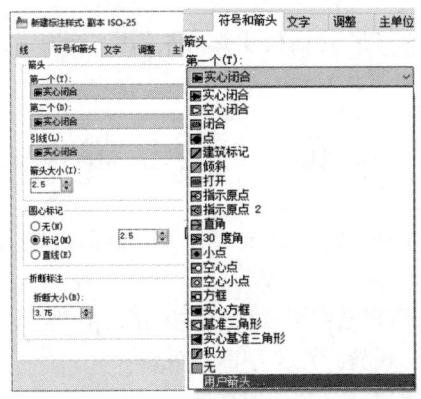

图7-6 "符号和箭头"设置

为了满足不同类型图形标注的需要,AutoCAD 提供了 20 多种箭头样式。可以从对应的下拉列表中选择箭头,并在"箭头大小"微调框中设置它们的大小。

此外也可以使用自定义箭头。此时可以在选择箭头的下拉列表中选择用户箭头选项,弹出"选择自定义箭头块"对话框,在"从图形块中选择"文本框中输入当前图形中已有的块名,然后单击"确定"按钮,AutoCAD 将以该块作为尺寸线的箭头样式,如图 7-7 所示。

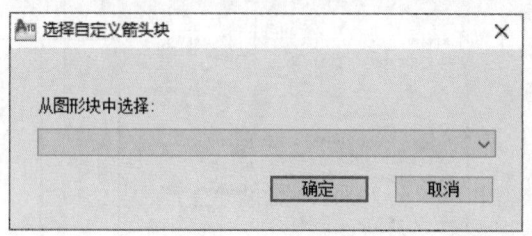

图 7-7 自定义箭头

(4)设置圆心标记

在"圆心标记"选项区域,用户可以设置圆心标记的类型和大小。

用于设置圆和圆弧的圆心标记的类型,如"标记"和"直线"等。其中,选中"标记"单选按钮可以对圆或圆弧绘制圆心标记,选中"直线"单选按钮可以对圆或圆弧绘制中心线,选中"无"单选按钮则不做任何标记。

"大小"微调框:用于设置圆心标记的大小,如图 7-8 所示。

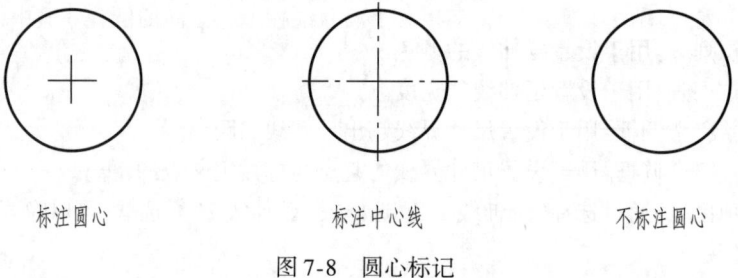

图 7-8 圆心标记

7. 设置文字

在"新建标注样式:副本 ISO-25"对话框中选择"文字"选项卡,用户可以设置标注文字的外观、位置和对齐方式等,如图 7-9 所示。

(1)设置文字外观

在"文字外观"选项区域,用户可以设置文字的样式、颜色、高度和分数高度比例,以及控制是否绘制文字边框等。

"文字样式"下拉列表:用于选择标注的文字样式,也可以单击其后面的 ... 按钮,弹出"文字样式"对话框,从中选择文字样式或新建文字样式。

有关文字样式对话框中的内容已在第 6 章中详细介绍了,这里不再赘述。

"文字颜色"下拉列表:用于设置标注文字的颜色。

"文字高度"微调框:用于设置标注文字的高度。

"分数高度比例"微调框:用于设置标注文字中的分数相对于其他标注文字的比例。AutoCAD

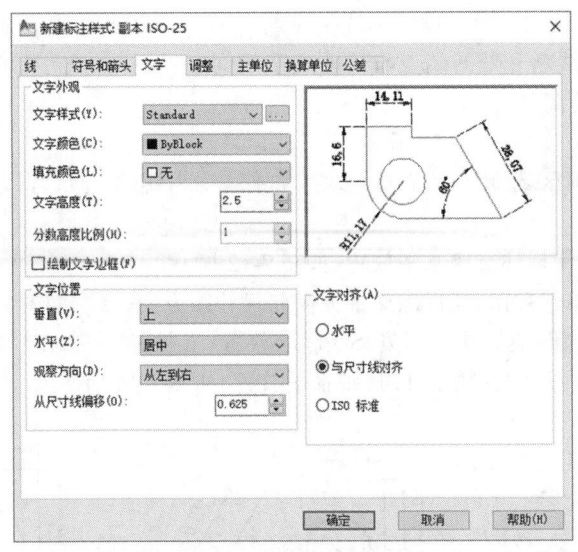

图 7-9 文字选项卡

会将该比例值与标注文字高度的乘积作为分数的高度。

"绘制文字边框"复选框:用于设置是否给标注文字添加边框。

(2) 文字位置

在"文字位置"选项区域,用户可以设置文字的垂直、水平位置以及距尺寸线的偏移量。

"垂直"下拉列表:用于设置标注文字相对于尺寸线在垂直方向的位置。其中,选择"居中"选项,可以把标注文字放在尺寸线中间;选择"上"选项,可以把标注文字放在尺寸线的上方;选择"外部"选项,可以把标注文字放在远离第一定义点的尺寸线侧;选择"JIS"选项,按照日本工业标准(JIS)放置标注文字,如图 7-10 所示。

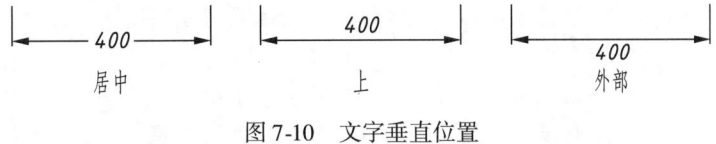

图 7-10 文字垂直位置

"水平"下拉列表:用于设置标注文字相对于尺寸线和尺寸界线在水平方向的位置,其中有居中、第一条尺寸界线、第二条尺寸界线、第一条尺寸界线上方及第二条尺寸界线上方等选项。图 7-11 所示显示了上述各位置的情况。

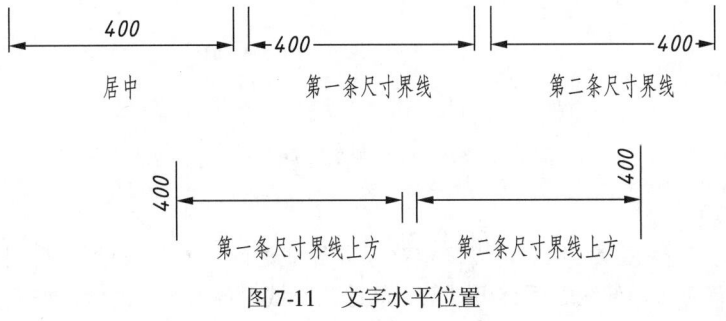

图 7-11 文字水平位置

"从尺寸线偏移"微调框:用于设置标注文字与尺寸线之间的距离。如果标注文字位于尺寸线的中间,则表示尺寸线断开处的端点与尺寸文字的间距;若标注文字带有边框,则可以控制文字边框与其中文字的距离。

(3)文字对齐

在"文字对齐"选项区域,可以设置标注文字是保持水平还是与尺寸线平行。其中,3个单选按钮的含义如下:

"水平"单选按钮:使标注文字水平放置,如图 7-12 所示。

"与尺寸线对齐"单选按钮:使标注文字方向与尺寸线方向一致,如图 7-13 所示。

"ISO 标准"单选按钮:使标注文字按 ISO 标准放置。当标注文字在尺寸界线之内时,它的方向与尺寸线方向一致;在尺寸界线之外时,则水平放置,如图 7-14 所示。

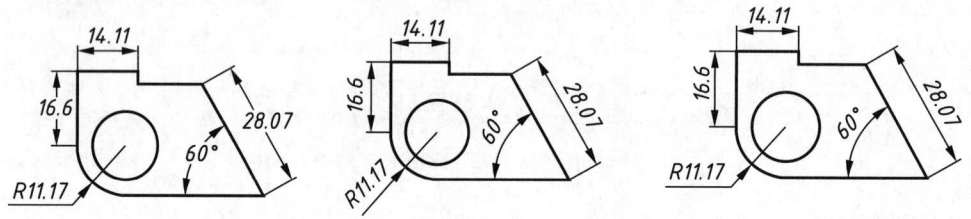

图 7-12 水平单选按钮　　图 7-13 与尺寸线对齐单选按钮　　图 7-14 ISO 标准单选按钮

8. 设置调整

在"新建标注样式:副本 ISO-25"对话框中选择"调整"选项卡,用户可以设置标注文字、尺寸线和尺寸箭头的位置等,如图 7-15 所示。

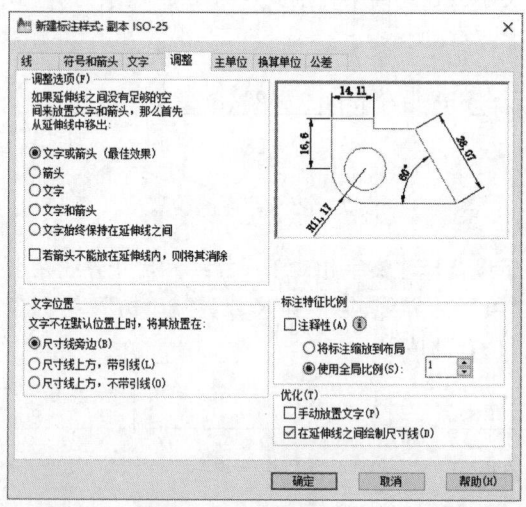

图 7-15 "调整"选项卡

(1)调整选项

在"调整选项"选项区域,用户可以确定当尺寸界线之间没有足够的空间来同时放置标注文字和箭头时,应首先从延伸线之间移出对象。该选项区域中各个选项的含义如下:

"文字或箭头(最佳效果)"单选按钮:选择此选项,由 AutoCAD 按最佳效果自动移出文字或箭头。

"箭头"单选按钮:选择此选项,首先将箭头移出。

"文字"单选按钮:选择此选项,首先将文字移出。

"文字和箭头"单选按钮:选择此选项,将文字和箭头都移出。

"文字始终保持在延伸线之间"单选按钮:选择此选项,可以将文字始终保持在延伸线之内。

"若箭头不能放在延伸线内,则将其消除"复选框:选择该复选框,可以抑制箭头显示位置。

在"文字位置"选项区域中,可以设置当文字不在默认位置时的位置。当取消选择"注释性"复选框时,其中各个单选按钮的含义如下:

"尺寸线旁边"单选按钮:选择此选项,可以将文字放在尺寸线旁边。

"尺寸线上方,带引线"单选按钮:选择此选项,可以将文字放在尺寸的上方,并加上引线。

"尺寸线上方,不带引线"单选按钮:选择此选项,可以将文字放在尺寸线的上方,但不加引线。

(2)标注特征比例

在"标注特征比例"选项区域,用户可以设置标注尺寸的特征比例,以便设置全局比例因子来增加或减少各标注的大小。

选中"注释性"复选框,表示指定标注为注释性,同时"将标注缩放到布局"和"使用全局比例"单选按钮将被隐藏。取消选择"注释性"复选框时,其中各单选按钮的含义如下:

"将标注缩放到布局"单选按钮:选择此选项,将根据当前模型空间视口与图纸空间之间的缩放关系设置比例。

"使用全局比例"单选按钮:选择此选项,可以对全部尺寸标注设置缩放比例,该比例不改变尺寸的测量值。

(3)优化

在"优化"选项区域,用户可以对标注文字和尺寸线进行细微的调整。该选项区域包括以下两个复选框

"手动放置文字"复选框:选择此复选框,则忽略标注文字的水平设置,在标注时则将标注文字放置在用户指定的位置。

"在延伸线之间绘制尺寸线"复选框:选择此复选框,当尺寸箭头放置在延伸线之外时,也在延伸线之内绘制出尺寸线。

9. 设置主单位

在"新建标注样式:副本 ISO-25"对话框中选择"主单位"选项卡,用户可以设置主单位的格式与精度等属性,如图 7-16 所示。

(1)线性标注

在"线性标注"选项区域可以设置线性标注的单位格式与精度等。该选项区域中各个选项的含义如下:

"单位格式"下拉列表:设置除了角度标注之外还可以标注类型的尺寸单位,包括科学、小数、工程、建筑、分数及 Windows 桌面(使用"控制面板"中的小数分隔符和数字分组符号设置的十进制格式)等选项。

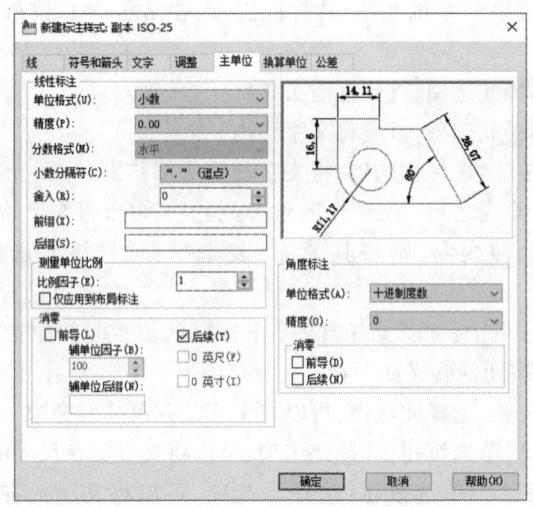

图 7-16 "主单位"选项卡

"精度"下拉列表:用于设置除了角度标注之外的其他标注的尺寸精度。

"分数格式"下拉列表:当单位格式是分数时,可以设置分数的格式,包括水平、对角和非堆叠 3 种方式。

"小数分隔符"下拉列表:用于设置小数的分隔符,包括逗点、句点和空格 3 种方式。

"舍入"微调框:用于设置除了角度标注之外的尺寸测量值的舍入值。

"前缀"和"后缀"文本框:用于设置标注文字的前缀和后缀,用户在相应的文本框中输入字符即可。

"测量单位比例"选项区域:在"比例因子"微调框中可以设置测量尺寸的缩放比例,AutoCAD 的实际标注值为测量值与该比例的积;选中"仅应用到布局标注"复选框,可以设置该比例关系是否适用于布局。

"消零"选项区域:可以设置是否显示尺寸标注中的前导和后续零。

(2) 角度标注

在"角度标注"选项区域,用户可以选择"单位格式"下拉列表中的选项来设置标注角度时的单位,在"精度"下拉列表中可以选择标注角度的尺寸精度。在"消零"选项区域可以设置是否消除角度尺寸的前导和后续零。

10. 设置单位换算

在"新建标注样式:副本 ISO-25"对话框中选择"换算单位"选项卡,可以指定标注测量值中换算单位的显示并设置其格式和精度,如图 7-17 所示。

在 AutoCAD 2010 中,通过换算标注单位可以转换使用不同测量单位制的标注。通常是显示英制标注的等效公制标注,或公制标注的等效英制标注。在标注文字中,换算标注单位显示在主单位旁边的方括号[ ]中。

选中"显示换算单位"复选框,用户可以在"换算单位"选项区域设置换算单位的单位格式、精度、换算单位倍数、舍入精度、前缀以及后缀等,方法与设置主单位的方法相同。

"位置"选项区域用于设置换算单位的位置,包括主值后和主值下两种方式。

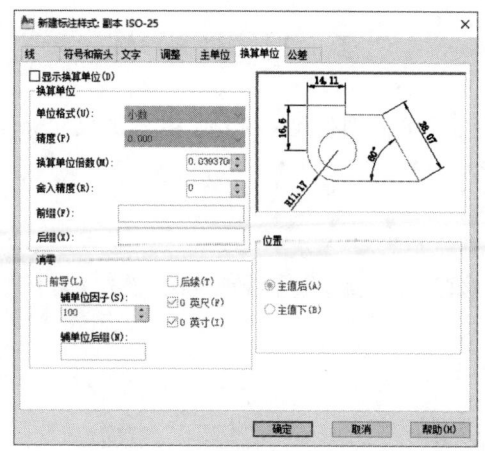

图 7-17 "换算单位"选项卡

11. 设置公差

在"新建标注样式:副本 ISO-25"对话框中选择"公差"选项卡,用户可以设置是否在尺寸标注中标注公差,以及以何种方式进行标注,如图 7-18 所示。

在"公差格式"选项区域可以设置公差的标注格式,其中各个选项的含义如下:

"方式"下拉列表:确定以何种方式标注公差,包括无、对称、极限偏差、极限尺寸和基本尺寸等选项,如图 7-19 所示。

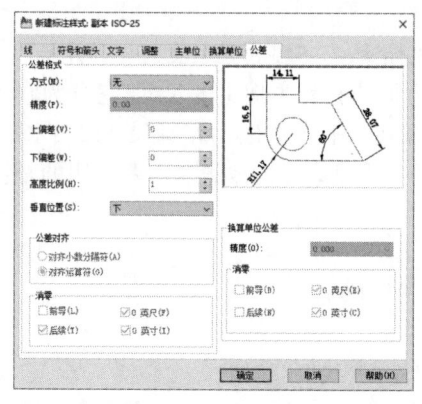

图 7-18 "公差"选项卡

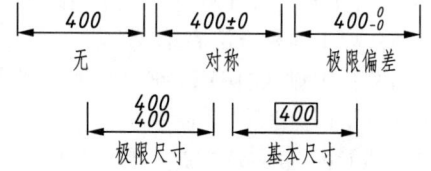

图 7-19 "方式"选项效果

"精度"下拉列表:用于设置尺寸公差的精度。

"上偏差""下偏差"文本框:用于设置尺寸的上偏差和下偏差。

"高度比例"文本框:用于确定公差文字的高度比例因子,AutoCAD 会将该比例因子与尺寸文字高度之积作为公差文字的高度。

"垂直位置"下拉列表:用于控制公差文字相对于尺寸文字的位置,包括下、中和上 3 种方式。

"消零"选项区域:用于设置是否消除公差值的前导或后续零。

"换算单位公差"选项区域:当标注换算单位时,可以设置换算单位的精度和是否消零。

7.2 尺寸标注

用户可以为各种对象沿各个方向创建尺寸标注。基本的尺寸标注类型包括:线性、径向(半径和直径)、角度、坐标、弧长。

1. 线性标注

线性标注可以是水平、垂直、对齐、旋转、基线或连续(链式)。下列所示为列出的几种标注示例,如图 7-20 所示。

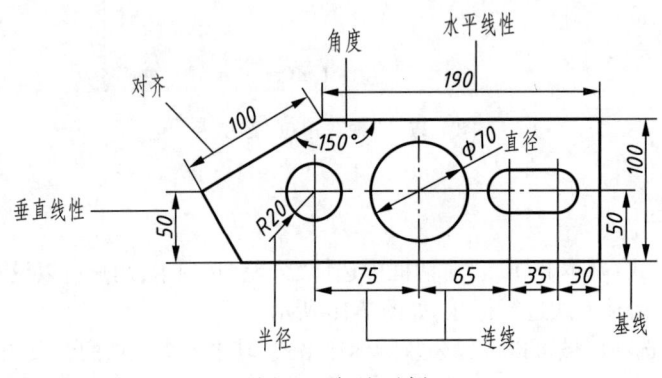

图 7-20　标注示例

> 🔍 注意
>
> 要简化图形组织和标注缩放,建议在布局上创建标注,而不要在模型空间中创建标注。

线性标注用于标注图形对象在水平方向、垂直方向或指定方向上的尺寸,它分为水平标注、垂直标注和放置标注 3 种类型。水平标注指标注对象在水平方向的尺寸,即尺寸线沿水平方向放置。垂直标注指标注对象在垂直方向的尺寸,即尺寸线沿垂直方向放置。需要说明的是:水平标注、垂直标注并不是只标注水平边或垂直边的尺寸。

可以通过以下 3 种方法启用线性标注。

①在命令行中输入"DIMLINEAR"命令,按【Enter】键确定。

②选择"标注"→"线性"命令。

③单击功能区选项板中的"注释"选项卡"标注"面板"线性"按钮。

> 执行 DIMLINEAR 命令后,AutoCAD 会提示:
> 指定第一条延伸线原点或<选择对象>:
> 在此提示下用户有两种选择,即确定一点作为第一条延伸线的起始点,或按【Enter】键选择对象。这两个选项的含义如下:
> 指定第一条延伸线原点。如果在"指定第一条延伸线原点或<选择对象>:"提示下确定第一条延伸线的原点,AutoCAD 将提示:
> 指定第二条延伸线原点:
> 即要求用户确定另一条延伸线的原点位置。用户响应后 AutoCAD 会提示:指定尺寸线位置或[多行文字(M)/文字(T)/角度(A)/水平(H)/垂直(V)/旋转(R)]:

该提示中各个选项的含义如下:

指定尺寸线位置：确定尺寸线的位置。用户响应后，AutoCAD会根据自动测量出来的两条延伸线原点间的水平或垂直距离值标出尺寸。

多行文字(M)：选择该选项将进入多行文字编辑模式，用户可以使用文字格式工具栏和文字输入窗口输入并设置标注文字。

文字(T)：用于输入标注文字。选择该选项AutoCAD会提示：

输入标注文字：

在该提示下输入标注文字即可。

角度(A)：用于确定标注文字的旋转角度。选择该选项AutoCAD会提示：

指定标注文字的角度：

输入文字的旋转角度后，所标注的文字将旋转该角度。

水平(H)：用于标注水平尺寸，即沿水平方向的尺寸。选择该选项AutoCAD会提示：

指定尺寸线位置或[多行文字(M)/文字(T)/角度(A)]：

用户可以在此提示下直接确定尺寸线的位置，也可以选择多行文字(M)、文字(T)角度(A)等选项先确定要标注的尺寸值或标注文字的旋转角度。

垂直(V)：用于标注垂直尺寸，即沿垂直方向的尺寸。选择该选项AutoCAD会提示：

指定尺寸线位置或[多行文字(M)/文字(T)/角度(A)]：

用户可以在此提示下直接确定尺寸线的位置，也可以选择多行文字(M)、文字(T)和角度(A)等选项确定要标注的尺寸值或尺寸文字的旋转角度。

旋转(R)：用于旋转标注，即标注沿指定方向的尺寸。选择该选项AutoCAD会提示：

指定尺寸线的角度<0>：

按此提示确定尺寸线的旋转角度后AutoCAD会继续提示：

指定尺寸线位置或[多行文字(M)/文字(T)/角度(A)/水平(H)/垂直(V)/旋转(R)]：

用户按提示执行即可。

选择对象：如果在"指定第一条延伸线原点或<选择对象>："提示下直接按【Enter】键，即选择"选择对象"选项，此时AutoCAD会提示：

选择标注对象：

此提示要求选择要标注尺寸的对象。选择对象后，AutoCAD将该对象的两端点作为两条延伸线的原点并提示：

指定尺寸线位置或[多行文字(M)/文字(T)/角度(A)/水平(H)/垂直(V)/旋转(R)]：

用户根据需要响应即可。

单击功能区选项板中的"注释"选项卡"标注"面板"线性"按钮 ⊢，对图形进行线性标注。

单击功能区选项板中"常用"选项卡"图层"面板"图层特性"按钮 ，弹出"图层特性管理器"对话框。利用"图层特性管理器"对话框创建一个名称为"标注"的图层用于尺寸标注，且设置其颜色为"红"。最后将该新建图层置为当前图层。

①单击功能区选项板中的"注释"选项卡"标注"面板"线性"按钮 ⊢，图形上的第一条线段进行线性标注。命令行提示如下：

```
命令：_dimlinear
指定第一条延伸线原点或<选择对象>：在要标注的线段的一端点处单击。
                                            //指定第一条延伸线原点
指定第二条延伸线原点：在要标注的线段的另一端点处单击。//指定第二条延伸线原点
指定尺寸线位置或[多行文字(M)/文字(T)/角度(A)/水平(H)/垂直(V)/旋转(R)]：向上移动十字光标到一点并单击。
标注文字=1338                                //完成图形尺寸大小的标注
```

②重复步骤①的操作，完成另两条线段的标注。

> 提示
> 可以通过直接按【Enter】键重复上一步中命令的操作。

③将最终的标注结果保存为"结果\ch07\线性标注.dwg"文件，如图 7-21 所示。

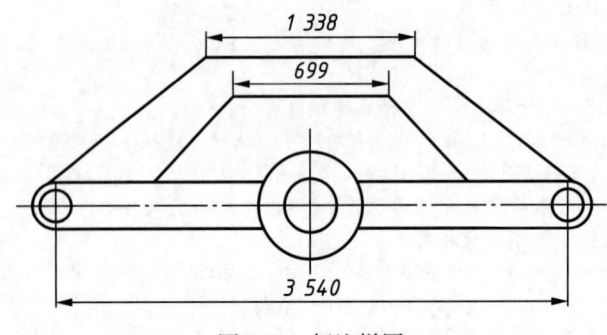

图 7-21　标注样图

> 提示
> 标注文字和尺寸线的颜色可以直接在功能区选项板中的"常用"选项卡"特性"面板中进行设置。

2. 角度标注

可以通过以下 3 种方法对对象进行角度尺寸标注。
①在命令行中输入"DIMANGULAR"命令，按【Enter】键确定。
②选择菜单栏"标注"→"角度"命令。
③单击功能区选项板中的"注释"选项卡"标注"面板"线性"按钮右侧的下拉按钮，在下拉列表中选择"角度"按钮△。

执行 DIMANGULAR 命令后 AutoCAD 会提示：

选择圆弧、圆、直线或<指定顶点>:

用户在此提示下可以标注圆弧的包含角、圆上某一段圆弧的包含角、两条不平行直线之间的夹角，或根据给定的 3 点标注角度。

(1) 标注圆弧的包含角

在"选择圆弧、圆、直线或<指定顶点>:"提示下选择圆弧，AutoCAD 会提示：

指定标注弧线位置或[多行文字(M)/文字(T)/角度(A)/象限点(Q)]:

如果在该提示下直接确定标注弧线的位置，AutoCAD 则会按照实际测量值标注出角度。另外，还可以选择多行文字(M)、文字(T)、角度(A)以及象限点(Q)等选项确定尺寸文字及其旋转角度。

(2) 标注圆上某段圆弧的包含角

在"选择圆弧、圆、直线或<指定顶点>:"提示下选择圆，AutoCAD 会提示：

指定角的第二个端点:在选择的圆上的圆弧一端点处单击。
指定标注弧线位置或[多行文字(M)/文字(T)/角度(A)/象限点(Q)]:

如果在此提示下直接确定标注弧线的位置,AutoCAD 则标注出角度值。该角度的顶点为圆心,延伸线通过选择圆时的拾取点和指定的第二个端点。

(3)标注两条不平行直线之间的夹角

在"选择圆弧、圆、直线或<指定顶点>:"提示下选择直线,AutoCAD 会提示:

选择第二条直线:
指定标注弧线位置或[多行文字(M)/文字(T)/角度(A)/象限点(Q)]:

如果在此提示下直接确定标注的位置,AutoCAD 则标注出这两条直线的夹角。

(4)根据3个点标注角度

在"选择圆弧、圆、直线或<指定顶点>:"提示下按【Enter】键,AutoCAD 会提示:

指定角的顶点:在要标注的角度的顶点处单击。
指定角的第一个端点:单击角度的一个端点。
指定角的第二个端点:单击角度的另一个端点。
指定标注弧线位置或[多行文字(M)/文字(T)/角度(A)/象限点(Q)]:

如果在此提下直接确定标注弧线的位置,AutoCAD 则根据给定的3个点标注出角度。
选择"标注"→"角度"命令,对图形进行角度标注。
①打开"素材\ch07\标注.dwg"文件。
②单击功能区选项板中的"常用"选项卡"图层"面板"图层特性"按钮,弹出"图层特性管理器"对话框。利用"图层特性管理器"对话框创建一个名称为"标注"的图层用于尺寸标注,且设置其颜色为"红"。最后将该新建图层置为当前图层。
③选择"标注"→"角度"命令,对图形左上角的角进行角度标注。具体的命令行提示如下:

命令:_dimangular
选择圆弧、圆、直线或<指定顶点>:单击选中第一条直线。
选择第二条直线:单击选中第二条直线。
指定标注弧线位置或[多行文字(M)/文字(T)/角度(A)/象限点(Q)]:移动十字光标到合适位置处单击以完成角度的标注。
标注文字=152   //完成角度的标注

④使用类似的方法分别完成其他角度的标注,如图 7-22 所示。
⑤将最终的标注结果保存为"结果\ch07\角度标注.dwg"文件。

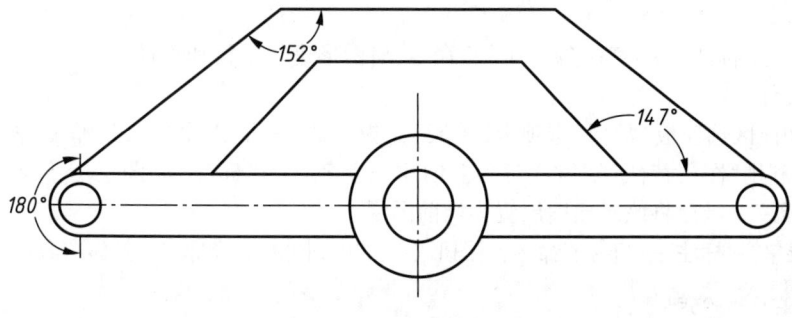

图 7-22 标注样板

3. 直径标注

可以通过以下3种方法对圆或圆弧进行直径尺寸标注。

①在命令行中输入"DIMDIAMETER"命令,按【Enter】键确定。

②选择菜单栏"标注"→"直径"命令。

③单击功能区选项板"注释"选项卡"标注"面板中的"线性"按钮右侧的下拉按钮,在下拉列表中选择"直径"按钮 ◎。

> 执行 DIMDIAMETER 命令后 AutoCAD 会提示:
> 选择圆弧或圆:选择要标注直径的圆或圆弧。
> 指定尺寸线位置或[多行文字(M)/文字(T)/角度(A)]:

若此时用户直接确定尺寸线的位置,AutoCAD 则按照实际测量值标注出圆或圆弧的直径。用户也可以选择多行文字(M)、文字(T)以及角度(A)等选项确定尺寸文字和文字的旋转角度。

直径尺寸常用于标注圆的大小。在标注时,AutoCAD 将自动在标注文字的前面添加直径符号"φ"。

4. 半径标注

可以通过以下3种方法对对象进行半径尺寸标注。

①在命令行中输入"DIMRADIUS"命令,按【Enter】键确定。

②选择菜单栏"标注"→"半径"命令。

③单击功能区选项板"注释"选项卡"标注"面板中的"线性"按钮右侧的下拉按钮,在下拉列表中选择"半径"按钮 ◎。

执行 DIMRADIUS 命令后 AutoCAD 会提示:

> 选择圆弧或圆:选择要标注半径的圆弧或圆。
> 指定尺寸线位置或[多行文字(M)/文字(T)/角度(A)]:

若用户此时直接确定尺寸线的位置,AutoCAD 则按照实际测量值标注出圆或圆弧的半径。

另外,用户也可以选择多行文字(M)、文字(T)以及角度(A)等选项确定尺寸文字及其旋转角度。

半径标注使用可选的中心线或中心标记测量圆弧和圆的半径和直径。如果文字位置设置为"在尺寸线之上"并带有引线,则同时应用标注与引线。

半径尺寸常用于标注圆弧和圆角。在标注时,AutoCAD 将自动在标注文字的前面添加半径符号"R"。

选择菜单栏"标注"→"直径"和"半径"命令,对图形进行半径和直径标注。

①新建文件。

②单击功能区选项板"常用"选项卡"图层"面板中的"图层特性"按钮,弹出"图层特性管理器"对话框。利用"图层特性管理器"对话框创建一个名称为"标注"的图层用于尺寸标注,且设置其颜色为"红"。最后将该新建图层置为当前图层。

③选择菜单栏"标注"→"直径"命令,对图形中间的大圆进行直径标注。具体的命令行提示如下:

> 命令:_dimdiameter
> 选择圆弧或圆:选中要标注的圆。
> 标注文字=799
> 指定尺寸线位置或[多行文字(M)/文字(T)/角度(A)]:在适当位置处单击。//完成圆直径的标注

④选择菜单栏"标注"→"半径"命令,对图形中右下角的小圆进行半径标注。具体的命令行提示如下:

```
命令:_dinradius
选择圆弧或圆:选中要标注的圆。
标注文字=134
指定尺寸线位置或[多行文字(M)/文字(T)/角度(A)]:在适当位置处单击。//完成圆半径的标注
```

⑤将最终的标注结果保存为"结果\ch07\半径和直径标注.dwg"文件。

5. 绘制圆心标记

绘制圆心标记指绘制圆、圆弧的圆心标记或中心线,如图7-23所示。

可以通过以下方法绘制圆心标记或中心线。

①在命令行中输入"DIMCENTER"命令,按【Enter】键确定。

②选择"标注"→"圆心标记"命令。

③单击功能区选项板中的"注释"选项卡"标注"面板"圆心标记"按钮 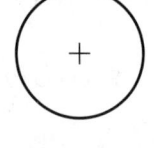。

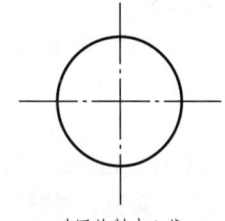

对圆绘制圆心标记　　对圆绘制中心线

图7-23　圆心标记

执行DIMCENTER命令后AutoCAD会提示:

```
选择圆弧或圆:
在该提示下选择圆弧或圆即可。
```

7.3 引线标注

利用引线标注,用户可以标注一些注释和说明等。可以通过在命令行中输入"QLEADER"命令,按【Enter】键确定对对象进行引线标注。执行QLEADER命令后AutoCAD会提示:

```
指定第一个引线点或[设置(S)]<设置>:
```

用户可以选择该提示中的相应选项来设置引线格式以及创建引线标注。

1. 设置引线格式

①在"指定第一个引线点或[设置(S)]<设置>:"提示下直接按【Enter】键,即选择"设置(S)"选项,弹出"引线设置"对话框,从中用户可以设置引线格式,如图7-24所示。

在引线设置对话框中包含"注释""引线和箭头""附着"3个选项卡,各个选项卡的功能如下。

"注释"选项卡:该选项卡用于设置引线标注的注释类型、多行文字选项,以及确定是否重复使用注释等。

"注释类型"选项区域:用于设置引线标注的注释类型。注释类型不同,输入注释前给出的提示也不同。其中,选择"多行文字"单选按钮可使注释是多行文字;选择"复制对象"单选按钮可使注释由复制多行文字、文字、块或公差等对象而得到;选择"公

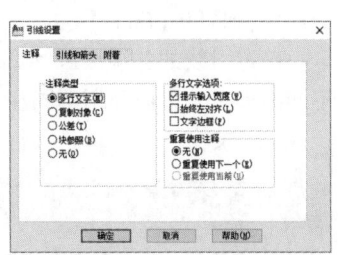

图7-24　"注释"设置

差"单选按钮可使注释是形位公差;选择"块参照"单选按钮可使注释是插入的块;选择"无"单选按钮则表示没有注释。

"多行文字选项"选项区域:用于设置多行文字的格式。其中,"提示输入宽度"复选框用于确定是否显示要求用户确定多行文字注释宽度的提示;"始终左对齐"复选框用于确定多行文字注释是否始终为左对齐;"文字边框"复选框用于确定是否给多行文字注释加边框。

"重复使用注释"选项区域:用于确定是否重复使用注释,从选项区域中选择即可。

"引线和箭头"选项卡:用于设置引线和箭头的格式,如图7-25所示。

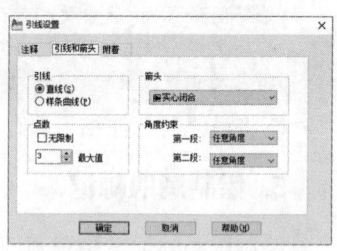

图7-25 引线和箭头设置

"引线"选项区域:确定引线是直线还是样条曲线,用户根据需要选择即可。

"点数"选项区域:设置引线端点数的最大值。可以通过"最大值"微调框确定具体数值,也可以选择"无限制"复选框。

"箭头"下拉列表:设置引线起始点处的箭头样式。

"角度约束"选项区域:对第一段和第二段引线设置角度约束,从相应的下拉列表中选择即可。

"附着"选项卡。用于确定多行文字注释相对于引线终点的位置,如图7-26所示。

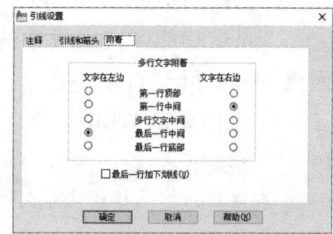

图7-26 附着设置

"多行文字附着"选项区域:用于设置文字在引线的左边或右边时,多行文字注释与引线终点的对齐方式。例如,多行文字注释第一行的顶部与引线终点对齐,多行文字注释第一行的中间部位与引线终点对齐,多行文字注释的中间部分与引线终点对齐等。

"最后一行加下画线"复选框用于确定是否给多行文字注释的最后一行添加下画线。

②创建引线标注若在"指定第一个引线点或[设置(S)]<设置>:"提示下指定了第一个引线点,AutoCAD则会提示:

指定下一点:

用户可以在该提示下确定引线的下一点位置。如果在设置引线时,在"引线和箭头"选项卡中设置了点数的最大值,那么AutoCAD提示"指定下一点:"的次数最多为点数的最大值减去1;如果将点数设置成无限制,用户则可确定任意多个点。若要在"指定下一点:"提示下结束确定点的操作,则可按【Enter】键。

确定引线的各端点后,AutoCAD可以根据用户在"注释"选项卡中确定的不同注释类型给出不同的提示。下面介绍不同注释类型时的具体操作。

多行文字。当注释是多行文字类型时,确定引线的各端点后 AutoCAD 会提示:

指定文字宽度:确定文字的宽度。通过"注释"选项卡中的"提示输入宽度"复选框可以确定是否显示此提示。

输入注释文字的第一行<多行文字(M)>:输入注释文字的第一行。

输入注释文字的下一行:输入注释文字的下一行。

用户可以根据提示依次输入多行注释文字,若要结束输入按【Enter】键即可。

"输入注释文字的第一行<多行文字(M)>"中的"<多行文字(M)>"选项,表示将通过多行文字编辑器输入注释文字。选择该选项后,AutoCAD 会弹出"多行文字编辑器"对话框,然后在编辑器中输入文字即可实现标注。

复制对象。当注释类型为"复制对象"时,确定引线的各端点后 AutoCAD 会提示:

选择要复制的对象:

在此提示下用户可以选择已有的多行文字、文字、块或标注出的形位公差,AutoCAD 会将这些对象复制到相应的位置。

公差。当注释类型为公差时,确定引线的各端点后 AutoCAD 会弹出"形位公差"对话框,用户可通过此对话框确定标注内容。

块参照。当注释类型为块参照时,确定引线的各端点后 AutoCAD 会提示:

输入块名或[?]:输入块的名称或按【Enter】键确认。

无。当注释类型为无时,AutoCAD 在画出引线后即结束命令的执行。

此外,在 AutoCAD 2010 中,可以通过选择菜单栏"标注"→"多重引线"命令或单击功能区选项板中的"注释"选项卡"引线"面板"多重引线"按钮来创建引线注释。具体操作根据 AutoCAD 提示进行即可。

2. 坐标标注

坐标标注测量原点(称为基准)到标注特征(如部件上的一个孔)的垂直距离。这种标注保持特征点与基准点的精确偏移量,从而可以避免增大误差,如图 7-27 所示。

用户可以通过 UCS 命令改变坐标系的原点位置。在 AutoCAD 2010 中可以通过以下 3 种方法实现对象的坐标标注。

① 在命令行中输入"DIMORDINATE"命令,按【Enter】键确定。

② 选择"标注"→"坐标"命令。

③ 单击功能区选项板中的"注释"选项卡"标注"面板"线性"按钮右侧的下拉按钮,在下拉列表中选择"坐标"按钮 。

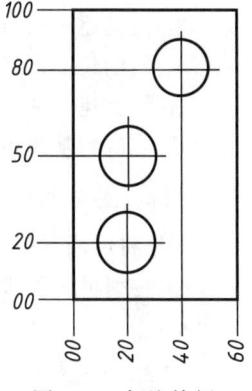

图 7-27 标注特征

执行 DIMORDINATE 命令后 AutoCAD 会提示:

指定点坐标:
在该提示下确定要标注坐标的点后 AutoCAD 会提示:
指定引线端点或[X 基准(X)/Y 基准(Y)/多行文字(M)/文字(T)/角度(A)]:

在此提示中,指定引线端点,默认项用于确定引线的端点位置。如果在此提示下相对于标注点上下移动光标,将标注点的 x 坐标;若相对于标注点左右移动光标,则标注点的 y 坐标。确定点的位置后,AutoCAD 就会在该点标注出指定点的坐标。

"指定引线端点或[X 基准(X)/Y 基准(Y)/多行文字(M)/文字(T)/角度(A)]:"提示中的"X 基准(X)""Y 基准(Y)"选项分别用来标注指定点的 x、y 坐标,"多行文字(M)"选项将通过多行文字编辑器对话框输入标注的内容,"文字(T)"选项将直接要求用户输入标注的内容,"角度(A)"选项则用于确定标注内容的旋转角度。

3. 快速标注

通过以下两种方法可以快速创建成组的基线、连续、阶梯和坐标标注,以及快速标注多个圆、圆弧和编辑现有标注的布局等。

①选择菜单栏"标注"→"快速标注"命令。

②单击功能区选项板中的"注释"选项卡"标注"面板"快速标注"按钮 ⊠。

执行"快速标注"命令后 AutoCAD 会提示:

> 选择要标注的几何图形:

用户在该提示下选择需要标注尺寸的各图形对象并按【Enter】键后,AutoCAD 会提示:

> 指定尺寸线位置或[连续(C)/并列(S)/基线(B)/坐标(O)/半径(R)/直径(D)/基准点(P)/编辑(E)/设置(T)]:<半径>:

在该提示下通过选择相应的选项,用户就可以进行"连续""并列""基线""坐标""半径""直径"等一系列标注。其含义分别如下:

连续:创建一系列连续标注。

并列:创建一系列并列标注。

基线:创建一系列基线标注。

坐标:创建一系列坐标标注。

半径:创建一系列半径标注。

直径:创建一系列直径标注。

基准点:为基线和坐标标注设置新的基准点。选择该选项后将显示以下提示:

> 选择新的基准点:指定点

程序将返回到上一个提示。

编辑:编辑一系列标注。将提示用户在现有标注中添加或删除点。选择该选项后将显示以下提示:

> 指定要删除的标注点或[添加(A)/退出(X)]<退出>:指定点、输入"a"或按【Enter】键返回到上一个提示。

设置:为指定延伸线原点设置默认对象捕捉。选择该选项后将显示以下提示:

> 关联标注优先级[端点(E)/交点(I)]:

程序将返回到上一个提示。

选择"标注"→"快速标注"命令对图形快速标注。

①打开"素材\ch07\快速标注.dwg"文件。

②选择"标注"→"快速标注"命令。具体的命令行提示如下:

> 命令:_qdim
> 关联标注优先级=端点
> 选择要标注的几何图形:在绘图区依次单击要选择的图形。找到1个
> 选择要标注的几何图形:找到1个,总计2个
> 选择要标注的几何图形:找到1个,总计3个
> 选择要标注的几何图形:找到1个,总计4个
> 选择要标注的几何图形:找到1个,总计5个

选择要标注的几何图形:找到 1 个,总计 6 个
选择要标注的几何图形:找到 1 个,总计 7 个
选择要标注的几何图形:找到 1 个,总计 8 个
选择要标注的几何图形:按【Enter】键确认
指定尺寸线位置或[连续(C)/并列(S)/基线(B)/坐标(O)/半径(R)/直径(D)/基准点(P)/编辑(E)/设置(T)]<连续>:向下移动十字光标到适当位置后单击,确认标注线的位置。

③将标注好的图形保存为"结果\ch07\快速标注.dwg"文件,如图 7-28 所示。

4. 标注形位公差

形位公差包括形状公差和位置公差两种,是指导生产、检验产品和控制质量的技术依据。本节介绍形位公差的符号含义和使用形位公差进行尺寸标注的方法。

形位公差的符号表示:在 AutoCAD 中,形位公差信息是通过特征控制框来显示的,如特征的形状、轮廓、方向、位置和跳动允许的偏差等。特征控制框架和公差符号的含义,如图 7-29 所示。

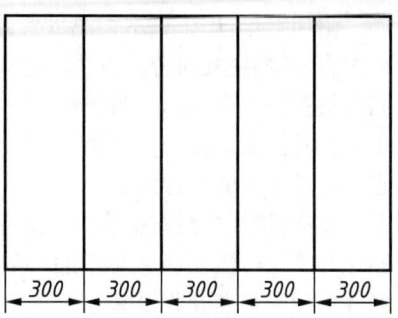

图 7-28 快速标注样板

图 7-29 形位公差符号

公差符号及其含义见表 7-1。

表 7-1 公差的符号及其含义

符 号	含 义	符 号	含 义
⊕	位置度	—	直线度
◎	同轴(同心)度	⌒	面轮廓度
=	对称度	⌒	线轮廓度
//	平行度	↗	圆跳动
⊥	垂直度	↗↗	全跳动
∠	倾斜度	Ⓜ	最大附加符号(MMC)
⌀	圆柱度	Ⓛ	最小附加符号(LMC)
▱	平面度	Ⓢ	不考虑特征尺寸(RFS)
○	圆度	Ⓟ	投影公差

在形位公差中,特性控制框至少由两个组件组成。第一个特征控制框包含一个几何特征符

号,表示应用公差的几何特征,例如位置、轮廓、形状、方向或跳动等。形状公差控制直线度、平面度、圆度和圆柱度等,轮廓控制直线和表面。

几何特征符号:用于表明位置、同心度,或共轴性、对称性、平行性、垂直性、角度、圆柱度、平直度、圆度、直度、面剖、线剖、环形偏心度及总体偏心等。

直径:用于指定一个图形的公差带,并放于公差值之前。

公差值:用于指定特征的整体公差的数值。

附加符号:用于表示大小可变的几何特征,有 Ⓜ、Ⓛ、Ⓢ 和空白等4个选择。其中,Ⓜ 表示最大附加符号,几何特征包含规定极限尺寸内的最大包容量,在 Ⓜ 中,孔应具有最小直径,而轴则应具有最大直径;Ⓛ 表示最小附加符号,几何特征包含规定极限尺寸内的最小包容量,在 Ⓛ 中孔应具有最大直径,而轴则应具有最小直径;Ⓢ 表示不考虑特征尺寸,这时几何特征可以是规定极限尺寸内的任意大小。

基准:特征控制框中的公差值最多可跟随3个可选的基准参照字母及其修饰符号,基准用来测量和验证标注在理论上精确的点、轴或平面。通常有两个或3个相互垂直的平面效果最佳,它们共同称为基准参照边框。

投影公差带:除了指定位置公差外,还可以指定投影公差以使公差更加明确。

5. 使用对话框标注形位公差

可以通过以下3种方法在 AutoCAD 2010 中打开"形位公差"对话框,如图 7-30 所示。

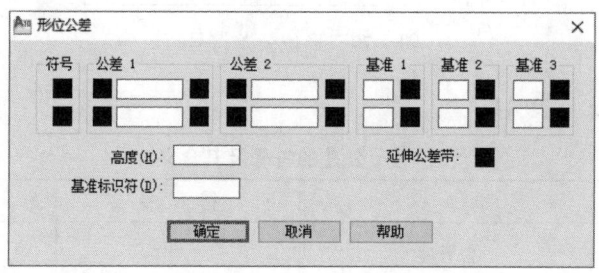

图 7-30 形位公差对话框

①在命令行中输入"TOLERANCE"命令,按【Enter】键确定。

②选择"标注"→"公差"命令。

③单击功能区选项板中的"注释"选项卡"标注"面板"公差"按钮。

利用"形位公差"对话框用户可以设置公差的符号、值及基准等参数。

"符号"选项区域:单击该选项区域中的按钮,弹出"特征符号"对话框,在其中可以为第一个或第二个公差选择几何特征符号,如图 7-31 所示。

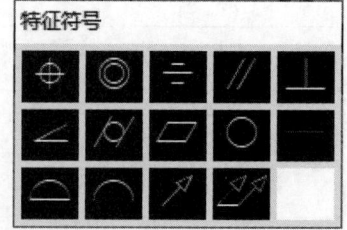

图 7-31 几何特征符号

"公差 1"和"公差 2"选项区域:单击该选项区域中前列的框将插入一个直径符号;在中间的文本框中可以输入公差值;单击该选项区域中后列的框,弹出"附加符号"对话框,从中可以为公差选择附加符号。

"基准 1""基准 2""基准 3"选项区域:用于设置公差基准和相应的附加符号。

"高度"文本框:用于设置延伸公差带的值。延伸公差带控制固定垂直部分延伸区的高度变化,并以位置公差控制公差精度。

"延伸公差带"按钮:单击该按钮 ■ 可以在延伸公差带值的后面插入延伸公差带符号。

"基准标识符"文本框:用于创建由参照字母组成的基准标识符号。

7.4 尺寸标注的编辑

AutoCAD 2010 提供了多种方法用于编辑尺寸标注,下面介绍这些方法和命令。

使用"DIMEDIT"命令编辑尺寸标注。

在命令行中输入"DIMEDIT"命令,即可编辑尺寸标注。执行 DIMEDIT 命令后 AutoCAD 会提示:

输入标注编辑类型[默认(H)/新建(N)/旋转(R)/倾斜(O)<默认>]:

该提示中各个选项的含义如下:

默认(H):按默认的位置和方向放置尺寸文字。选择该选项 AutoCAD 会提示:

选择对象:

在此提示下选择尺寸标注对象,然后按【Enter】键即可。

新建(N):重新输入尺寸标注文字。选择该选项 AutoCAD 会弹出"文字格式"工具栏和文字输入窗口。在文字输入窗口中输入尺寸标注文字并单击"文字格式"工具栏中的"确定"按钮后 AutoCAD 会提示:

选择对象:

在此提示下选择尺寸标注对象,然后按【Enter】键即可。

旋转(R):将尺寸标注文字旋转指定的角度。选择该选项 AutoCAD 会提示:

指定标注文字的角度:输入角度值,按【Enter】键确认。
选择对象:选择尺寸对象。

倾斜(O):使非角度标注的延伸线旋转一个角度。选择该选项 AutoCAD 会提示:

选择对象:
选择尺寸对象。按【Enter】键确认。完成对象的选择。
输入倾斜角度(按【Enter】键表示无):

在该提示下输入角度值后按【Enter】键即可,若直接按【Enter】键则可取消操作。

第 8 章　属性、图块

在使用 AutoCAD 绘图时,如果图形中有大量相同的元素,或者所绘制的图形与已有的图形文件相同,就可以把要重复绘制的图形创建成块,在需要时直接插入它们即可。也可以将已有的图形文件直接插入到当前图形中,从而提高绘图效率。

外部参照则是把已有的图形文件以参照的形式插入当前图形中。在绘制图形时,如果一个图形需要参照其他图形或者图像来绘图,而又不希望占用太多的存储空间,这时就可以使用 AutoCAD 的外部参照功能。AutoCAD 的设计中心为用户提供了一个直观和高效的工具,与 Windows 资源管理器类似,利用它可以方便地对图形文件进行各种管理。

本章讲解如何使用图块和外部参照来完成单调重复的绘图工作。

8.1　属性的概念与运用

属性是将数据附着到块上的标签或标记。属性中可能包含的数据包括零件编号、价格、注释和物主的名称等。标记相当于数据库中的列表。

从图形中提取的属性信息可用于电子表格或数据库,以生成零件列表或材料清单。只要每个属性的标记都不相同,就可以将多个属性与块关联。

插入带有变量属性的块时,系统会提示用户输入要与块一同存储的数据。块也可能使用常量属性(即属性值不变的属性),常量属性在插入块时不提示输入值。

属性也可以"不可见"。"不可见"属性不能显示和打印,但其属性信息存储在图形文件中,并且可以写入提取文件供数据库程序使用。

8.2　属性操作的基本步骤

属性操作通常由创建属性定义、编辑属性定义、将属性附着到块上、编辑附着到块上的属性和提取信息 5 个基本步骤组成。

1. 创建属性定义

【例 8-1】选择菜单栏"绘图"→"块"→"定义属性"命令;或单击功能区选项板"插入"选项卡"属性"面板中的"定义属性"按钮;或单击"常用"选项卡"块"面板"定义属性"按钮 ,弹出"属性定义"对话框,可定义图块属性。

①打开"素材 ch08 图块.dwg"文件,如图 8-1 所示。

②单击功能区选项板"插入"选项卡"属性"面板中的"定义属性"按钮 或在命令行中输入"attdef"命令,按【Enter】键确认,弹出"属性

图 8-1　ch08 图块

定义"对话框,如图 8-2 所示。

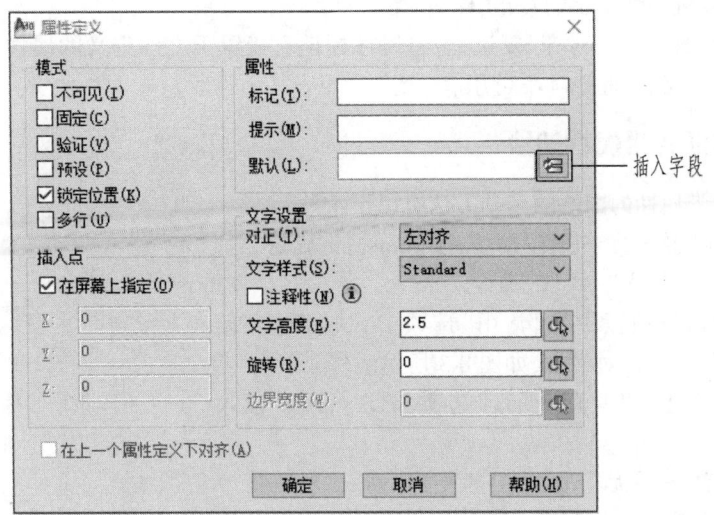

图 8-2 "属性定义"对话框

③在"属性定义"对话框中对图块进行设置,在"标记"编辑框中输入"YUANHUAN",然后单击"文字高度"编辑框后面的按钮,在绘图区域任意位置处垂直单击两点来确定适当的高度。最后单击"确定"按钮,返回绘图区域并在图块下方的适当位置处单击以指定插入点。

④将创建属性后的块保存为"结果/ch08/块属性.dwg"文件。

"属性定义"对话框中各项的含义如下:

模式:在图形中插入块时,设置与块关联的属性值选项。

不可见:指定插入块时不显示或打印属性值。

固定:在插入块时赋予属性固定值。

验证:插入块时提示验证属性值是否正确。

预设:插入包含预设属性值的块时,将属性设置为默认值。

锁定位置:锁定块参照中属性的位置。解锁后,属性可以相对于使用夹点编辑的块的其他部分移动,并且可以调整多行文字属性的大小。

多行:指定属性值可以包含多行文字。选定此选项后,可以指定属性的边界宽度。

注意

在动态块中,由于属性的位置包括在动作的选择集中,因此必须将其锁定。

属性:设置属性数据。

标记:标识图形中每次出现的属性。使用任何字符组合(空格除外)输入属性标记。小写字母会自动转换为大写字母。

提示:指定在插入包含该属性定义的块时显示的提示。如果不输入提示,属性标记将用作提示。如果在模式区域选择固定模式,属性区域的提示文本框将不可用。

默认:指定默认属性值。

"插入字段"按钮:显示字段对话框。可以插入一个字段作为属性的全部或部分值。

插入点:指定属性位置。输入坐标值或者选择在屏幕上指定,并使用定点设备,根据与属性关联的对象指定属性的位置。

文字设置：设置属性文字的对正、样式、高度和旋转。

"在上一个属性定义下对齐"复选框：将属性标记直接置于之前定义的属性的下面。如果之前没有创建属性定义,则此选项不可用。

2. 在图中插入带属性的块

在图中插入带属性的图块的启动方法有以下 4 种。

①在命令行中输入"INSERT"命令,按【Enter】键确定。

②选择菜单栏"插入"→"块"命令。

③单击功能区选项板中的"常用"选项卡"块"面板"插入"按钮 ,弹出"插入"对话框,如图 8-3 所示。

④单击功能区选项板中的"插入"选项卡"块"面板"插入点"按钮 。

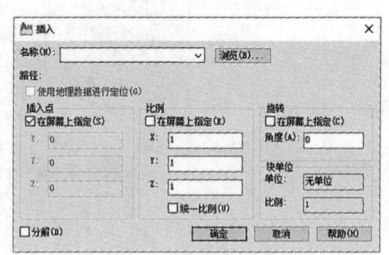

图 8-3 "插入"对话框

执行"INSERT"命令后,AutoCAD 将弹出"插入"对话框。

在定义或重新定义图块时需要将属性附着到图块上。当 AutoCAD 提示选择要包含到图块定义中的对象时,应将需要的属性包含到选择集中。

从属性定义对话框中可知每个图块包含 6 种属性模式,如图 8-4 所示。

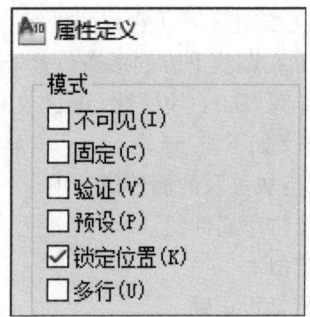

图 8-4 "属性定义"对话框

在哪里指定图块的比例?

对于图块的比例,既可以在屏幕上指定,也可以与图块进行等比缩放。对于旋转,既可以在屏幕上指定,也可以在对话框中设定旋转角度。

第 2 篇
零部件测绘

机械零部件测绘是重要的实践教学环节。通过零部件测绘训练,可以提高学生的绘图能力、空间想象能力和动手能力。

本篇主要内容包括轴套类、轮盘类、叉架类、箱体类、特殊零件的测绘步骤和方法。

第 9 章　测绘一般零件

　　生产中使用的零件图、装配图的来源有两种:一是根据设计而绘制出的图样;二是按已有的零部件测绘而产生的图样。测绘是指根据现有的零件,先画出零件草图,再画出装配图、零件工作图等全套图样的过程。零件测绘包括零件分析、绘制零件草图、测量零件尺寸、确定零件各项技术要求及完成零件工作图等过程。

　　本章的主要内容是了解测绘在生产实践中的作用,介绍常用测绘量具的使用,掌握机械零件测绘的方法及步骤。

9.1　了解零部件测绘的目的与要求

1. 测绘的目的

　　零部件测绘是"机械制图"课程的一个实训教学环节,是学生综合运用已学知识独立地进行测量和绘图的学习过程。其目的在于:

　　①综合运用本课程所学的知识,进行零件图、装配图的绘制,使已学知识得到巩固、加深和发展。

　　②初步培养学生从事工程制图的能力,学会运用技术资料、标准、手册和技术规范进行工程制图的技能。

　　③培养学生掌握正确的测绘方法和步骤,为今后专业课的学习和工作打好坚实的基础。

2. 测绘的要求

　　①具有正确的工作态度。机械零部件测绘是学生一次全面的绘图训练,它对今后的专业设计和实际工作都有非常重要的意义。因此,要求学生必须积极认真、刻苦钻研、一丝不苟地练习,才能在绘图方法和技能方面得到锻炼与提高。

　　②培养独立的工作能力。机械零部件测绘是在教师指导下由学生主动完成的。学生在测绘中遇到问题,应及时复习有关内容,参阅有关资料,主动思考、分析,或与同组成员进行讨论,从而获得解决问题的方法,不能依赖性地、简单地索要答案。这样,才能提高独立工作的能力。

　　③树立严谨的工作作风。表达方案的确定要经过周密的思考,制图应正确且符合国家标准。反对盲目、机械地抄袭、敷衍、草率的工作作风。

　　④培养按计划工作的习惯。实训过程中,学生应遵守纪律,在规定的教室或设计教室里按预定计划保质保量地完成实训任务。

3. 测绘的注意事项

　　在测绘工作中,我们必须做到认真、仔细、准确,不得马虎潦草。应注意以下事项:

　　①测量尺寸时要正确选择基准,正确使用测量工具,以减少测量误差。

②有配合关系的基本尺寸必须一致,并应测量精确,一般在测出它的基本尺寸后,再根据有关技术资料确定其配合性质和相应的公差值。

③零件的非配合尺寸,如果测得有小数,一般应取整。

④对于零件上的标准结构要素,测得尺寸后,应参照相应的标准查出其标准值,如齿轮的模数、螺纹的大径、螺距等。

⑤零件上磨损部位的尺寸,应参考与其配合的零件的有关尺寸,或参阅有关的技术资料予以确定。

⑥零件的直径、长度、锥度、倒角等尺寸,都有标准规定,实测后,宜选用最接近的标准数值。

⑦对于零件上的缺陷,如铸造缩孔、砂眼、毛刺、加工的瑕疵、磨损、碰伤等,不要画在图上。

⑧不要漏画零件上的圆角、倒角、退刀槽、小孔、凹坑、凸台、沟槽等细小部位。

⑨凡是未经切削加工的铸、锻件,应注出非标准拔模斜度以及表面相交处的圆角。

⑩零件上的相贯线、截交线不能机械地按照零件描绘,要在弄清其形成原理的基础上,用相应的作图方法画出。

⑪测量零件尺寸的精确度,应与该尺寸的要求相适应,对于加工面的尺寸,一定要用较精密的量具。

⑫测绘时,应该注意保护零件的加工面,特别是精密件,要避免碰坏和弄脏。

⑬所有标准件(如螺栓、螺母、垫圈、销钉、轴承等),只需量出必要的尺寸并注出尺寸规格,可不用画草图。

⑭测绘前应进行充分的思想和物质准备。以提高测绘的质量和效率。为确保不发生大的返工现象,在表达方案的确定、草图绘制等主要阶段应由指导教师审查后,才允许继续进行。

9.2 常用测绘量具

1. 量具的类型

量具的种类很多,根据其用途和特点,可分为如下 3 种类型。

(1)万能量具

这类量具一般都有刻度,在测量范围内可以测量零件和产品形状及尺寸的具体数值,如游标卡尺、千分尺、百分表和万能量角器等。

(2)专用量具

这类量具不能测量出实际尺寸,只能测定零件和产品的形状及尺寸是否合格,如卡规、塞规等。

(3)标准量具

这类量具只能制成某一固定尺寸,通常用来校对和调整其他量具,还可以作为标准与被测的量件进行比较测量,如量块。

2. 长度单位基准

长度计量单位见表9-1。

表 9-1　长度计量单位

单位名称	符号	对基准单位的比
米	m	基准单位
分米	dm	10^{-1} m(0.1 m)
厘米	cm	10^{-2} m(0.01 m)
毫米	mm	10^{-3} m(0.001 m)
丝米	dmm	10^{-4} m(0.0001 m)
忽米	cmm	10^{-5} m(0.00001 m)
微米	μm	10^{-6} m(0.000001 m)

在实际工作中,有时还会遇到英制尺寸,常用的有 ft(英尺)、in(英寸)等,其换算关系为 1 ft = 12 in。英制尺寸常以英寸为单位。

为了工作方便,可将英制尺寸换算成米制尺寸,换算关系为 1 in = 25.4 mm,如 $\frac{5}{16}$ in 换算成米制尺寸为 $25 \times \frac{5}{16} \approx 7.938$ mm。

3. 游标卡尺

游标卡尺是一种中等精度的量具,可以直接测量出工件的外径、孔径、长度、宽度、深度和孔距等尺寸。

(1)游标卡尺的结构

图 9-1 所示为两种常用游标卡尺的结构形式。

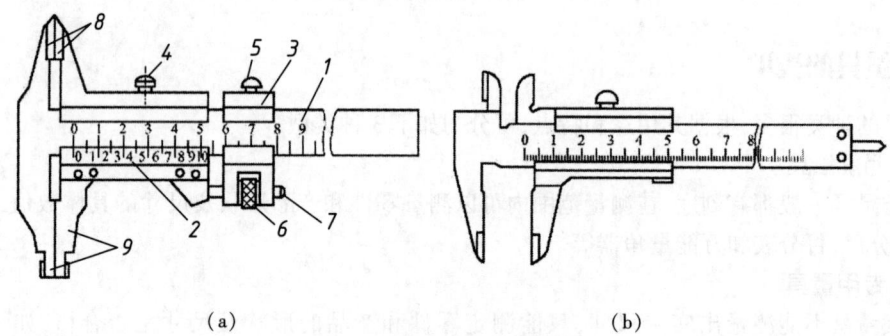

图 9-1　游标卡尺的两种结构

1—尺身;2—游标;3—辅助游标;4、5—螺钉;6—微动螺母;7—小螺杆;8、9—量爪

如图 9-1(a)所示,游标卡尺由尺身 1 和游标 2 组成,3 是辅助游标。松开螺钉 4 和 5 即可推动游标在卡尺上移动,通过两个量爪 9 可测量尺寸。需要微动调节时,可将螺钉 5 紧固,松开螺钉 4,转动微动螺母 6,通过小螺杆 7 使游标微动。量得尺寸后,可拧紧螺钉 4 使游标紧固。

游标卡尺上端有两个量爪 8,可用来测量齿轮公法线长度和孔距尺寸。下端两个量爪 9 的内侧面可测量外径和长度,外侧面是圆弧面,可测量内孔或沟槽。

图 9-1(b)所示的游标卡尺比较简单轻巧,上端两量爪可测量孔径、孔距及槽宽,下端两量爪可测量外圆和长度等,还可用尺后的测深杆测量内孔和沟槽深度。

(2) 游标卡尺的刻线原理和读数方法

游标卡尺按其测量精度,有 1/20 mm(0.05)和 1/50 mm(0.02)两种。

① 1/20 mm 游标卡尺。

尺身上每小格是 1 mm,当两量爪合并时,游标上的 20 格刚好与尺身上的 19 mm 对正,如图 9-2 所示。因此,尺身与游标每格之差为 $1 - \frac{19}{20} = 0.05$ mm,此差值即为 1/20 mm 游标卡尺的测量精度。

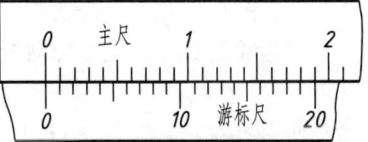

图 9-2　1/20 mm 游标卡尺的刻度

用游标卡尺测量工件时,如图 9-2 所示,读数方法分三个步骤。

第一步:读出游标上零线左边尺身的毫米整数。

第二步:读出游标上哪一条刻线与尺身刻线对齐(第一条零线不算,第二条起每格算 0.05 mm)。

第三步:把尺身和游标上的尺寸加起来即为测得尺寸。

② 1/50 mm 游标卡尺。

尺身上每小格为 1 mm,当两量爪合并时,游标上的 50 格刚好与尺身上的 49 mm 对正,如图 9-3 所示。尺身与游标每格之差为 $1 - \frac{49}{50} = 0.02$ mm,此差值即为 1/50 mm 游标卡尺的测量精度。

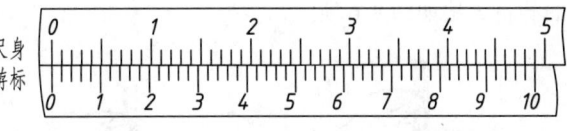

图 9-3　1/50 mm 游标卡尺的刻度

1/50 mm 游标卡尺测量时的读数方法与 1/20 mm 游标卡尺相同,如图 9-4 所示。

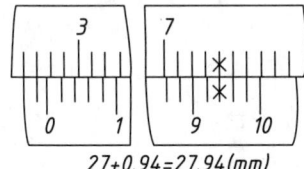 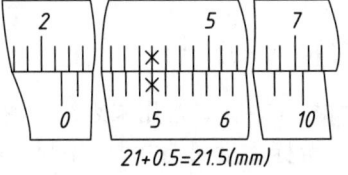

27+0.94=27.94(mm)　　　21+0.5=21.5(mm)

图 9-4　1/50 mm 游标卡尺的读数

(3) 游标卡尺的测量范围和精度

游标卡尺的规格按测量范围分为 0 ~ 125 mm、0 ~ 200 mm、0 ~ 300 mm、0 ~ 500 mm、300 ~ 800 mm、400 ~ 1 000 mm、600 ~ 1 500 mm、800 ~ 2 000 mm 等。

测量工件尺寸时,应按工件的尺寸大小和尺寸精度要求选用量具。游标卡尺只适用中等精度(IT10 ~ IT16)尺寸来测量和检验,不能用游标卡尺测量铸件等毛坯的尺寸,因为这样容易使量具很快磨损而失去原有精度;也不能用游标卡尺测量精度较高的工件,因为游标卡尺存在一定的示值误差,见表 9-2。例如,1/50 mm 游标卡尺的示值误差为 ± 0.02 mm,因此,不能测量精度较高的工件尺寸。

表 9-2　游标卡尺的示值误差

测量精度/mm	示值总误差/mm
0.02	± 0.02
0.05	± 0.05

如果条件有限,只能用游标卡尺测量精度要求高的工件时,就必须先用量块校对卡尺,了解误差数值,在测量时要把误差考虑进去。

除了图 9-1 所示的普通游标卡尺外,还有游标深度尺、游标高度尺和齿轮游标卡尺等,其刻线原理和读数方法与普通游标卡尺相同。

4. 游标深度尺

游标深度尺如图 9-5 所示,由主尺、副尺与活动底座(二者为一体)、固定螺钉组成,主要用于测量深度,如台阶的高度等。它的精度可分为 0.1 mm、0.05 mm、0.02 mm 三种。测量范围有 0～150 mm、0～250 mm、0～300 mm 等多种。刻线的读法与游标卡尺相同。使用时,将底座紧贴工件表面,再将主尺推下,使测量面碰到被测量深度的工件底面,旋紧固定螺钉,根据主尺、副尺的指示,读出尺寸。不同工件的测量方法如图 9-6 所示。

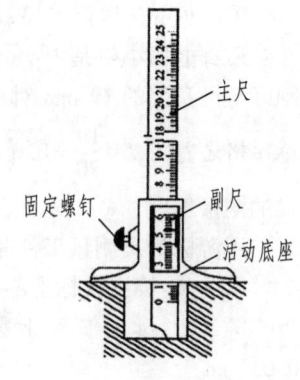

图 9-5 游标深度尺的结构

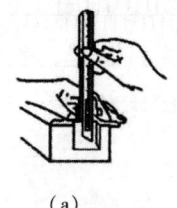 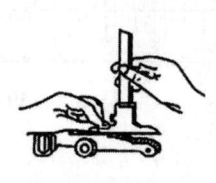 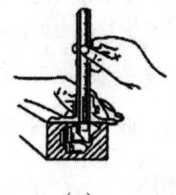 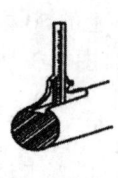

(a)　　　　　　(b)　　　　　　(c)　　　　　　(d)

图 9-6 游标深度尺的测量方法

5. 游标高度尺

游标高度尺如图 9-7 所示,常用来划线和测量放在平台上的零件的高度。游标高度尺有主尺、副尺、划线爪、测量爪、固定螺钉等部件,这些都立装在底座上(底座上面为工作平面)。测量爪有两个测量面,下面是平面,上面是弧面,用来测曲面高度。游标高度尺的刻线原理和测量精度与游标卡尺相同。

6. 万能游标量角器

万能游标量角器是用来测量工件内外角的量具。按游标的测量精度分为 2′ 和 5′ 两种,其示值误差分别为 ±2′ 和 ±5′,测量范围是 0°～320°。下面仅介绍测量精度为 2′ 的万能游标量角器的结构、刻线原理和读数方法。

(1)万能游标量角器的结构

如图 9-8 所示,万能游标量角器由刻有角度刻线的尺身 1 和固定在扇形板 2 上的游标 3 组成。扇形板可以在尺身上回转移动,其结构与游标卡尺相似。直角工尺 5 可用支架 4 固定在扇形板上,直尺 6 用支架固定。如果拆下直角尺 5,也

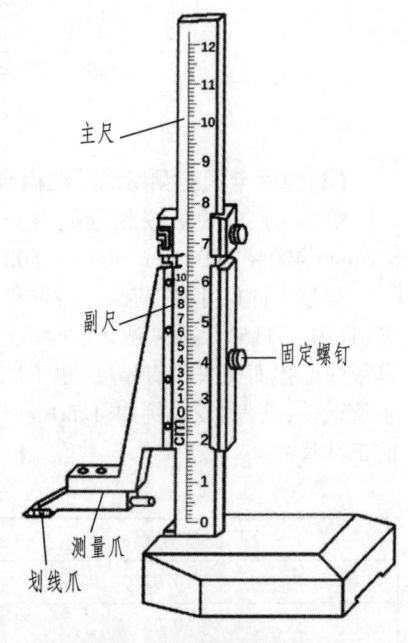

图 9-7 游标高度尺

可将直尺6固定在扇形板上。

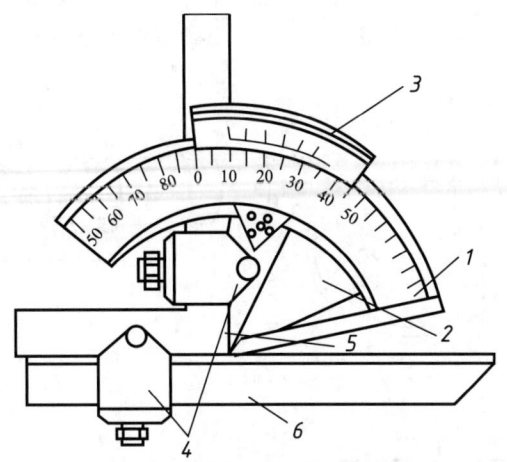

图9-8 万能游标量角器的结构
1—尺身;2—扇形板;3—游标;4—支架;5—直角尺;6—直尺

(2)万能游标量角器的刻线原理及读数方法

尺身刻线每格为1°,游标刻线将尺身上29°所占的弧长等分为30格,即每格所对的角度为29°/30,因此游标1格与尺身1格的差值为:$1° - \dfrac{29°}{30} = 1°/30 = 2'$,即万能游标量角器的测量精度为2'。

万能游标量角器的读数方法和游标卡尺相似,先从尺身上读出游标零线前的角度整数,再从游标上读出角度的数值,两者相加就是被测的角度数值。

(3)万能游标量角器的测量范围

由于直尺和直角尺可以移动和拆换,因此万能游标量角器可以测量0°~320°的任何角度。

7. 千分尺

千分尺是一种精密量具,它的测量精度比游标卡尺高,而且比较灵敏。因此,加工精度要求较高的工件尺寸,要用千分尺来测量。

(1)千分尺的结构

千分尺的结构如图9-9所示。图中1是尺架,尺架的左端有砧座3,右端是表面有刻线的固定套管2,里面是带有内螺纹(螺距0.5 mm)的衬套7,测微螺杆6右面的螺纹可沿此内螺纹回转,并用轴套4定心。在固定套管2的外面是有刻线的微分筒9,它用锥孔与测微螺杆6右端锥体相连。转动手柄5,通过偏心锁紧可使测微螺杆6固定不动。松开罩壳10,可使测微螺杆6与微分筒9分离,以便调整零线位置。棘轮13用螺钉8与罩壳10连接,转动棘轮13,测微螺杆6就会移动。当测微螺杆6的左端面接触工件时,棘轮13在棘爪销12的斜面上打滑,测微螺杆6就会停止前进。由于弹簧11的作用,棘轮13在棘爪销斜面滑动时发出"咔咔"声。如果棘轮13反方向转动,则拨动棘爪销12使微分筒9转动,则测微螺杆6向右移动。

(2)千分尺的刻线原理及读数方法

测微螺杆 6 右端螺纹的螺距为 0.5 mm,当微分筒转一周时,测微螺杆 6 就移动 0.5 mm。微分筒圆锥面上共刻有 50 格,因此微分筒每转一格,测微螺杆 6 就移动 0.5/50 = 0.01 mm,固定套管上刻有主尺刻线,每格 0.5 mm。

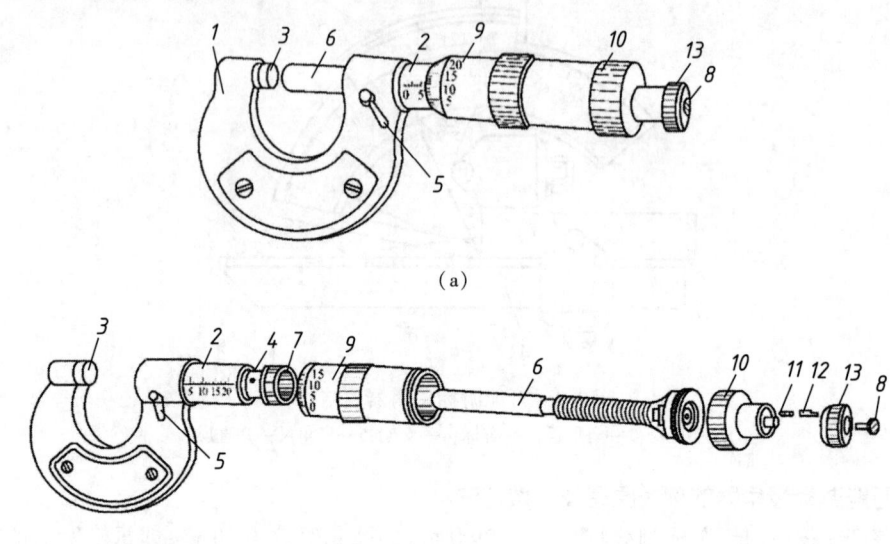

图 9-9 千分尺的结构

1—尺架;2—固定套管;3—砧座;4—轴套;5—手柄;6—测微螺杆;
7—衬套;8—螺钉;9—微分筒;10—罩壳;11—弹簧;12—棘爪销;13—棘轮

在千分尺上读数的方法可分为三步:
①读出微分筒边缘在固定套管主尺上的毫米数和半毫米数。
②看微分筒上哪一格与固定套管上的基准线对齐,并读出不足半毫米的数。
③把两读数加起来就是测得的实际尺寸。图 9-10 所示为千分尺的读数方法。

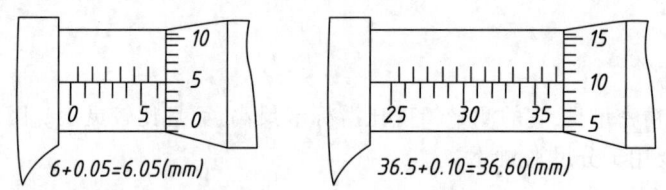

图 9-10 千分尺的读数方法

(3)千分尺的测量范围及精度

千分尺的规格按测量范围分有 0 ~ 25 mm、25 ~ 50 mm、50 ~ 75 mm、75 ~ 100 mm、100 ~ 125 mm 等。使用时按被测工件选用尺寸。

千分尺的制造精度分为 0 级和 1 级两种,0 级精度较高,1 级稍差。千分尺的制造精度主要由它的示值误差和两测量面平行度误差来决定。

(4)外径千分尺的使用

使用前,应先将检验棒置于测点与活动测轴之间,检查固定套筒中线和活动套筒的零线是否重合,活动套筒的轴向位置是否正确。如果固定套筒中线和活动套筒的零线不重合,或者活动套筒的端部将固定套筒的零线盖住或离线太远,都必须调整。调整的方法是:松开紧固螺母,用上动销固定螺杆测轴,扭动活动套筒。

进行测量时,两个测量面接触工件后,棘轮出现空转,并发出"咔咔"的响声,即可读出尺寸。注意不可扭动活动套筒进行测量,只能旋转棘轮。如果因条件限制不便查看尺寸,可旋紧止动销,然后再看千分尺的读数。使用外径千分尺测量工件的方法如图9-11所示。

(5) 内径千分尺

内径千分尺用来测量内径及槽宽的尺寸,外形如图9-12所示。内径千分尺的刻线方向与千分尺的刻线方向相反。测量范围有 5～30 mm 和 25～50 mm 两种,其读数方法和测量精度与千分尺相同。

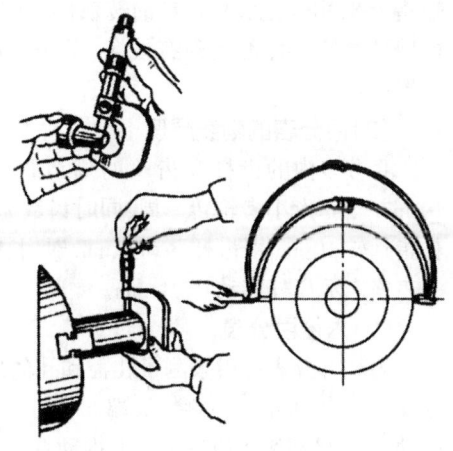

图 9-11　外径千分尺的使用

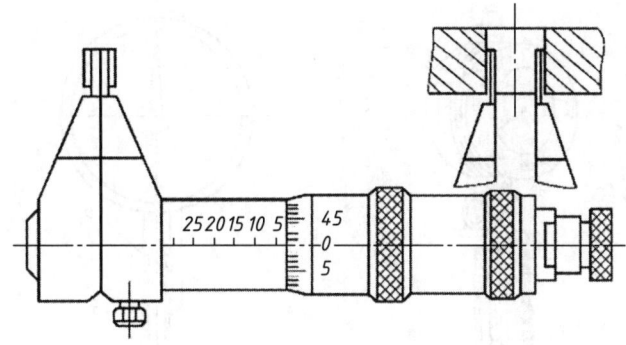

图 9-12　内径千分尺

(6) 其他千分尺

除了外径千分尺和内径千分尺外,还有深度千分尺、螺纹千分尺(用于测量螺纹中径)和公法线千分尺(用于测量齿轮公法线长度)等,其刻线原理和读法与外径千分尺相同。

8. 百分表

百分表可用来检验机床精度,测量工件的尺寸、形状和位置误差,如图9-13所示。

(1) 百分表的结构

百分表的结构如图9-13所示。图中1是淬硬的触头,用螺纹旋入齿杆2的下端,齿杆的上端有齿。齿杆上升时,带动齿数为16的小齿轮3。与小齿轮3同轴装有齿数为100的大齿轮4,再由这个齿轮带动中间的齿数为10的小齿轮5。与小齿轮5同轴装有长指针6,因此长指针就随着小齿轮5一起转动。在小齿轮5的另一边装有大齿轮7,在其轴下端装有游丝,用来消除齿轮间的间隙,可以保证精度。该轴的上端装有

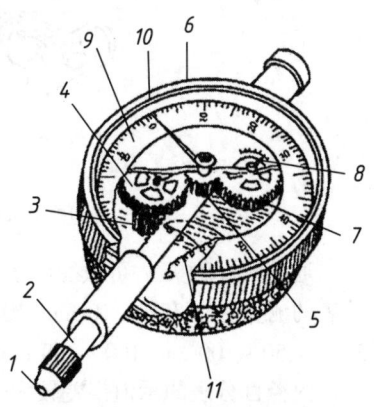

图 9-13　百分表
1—触头;2—齿杆;3,5—小齿轮;
4,7—大齿轮;6—长指针;8—短指针;
9—刻度盘;10—表圈;11—拉簧

短指针8,用来记录长指针的转数(长指针转一周时短指针转一格)。拉簧11的作用是使齿杆2能回到原位。表盘上刻有线条,共分100格。转动表圈10,可调整表盘刻线与长指针的相对位置。

(2) 百分表的刻线原理

百分表内的齿杆和齿轮的周节是0.625 mm。当齿杆上升16齿时(即上升0.625×16 = 10 mm),16齿小齿轮转一周,同时齿数为100齿的大齿轮也转一周,就带动齿数为10的小齿轮和长指针转10周,即齿杆移动1 mm时,长指针转一周,由于表盘上共刻有100格,所以长指针每转一表格表示齿杆移动0.01 mm。

(3) 内径百分表

内径百分表可用来测量孔径和孔的形状误差,尤其是测量深孔,极为方便。内径百分表的结构如图9-14所示。在测量头端部有可换触头1和量杆2。测量内孔时,孔壁使量杆2向左移动而推动摆块3,摆块3使杆4向上推动百分表触头6,使百分表指针转动而指示读数。测量完毕时,在弹簧5的作用下,量杆回到原位。

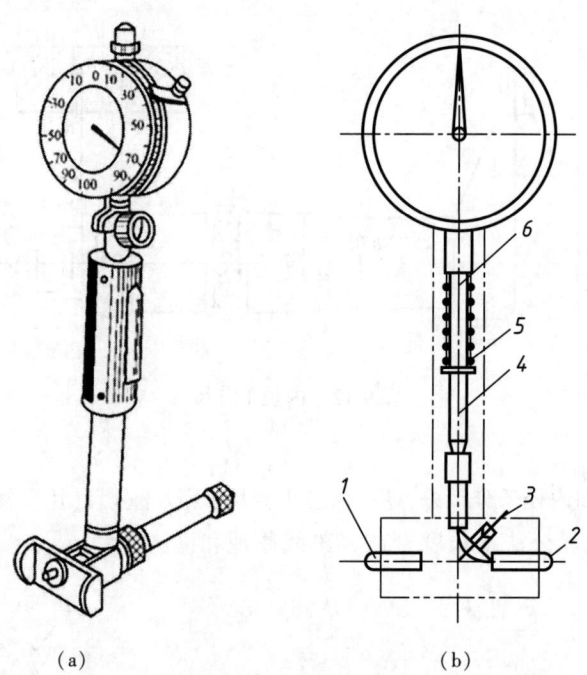

图 9-14 内径百分表

1—可换触头;2—量杆;3—摆块;4—杆;5—弹簧;6—百分表触头

通过可换触头1,可改变内径百分表的测量范围。内径百分表的测量范围有6~10 mm、10~18 mm、18~35 mm、35~50 mm、50~100 mm、100~160 mm、160~250 mm等。

内径百分表的示值误差较大,一般为±0.015 mm。

9. 塞尺

塞尺又称厚薄规,如图9-15所示,是用来检验模具中凹凸模两个结合面之间间隙大小的片状量规。

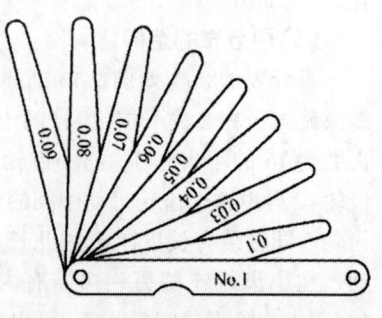

图 9-15 塞尺

塞尺有两个平行的测量平面,其长度制成 50 mm、100 mm 或 200 mm,由若干片叠合在夹板中。厚度为 0.02～0.1 mm 的一组,中间每片相隔 0.01 mm;厚度为 0.1～1 mm 的一组,中间每片相隔 0.05 mm 使用塞尺时,根据间隙的大小,可用一片或数片重叠在一起插入间隙内。例如用 0.3 mm 的塞尺可以插入工件的间隙,而 0.35 mm 的塞尺插不进去,说明工件的间隙为 0.3～0.35 mm。

塞尺的片很薄,容易弯曲和折断,测量时不能用力太大,还应注意不能测量温度较高的工件。塞尺用完后要擦拭干净,及时到合到夹板中去。

10. 量具的维护和保养

为了保持量具的精度,延长其使用寿命,对量具进行维护和保养必须十分注意。因此,应做到以下几点:

①应将量具的测量面和工件被测量面擦净,以免脏物影响精度和加快量具磨损。
②量具在使用过程中,不要和工具、刀具放在一起,以免碰坏。
③机床开动时,不要用量具测量工件,否则会加快量具磨损,而且容易发生事故。
④温度对量具精度影响很大,因此,量具不应放在热源(电炉、暖气片等)附近,以免受热变形。
⑤量具用完后,应及时擦净、涂油,放在专用盒中,保存在干燥处,以免生锈。
⑥量具应实行定期鉴定和保养,发现精度质量有不正常现象时,应及时送交计量室检修。

9.3　一般零件测绘的方法与步骤

1. 了解和分析测绘的零件

①了解该零件的名称和作用。
②鉴定零件的材质和热处理状态。
③对零件进行结构分析,弄清每一处结构的作用。特别是在测绘破旧、磨损和带有缺陷的零件时尤为重要。在分析的基础上对零件的缺点进行必要的改进,使该零件的结构更为合理和完善。
④对零件进行工艺分析。同一零件可以采用不同的加工方法,它影响零件结构形状的表达、基准的选择、尺寸的标注和技术条件要求,是后续工作的基础。
⑤拟定零件的表达方案。通过上述分析,对零件有了较深刻的认识之后,首先确定主视图,然后确定其他视图及其表达方案。

2. 绘制零件草图

草图是指以目测估计比例,按要求徒手(或部分使用绘图仪器)绘制的图样。

在仪器测绘、讨论设计方案、技术交流、现场参观时,受现场条件或时间的限制,经常要绘制草图。有时也可将草图直接供生产用,但大多数情况下要再整理成零件工作图。徒手绘制草图可以加速新产品的设计、开发;有助于组织、形成和拓展思路;便于现场测绘;节约作图时间等。因此,对于工程技术人员来说,除了要学会用尺规、仪器绘图和使用计算机绘图之外,还必须具备徒手绘制草图的能力。

(1)徒手绘制草图的要求
①画线要稳,线型要清晰准确。

②目测比例关系尽量准确,各部分比例均匀。
③绘图速度要快。
④标注尺寸无误,字体工整。

(2)徒手绘图的方法

根据徒手绘制草图的要求,选用合适的铅笔,按照正确的方法可以绘制出满意的草图。徒手绘图所使用的铅笔有多种,铅芯磨成圆锥形,画中心线和尺寸线的磨得较尖,画可见轮廓线的磨得较钝。橡皮不应太硬,以免擦伤图纸。所使用的图纸无特别要求,为方便,常使用印有浅色方格和菱形格的作图纸。

零件的视图无论怎样复杂,总是由直线、圆、圆弧和曲线所组成。因此要画好草图,必须掌握徒手画各种线条的手法。

①握笔的方法。手握笔的位置要比尺规作图高些,以利于运笔和观察目标。笔杆与纸面呈45°~60°角,执笔稳而有力。

②直线的画法。徒手绘图时,手指应握在铅笔上离笔尖约 35 mm 处,手腕和小手指对纸面的压力不要太大。在画直线时,手腕不要转动,使铅笔与所画的线始终保持约90°,眼睛看着画线的终点,轻轻移动手腕和手臂,使笔尖向着要画的方向作直线运动。画水平线时图纸可以斜放;画竖直线时自上而下运笔;画长斜线时,为了运笔方便,可以将图纸旋转适当角度,以利于运笔画线,如图 9-16 所示。

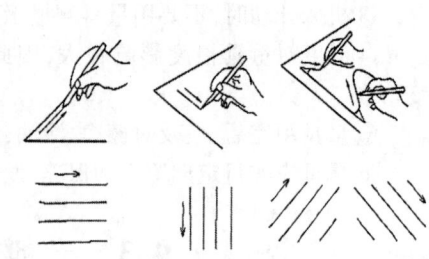

图 9-16　直线的画法

③常用角度的画法。45°、30°、60°等常见角度,可根据两直角边的比例关系,在两直角边上定出几点,然后连接而成,如图 9-17 所示。

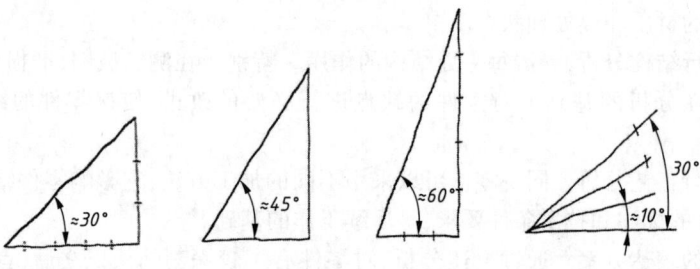

图 9-17　常用角度画法

④圆的画法。画直径较小的圆时,先在中心线上按半径目测定出四点,然后徒手将各点连接成圆,如图 9-18(a)所示。当画直径较大的圆时,可过圆心加画一对十字线,按半径目测定出八点,连接成圆,如图 9-18(b)所示。

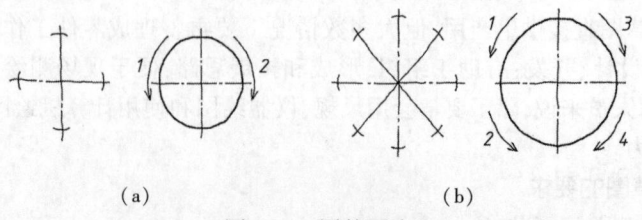

(a)　　　　　　(b)

图 9-18　圆的画法

⑤圆角、曲线连接及椭圆的画法。可以尽量利用圆弧与正方形、菱形相切的特点进行画图，如图 9-19 所示。

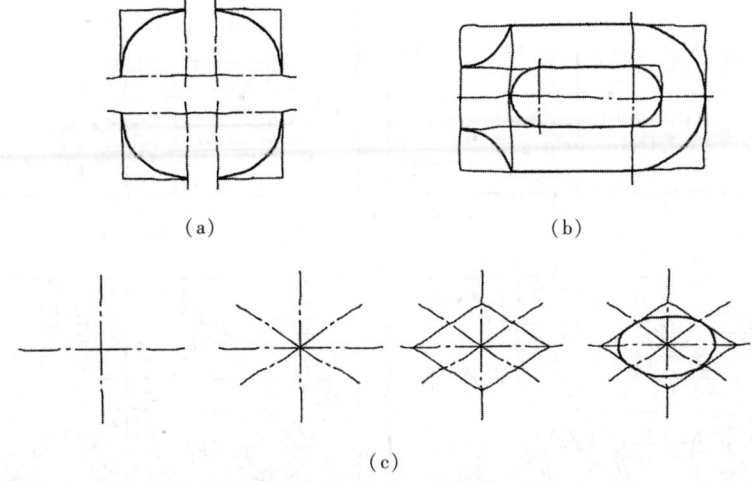

图 9-19 圆角、曲线连接及椭圆画法

(3) 目测的方法

在徒手绘图时，要保持零件各部分的比例关系准确。在开始画图时，整个零件的长、宽、高的相对比例一定要仔细拟定。在画中间部分和细节部分时，要随时将新测定的线段与已拟定的线段进行比较。因此，掌握目测方法对画好草图十分重要。

在画中、小型物体时，可以用铅笔当尺直接放在实物上测各部分的大小，如图 9-20 所示，然后按测量的大体尺寸画出草图。也可用此方法估计出各部分的相对比例，然后依此相对比例画出缩小的草图。

在画较大的物体时，可以如图 9-21 所示，用手握一铅笔进行目测度量。在目测时，人的位置应保持不动，握铅笔的手臂要伸直。人和物体的距离大小，应根据所需图形的大小来确定。在绘制及确定各部分相对比例时，建议先画大体轮廓。尤其是比较复杂的物体，更应如此。

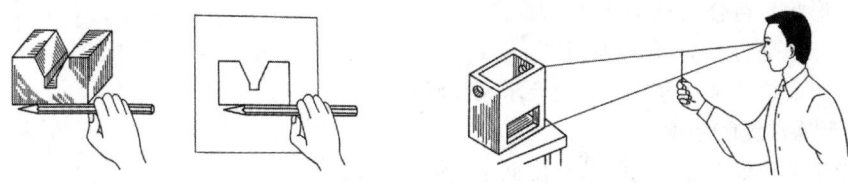

图 9-20 中小物体的测量   图 9-21 较大物体的测量

(4) 零件草图绘制步骤

下面以图 9-22 所示的连杆零件草图为例说明零件草图的绘制步骤。
① 在确定表达方案的基础上，布置图面，画好各视图的基准线（视图的中心位置）。
② 画出基本视图的外部轮廓。
③ 画出其他各视图、断面图等必要的视图。
④ 选择长、宽、高等方向标注尺寸的基准，画出尺寸线、尺寸界线。
⑤ 标注必要的尺寸和技术要求，填写标题栏，检查有无错误和遗漏。

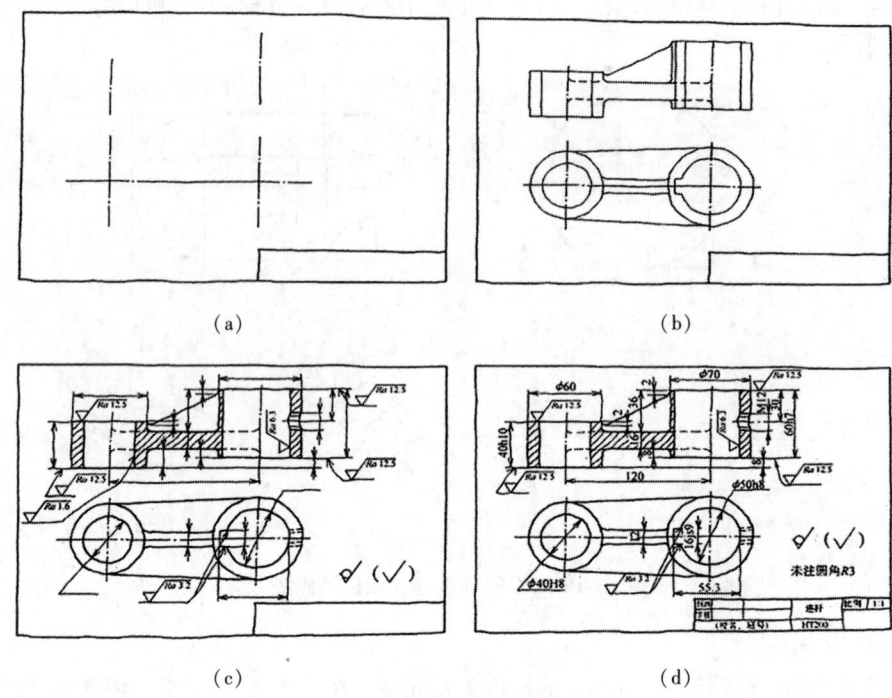

图 9-22 连杆零件草图

3. 绘制零件图

零件草图是在现场测绘的,所以测绘时间比较仓促,有些表达方案不一定合理、准确。因此,在绘制零件图前,需要对零件草图进行重新考虑和整理。经过复查、补充、修改后,方可绘制零件图。具体步骤如下:

(1) 审查、校核零件草图

①表达方案是否完整、清晰和简明。
②结构形状是否合理、是否存在缺损。
③尺寸标注是否齐全、合理及清晰。
④技术要求是否满足零件的性能要求又比较经济。

(2) 绘制零件图的步骤

①选择比例。根据零件的复杂程度而定,尽量采用1:1。
②选择图样幅面。根据表达方案和比例,留出标注尺寸和技术要求的位置,选择标准图幅。

第一步:定出各视图的基准线。
第二步:画出视图。
第三步:标注尺寸。
第四步:校核。
第五步:描深。
第六步:标注技术要求。
第七步:填写标题栏。
第八步:审定、签名。

9.4 一般零件尺寸的测量

1. 常用测量工具

测量尺寸的简单工具有直尺、外卡钳和内卡钳。测量较精密的零件时,要用游标卡尺、千分尺或其他工具,如图9-23所示。直尺、游标卡尺和千分尺上有尺寸刻度,测量零件时可直接从刻度上读出零件的尺寸。用内、外卡钳测量时,必须借助直尺才能读出零件的尺寸。

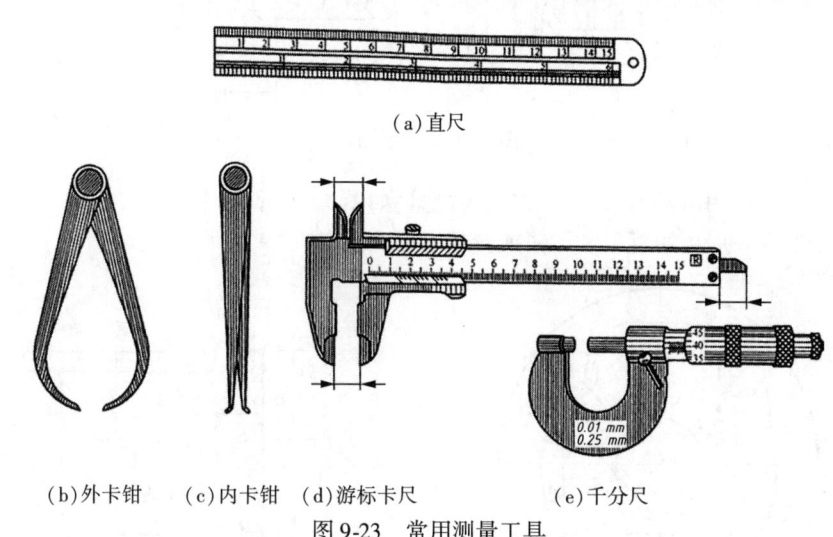

图9-23 常用测量工具

2. 几种常用的测量方法

①测量直线尺寸(长、宽、高)一般可用直尺直接测量,如图9-24所示。
②测量回转面的直径一般可用卡钳、游标卡尺或千分尺,如图9-25所示。

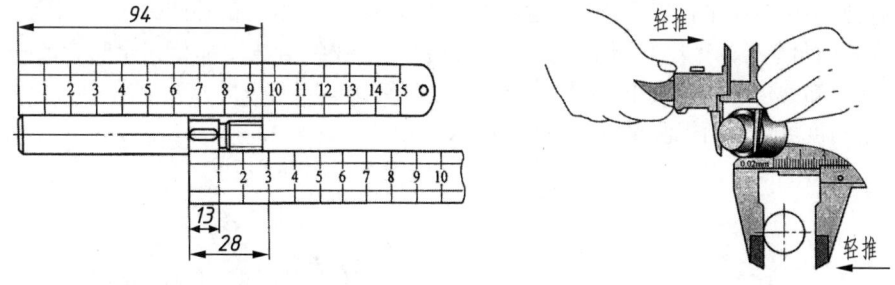

图9-24 直线尺寸测量　　图9-25 回转面直径测量

③测量壁厚可以用直尺测量,如图9-26中底壁厚度 $Y = C - D$,或用卡钳和直尺测量,如图中侧壁厚度 $X = C - B$。

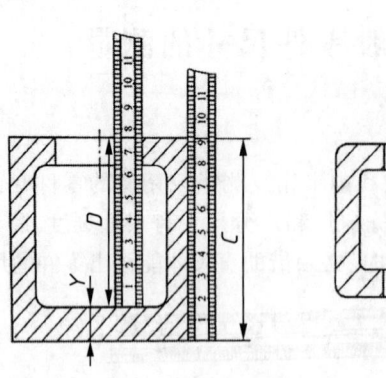
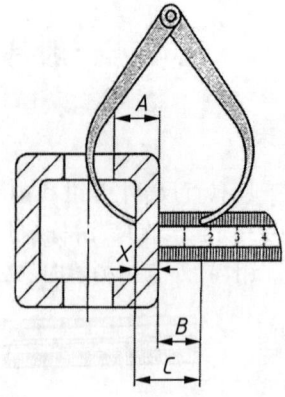

图 9-26 壁厚测量

④测量孔间距可用游标卡尺、卡钳或直尺测量,如图 9-27 所示。

⑤测量中心高一般可用直尺和卡钳或游标卡尺测量,如图 9-28 所示。

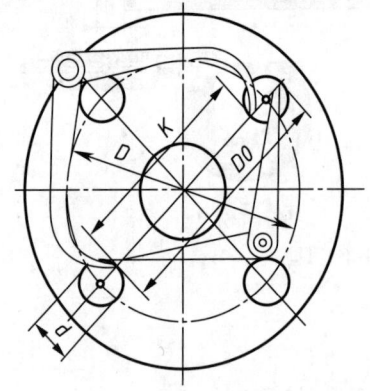
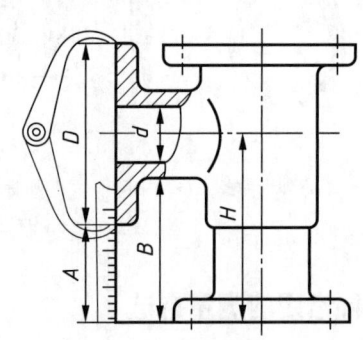

图 9-27 孔间距测量图　　　　　图 9-28 中心高测量

⑥测量圆角一般用半径规测量。每套圆角规有很多片,一半测量外凸圆角,一半测量内凹圆角,每片刻有圆角半径的大小。测量时,只要在圆角规中找到与被测部分完全吻合的一片,从该片上的数值可知圆角半径的大小,如图 9-29 所示。

⑦测量角度可用量角规测量,如图 9-30 所示。

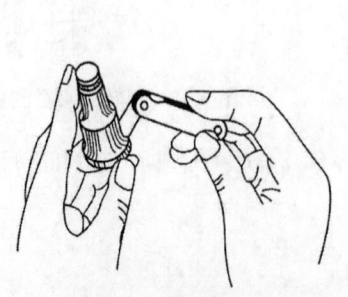
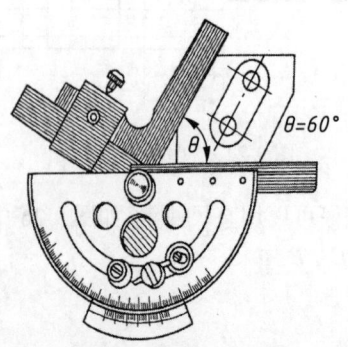

图 9-29 圆角测量图　　　　　图 9-30 角度测量

⑧测量曲线或曲面。曲线和曲面要求测得很准确时,必须用专门量仪进行测量。要求不太精准时,常采用下面三种方法测量:

• 拓印法。对于柱面部分的曲率半径的测量,可用纸拓其轮廓,得到如实的平面曲线,然后判定该曲线的圆弧连接情况,测量其半径,如图9-31所示。

• 铅丝法。对于曲线回转面零件的母线曲率半径的测量,可用铅丝弯成实形后,得到平行曲线,然后判定曲线的圆弧连接情况,最后用中垂线法,求得各段圆弧的中心,测量其半径,如图9-32所示。

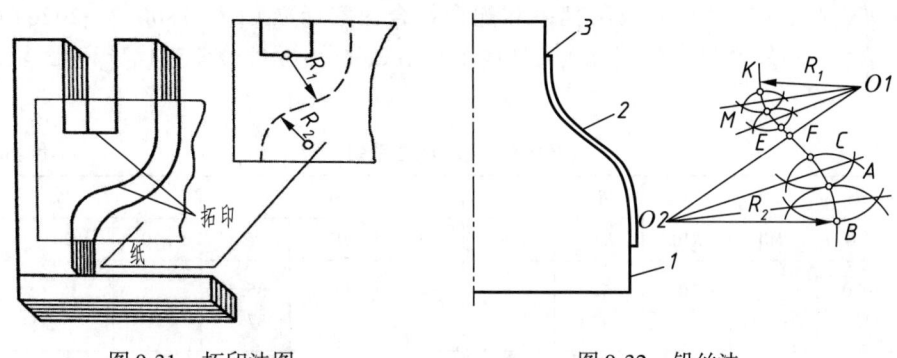

图9-31　拓印法图　　　　图9-32　铅丝法

• 坐标法。一般的曲线和曲面都可用直尺和三角板定出曲面上各点的坐标,在图上画出曲线,或求出曲率半径,如图9-33所示。

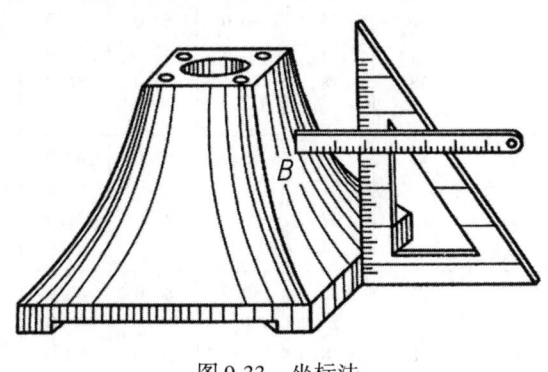

图9-33　坐标法

9.5　测绘中的尺寸圆整

在测绘过程中,对实测数据进行分析、推断,合理地确定其基本尺寸和尺寸公差的过程称为尺寸圆整。

在测绘过程中,由于被测零件存在着制造误差、测量误差及使用中的磨损而引起的误差,因而使得测得的实际值偏离了原设计值。也正是这些误差的存在,使得实测值常带有多位小数,这样的数值不仅加工和测量过程中都很难做到,而且大多没有实际意义。对这些数据进行尺寸圆整后,可以更多地采用标准刀具和量具,以降低制造成本。因此,进行尺寸圆整有利于提高测绘效率和劳动生产率。

目前,常用的尺寸圆整方法有设计圆整法和测绘圆整法两种。

1. 设计圆整法

设计圆整法是以实际测得的尺寸为依据,按照设计的程序来确定基本尺寸和极限的方法。

(1)常规设计的尺寸圆整

常规设计是指以方便设计、制造和良好的经济性为主的标准化设计。在对常规设计的零件进行尺寸圆整时,一般应使其基本尺寸符合国家标准 GB/T 2822—2005《标准尺寸》推荐的尺寸系列(见表9-3),公差、极限偏差和配合符合国家标准 CB/T 1800.2—2020《产品几何技术规范(GPS)线性尺寸公差 ISO 代号体系 第2部分:标准公差带代号和孔、轴的极限偏差表》。

表9-3 标准尺寸系列 (单位:mm)

R			Ra			R			Ra		
R10	R20	R40	R10	R20	R40	R10	R20	R40	R10	R20	R40
10.0	10.0 11.2		10	10 11			35.5	35.5 37.5		36	36 38
12.5		12.5 13.2 14.0 15.0	12	12 14	12 13 14 15	40.0	40.0 45.0	40.0 42.5 45.0 47.5	40	40 45	40 42 45 48
16.0	16.0 18.0	16.0 17.0 18.0 19.0	16	16 18	16 17 18 19	50.0	50.0 56.0	50.0 53.0 56.0 60.0	50	50 56	50 53 56 60
20.0	20.0 22.4	20.0 20.2 22.4 23.6	20	20 22	20 21 22 24	63.0	63.0 71.0	63.0 67.0 71.0 75.0	63	63 71	63 67 71 75
25.0	25.0 28.0	25.0 26.5 28.0 30.0	25	25 28	25 26 28 30	80.0	80.0 90.0	80.0 85.0 90.0 95.0	80	80 90	80 85 90 95
31.5	31.5	31.5 33.5	32	32	32 34	100.0	100.0	100.0	100	100	100

注:首先在优先数系 R 系列,按 R10、R20、R40 顺序选用。如必须将数值圆整,可在 Ra 系列中按 Ra10、Ra20、Ra40 顺序选用。

【例9-1】 实测一对配合孔和轴,孔的尺寸为 25.012 mm,轴的尺寸为 24.978 mm,测绘后圆整并确定尺寸公差。

解:①根据孔、轴的实测尺寸,查表9-3,只有 R10 系列的基本尺寸 25 mm 靠近实测值。

②根据此配合的具体结构可知为基孔制间隙配合,即基准孔为 H。

③从其他资料知道此配合属单件小批生产,而单件小批生产孔、轴尺寸靠近最大实体尺寸(即孔的最小极限尺寸,轴的最大极限尺寸)。所以轴的尺寸 25-0.022 靠近轴的基本偏差。查轴

的基本偏差表,25 mm 所在的尺寸段与 -0.022 靠近的只有 f 的基本偏差为 -0.020 mm,即轴的基本偏差代号为 f。

④通过计算可得,ϕ25 mm 轴基本偏差为 f 的公差值为 0.021 mm。查标准公差数值表(GB/T 1800.1—2020)得其公差等级为 IT7 级。又根据工艺等价的性质,推出孔的公差等级比轴低一级为 IT8 级。

综上所述,该孔轴配合的尺寸公差为 ϕ25H8/f7。

(2)非常规设计的尺寸圆整

基本尺寸和尺寸公差不一定都是标准化的尺寸称为非常规设计的尺寸。

非常规设计尺寸圆整的原则

①功能尺寸、配合尺寸、定位尺寸允许保留一位小数,个别重要的尺寸可保留两位小数,其他尺寸圆整为整数。

②将实测尺寸圆整为整数或须保留的小数位时,尾数删除应采用四舍六进五单双法,即逢四以下舍去,逢六以上进位,遇五则以保证偶数的原则决定进舍。

③删除尾数时,只考虑删除位的数值,不得逐位删除。如 35.456 保留整数时,删除位为第一位小数 4,根据四舍六进五单双法,圆整后应为 35,不应逐位圆整成 35.456、35.46、35.5、36。

④尽量使圆整后的尺寸符合国家标准推荐的尺寸系列值。

轴向功能尺寸的圆整:在大批大量生产条件下,零件的实际尺寸大部分位于零件公差带的中部,所以在圆整尺寸时,可将实测尺寸视为公差中值。同时尽量将基本尺寸按国家标准尺寸系列圆整为整数,并保证公差在 IT9 级之内。公差值采用单向或双向,孔类尺寸取单向正公差,轴类尺寸取单向负公差,长度类尺寸采用双向公差。

【例 9-2】某传动轴的轴向尺寸参与装配尺寸链计算,实测值为 84.99 mm,试将其圆整。

解:

①查表确定基本尺寸为 85 mm。

②查标准公差数值表,在基本尺寸为 80~120 mm,公差等级为 IT9 的公差值为 0.087 mm。

③取公差值为 0.080 mm。

④得圆整方案为 (85 ± 0.04) mm。

【例 9-3】某轴向尺寸参与装配尺寸链计算,实测值为 223.95 mm,试将其圆整。

解:

①确定基本尺寸为 224 mm。

②查标准公差数值表,基本尺寸大于 180~250 mm,公差等级为 m9 的公差值为 0.115 mm。

③取公差值为 0.10 mm。

④将实测值当成公差中值,得圆整方案为 $224_{-0.10}^{0}$ mm。

⑤校核,公差值为 0.10 mm,在 IT9 级公差值以内且接近公差值,实测值 223.95 mm 为 $224_{-0.10}^{0}$ mm 的中值,故该圆整方案合理。

非功能尺寸的圆整:非功能尺寸即一般公差的尺寸(未注公差的线性尺寸),它包含功能尺寸外的所有非配合尺寸。

圆整这类尺寸时,主要是合理确定基本尺寸,保证尺寸的实测值在圆整后的尺寸公差范围之内,并且圆整后的基本尺寸符合国家标准规定的优先数、优先数系和标准尺寸,除个别外,一般不保留小数。例如,8.03 圆整为 8,30.08 圆整为 30 等。对于由其他标准规定的零件直径(如球体、滚动轴承、螺纹等)以及其他小尺寸,在圆整时应参照有关标准。至于这类尺寸的公差,即未标注公差尺寸的极限偏差一般规定为 IT12 级~IT18 级。

2. 测绘圆整法

测绘圆整法是根据实测值与极限和配合的内在联系来确定基本尺寸、公差、极限及配合的。由于测绘圆整法是以对实测值的分析为基础的,有着明显的测绘特点,所以习惯上称为测绘圆整法。在实践中,测绘圆整法主要用来圆整配合尺寸。

(1) 对实测值的分析

测绘圆整法对实测值的分析有两个基本假设。

假设 1:被测零件为合格零件,并且被测尺寸的实测值一定是原设计给定公差范围内的某一数值。亦即实测值 = 基本尺寸 ± 制造误差 ± 测量误差。

由于制造误差与测量误差之和应小于或等于原图规定的公差,所以,实测值要么大于或等于零件的最小极限尺寸,要么小于或等于最大极限尺寸。

假设 2:制造误差及测量误差的概率分布均符合正态分布规律,处于公差中值的概率为最大。

假设 2 为处理实测值提供了基本思路。当仅有一个实测值时,可将该实测值作为公差中值。也就是说,将实测值作为公差中值。即将实测的间隙或过盈视为原设计所给间隙或过盈的中值;如果实测值有多个,可通过计算求其中值。

(2) 分析实测值与公差配合的内在联系

在国家标准中,公差带由标准公差和基本偏差两部分组成。标准公差确定公差带的大小,基本偏差确定公差带相对于零线的位置。其主要特点是把公差带大小和公差带位置作为两个独立要素。

在设计时,采用基孔制配合的基准孔的公差通常选择在零线之上,其上偏差 ES 即为基准孔的公差,下偏差 EI 为零;而基准轴的公差带位置固定在零线下面,其上偏差 es 为零,下偏差 ei 等于基准轴的公差。在配合件的实测值中,不仅包含基本尺寸、公差,也包含基本偏差。这是因为机器中各种不同性质的配合都是由公差配合标准中规定的 28 个孔和 28 个轴的公差带位置决定的,而每一种公差带位置则由基本偏差确定。基本偏差就是用来确定公差带相对于零线位置的上偏差或下偏差,一般为靠近零线的那个偏差。实测配合间隙量或过盈量的大小反映基本偏差的大小。

由此便可得出圆整尺寸的基本思路,即相互配合的孔与轴的基本尺寸及公差值应该从实测值中去寻找,而配合类别应该从实测的间隙配合或过盈配合中去寻找。这就是实测值与公差配合的内在联系,也是测绘圆整法的基本原则。

【例 9-4】 用测绘圆整法圆整活塞衬套(孔)与活塞杆 Ⅱ 段(轴)的公称尺寸、公差及配合。

解:

① 尺寸测量。

孔的实测值:$\phi 13.510$ mm。

轴的实测值:$\phi 13.483$ mm。

② 确定配合基准制。根据结构分析,配合制应为基孔制。

③ 确定基本尺寸。孔实测尺寸为 13.510 mm,小数点后第一位数为 "5",应包含在基本尺寸内,查表 9-4。

表9-4 公称尺寸的精度判断

公称尺寸/mm	实测小数点后的第一位数	公称尺寸是否含小数值
1~80	≥2	应含
>80~250	≥3	应含
>250~500	≥4	应含

为满足不等式：

$$孔(轴)公称尺寸 < 孔实测尺寸$$

故该公称尺寸最大值只能取为 13.5 mm。

再根据不等式

$$孔实测值 - 公称尺寸 \leq 孔公差(IT11 级)$$

进行验证，将

$$13.510 - 13.5 = 0.01 < 0.5 \times 0.11$$

故该尺寸应为 13.5 mm。

④计算公差，确定尺寸的公差等级。

a. 确定基准孔公差。

$$\triangle D_{实测} = (D - D_{基本}) \times 2 = (13.510 - 13.5) \times 2 = 0.02$$

查公差表，IT7 级公差为 0.018 mm，故应选孔公差等级为 IT7，即孔为 H7。

b. 选轴的公差等级与孔同级。

⑤计算基本偏差，确定配合类别。

a. 计算孔、轴实测值之差，得实测间隙为 0.027 mm。

b. 求平均公差，得 0.018 mm。

c. 因实测间隙大于平均公差(0.027 > 0.018)，故属第三种间隙，按表9-5 计算基本偏差绝对值，得 0.027 - 0.018 = 0.009 mm，且该值为轴的负偏差。

表9-5 间隙配合表(间隙 = 孔实测值 - 轴实测值)

实测间隙种类		1 间隙 = $\dfrac{孔公差 + 轴公差}{2}$	2 间隙 < $\dfrac{孔公差 + 轴公差}{2}$	3 间隙 > $\dfrac{孔公差 + 轴公差}{2}$	4 间隙 = $\dfrac{基准件公差}{2}$
轴 (基孔制)	配合代号	h	j	a,b,c,cd,d,e,ef,f,fg,g	js
	基本偏差	上极限偏差	下极限偏差	上极限偏差	$\pm\dfrac{轴公差}{2}$
	偏差性质	0	—	—	
孔轴基本偏差的计算		不必计算	查公差表	基本偏差 - 间隙 = $\dfrac{孔公差 + 轴公差}{2}$	查公差表
孔 (基轴制)	配合代号	H	J	A,B,C,CD,D,E, EF,F,FG,G	JS
	基本偏差	下极限偏差	上极限偏差	下极限偏差	$\pm\dfrac{孔公差}{2}$
	偏差性质	0	+	+	

再查表得配合上极限偏差为 -0.006 mm。

⑥确定孔和轴的上、下极限偏差。

孔为 H7，为 $\phi 13.5^{+0.018}_{0}$ mm；轴为 g7，则为 $\phi 13.5^{-0.006}_{-0.024}$ mm。

⑦修正和转换。经分析无须修正。

3. 测绘中的尺寸协调

一台机器或设备通常由许多零件、组件和部件组成，测绘时，不仅要考虑部件中零件与零件之间的关系，而且还要考虑部件与部件之间、部件与组件之间的关系。所以在标注尺寸时，必须把装配在一起的或装配尺寸链中有关零件的尺寸一起测量，测出结果加以比较，最后一并确定公称尺寸和尺寸偏差。

第10章　测绘轴套类零件

10.1　轴套类零件的表达方案选择

1. 轴套类零件的结构特点

轴类零件一般是由同一轴线、不同直径的圆柱体(或圆锥体)所构成,图10-1所示为轴的立体图。轴类零件一般设有键槽、砂轮越程槽(或退刀槽)。为使传动件(或滚动轴承)在轴上定位,有时还要设置挡圈槽、销孔、螺纹等标准结构,还有倒角、中心孔等工艺结构。

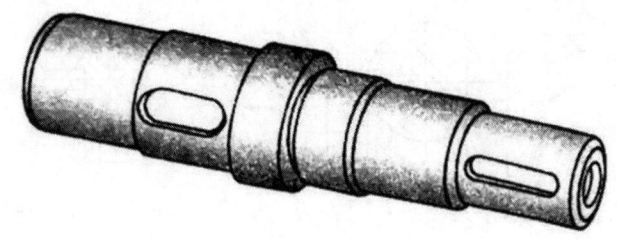

图10-1　轴

2. 轴套类零件的表达方案

①轴套类零件。轴套类零件一般在车床上加工,所以应按结构特征和加工位置确定主视图,轴线水平放置,一般大头在左,小头在右;轴套类零件的主要结构形状是回转体,通常只画一个主要视图。

②轴套类零件的其他结构。形状如键槽、螺纹退刀槽、砂轮越程槽和螺纹孔等,可以用剖视、断面、局部视图和局部放大图等加以补充。对形状简单且较长的零件还可以采用折断的方法表示。

③实心轴。实心轴没有剖开的必要,但轴上个别部分的内部结构形状可以采用局部剖视。对空心套则需要剖开表达它的内部结构形状;外部结构形状简单的可采用全剖视图;外部较复杂的则用半剖视图(或局部剖视图);内部简单的也可不剖或采用局部剖视图。

图10-2所示为轴的零件图,采用一个基本视图加上一系列尺寸,就能表达轴的主要形状及大小;对于轴上的键槽等,采用移出断面图,既表示了它们的形状,又便于标注尺寸。

对于轴上的其他局部结构,如砂轮越程槽等采用局部放大图表达,中心孔采用局部剖视图表达。

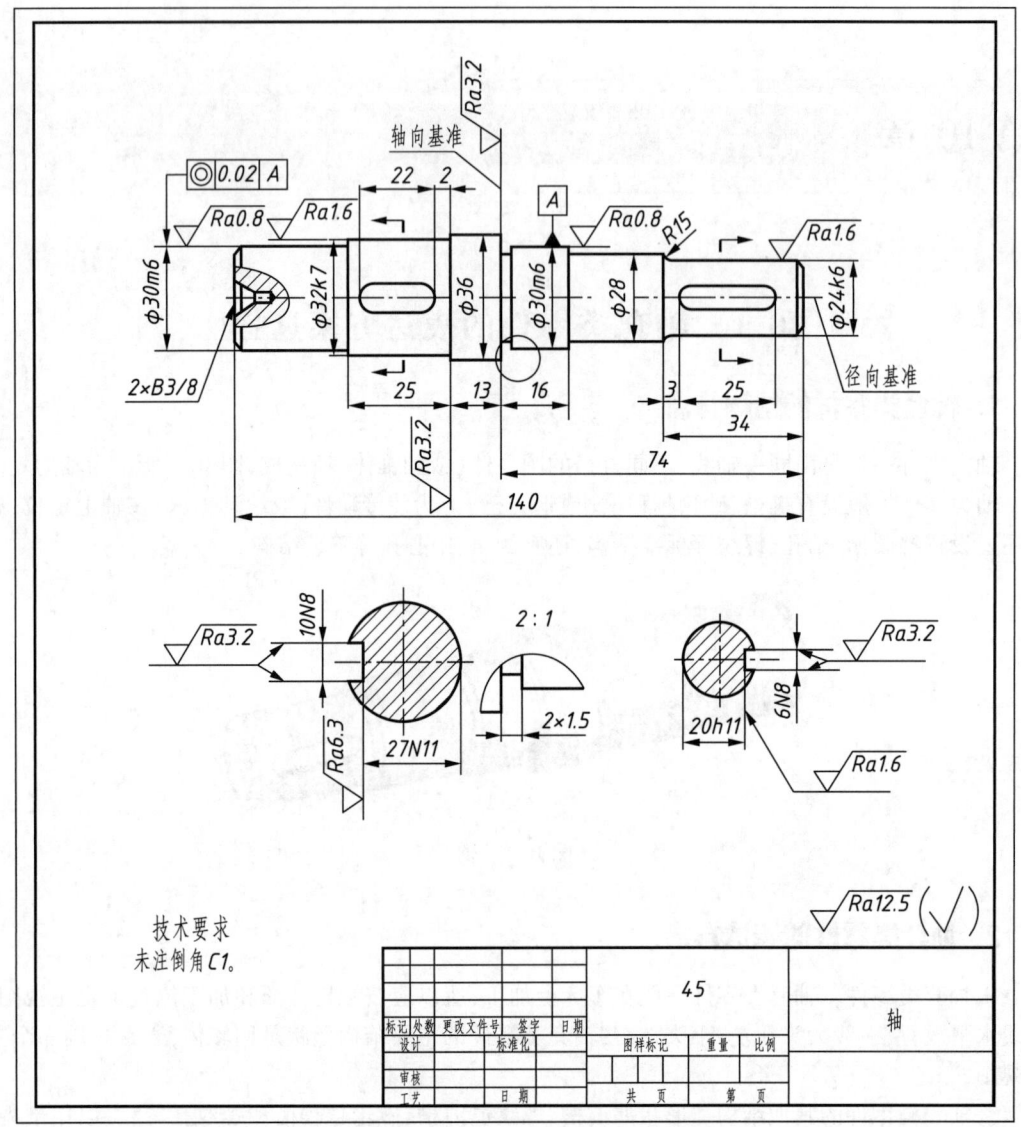

图 10-2　轴套类零件的尺寸标注

3. 轴套类零件尺寸标注

①轴套类零件的尺寸分径向尺寸(即高度尺寸与宽度尺寸)和轴向尺寸。径向尺寸表示轴上各回转体的直径,它以水平放置的轴线作为径向尺寸基准,如 φ30m6、φ32k7 等。重要的安装端面(轴肩),如 φ36 轴的右端面是轴向主要尺寸基准,由此注出 16、74 等尺寸。轴的两端一般作为辅助尺寸基准(测量基础)。

②功能尺寸必须直接标注出来,其余尺寸多按加工顺序标注。

③为了清晰和便于测量,在剖视图上,内外结构形状的尺寸分开标注。

④零件上的标准结构(倒角、退刀槽、越程槽较多)应按结构标准的尺寸标注。如 GB/T 1095—2003《平键 键槽的剖面尺寸》和 GB/T 1096—2003《普通型 平键》对平键和键槽各部尺寸的规定,

见表 10-1。其他已标准化结构的标注形式及标准代号见表 10-2,结构尺寸可查阅有关技术资料。

表 10-1 轴套类零件常见的结构表达方法及尺寸标注

结构名称	表达方法	标准代号
倒角、倒圆	倒角 / 倒圆	GB/T 6403.4—2008
砂轮越程槽	磨外圆 / 磨内圆 / 磨外端面 / 磨内端面 / 磨外圆及端面 / 磨内圆及端面	GB/T 6403.5—2008
中心孔	GB/T 4459.5-B2.5/B 保留中心孔 GB/T 4459.5-A4/8.5 是否保留都可以 GB/T 4459.5-A1.6/3.35 不保留中心	GB/T 4459.5—1999 GB/T 145—2001

表 10-2　平键及键槽各部分尺寸

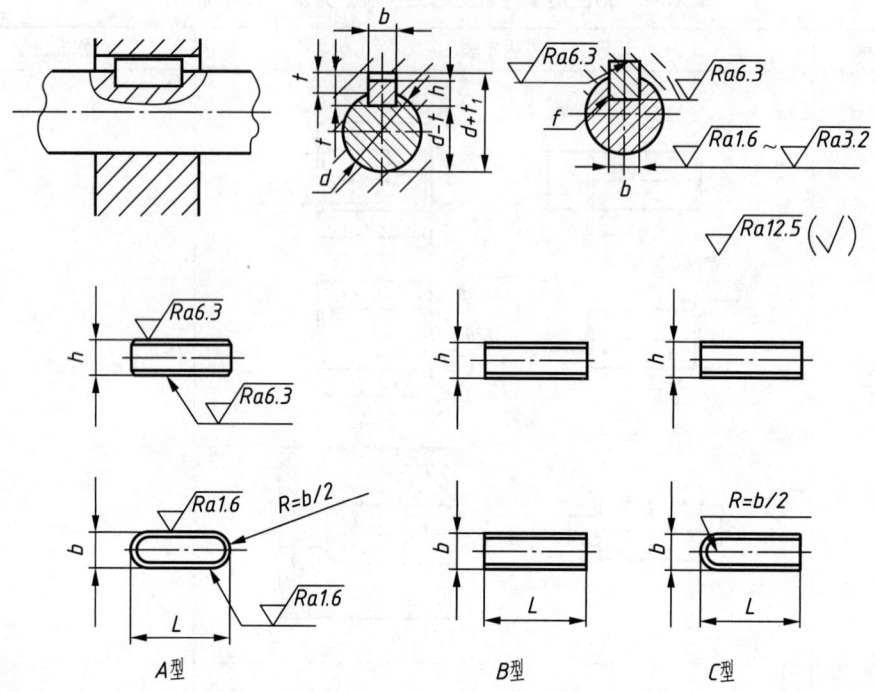

标记示例：

GB/T 1096—2003　键 16×10×100（圆头普通平键，$b=16$、$h=10$、$L=100$）

GB/T 1096—2003　键 B16×10×100（平头普通平键，$b=16$、$h=10$、$L=100$）

GB/T 1096—2003　键 C16×10×100（单圆头普通平键，$b=16$、$h=10$、$L=100$）

轴	键		键 槽									
			宽度 b				深 度				半径 r	
公称直径 d	键尺寸 $b\times h$	长度 L	基本尺寸 b	极限偏差				轴 t_1		毂 t_2		
				松连接	正常连接		紧密连接					
				轴 H9	毂 D10	轴 N9	毂 JS9	轴和毂 P9	基本尺寸	极限偏差	基本尺寸	极限偏差	最大	最小
>10~12	4×4	8~45	4						2.5		1.8		+0.08	0.16
>12~17	5×5	10~56	5	+0.030 0	+0.078 +0.030	0 -0.030	±0.015	-0.012 -0.042	3.0	+0.10	2.3	+0.10		
>17~22	6×6	14~70	6						3.5		2.8		0.16	0.25
>22~30	7×7	18~90	8	+0.036 0	+0.098 +0.040	0 -0.036	±0.018	-0.015 -0.051	4.0		3.3			
>30~38	10×8	22~110	10						5.0		3.3		0.25	0.40
>38~44	12×8	28~140	12						5.0	+0.20	3.3	+0.20		
>44~50	14×9	36~160	14	+0.043 0	+0.120 +0.050	0 -0.043	±0.021	-0.018 -0.061	5.5		3.8			
>50~58	16×10	45~180	16						6.0		4.3		0.25	0.40
>58~65	18×11	50~200	18						7.0		4.4			

续上表

轴	键		键 槽									
公称直径 d	键尺寸 $b \times h$	长度 L	宽度 b					深 度				半径 r
			基本尺寸 b	极限偏差				轴 t_1		毂 t_2		
				松连接		正常连接		紧密连接				
				轴 H9	毂 D10	轴 N9	毂 JS9	轴和毂 P9	基本尺寸	极限偏差	基本尺寸	极限偏差	最大	最小
>65~75	20×12	56~220	20	+0.052 0	+0.149 +0.065	0 -0.052	±0.026	-0.022 -0.074	7.5	+0.20	4.9	+0.20	0.40	0.60
>75~85	22×14	63~250	22						9.0		5.4			
>85~95	25×14	70~280	25						9.0		5.4			
>95~110	28×16	80~320	28						10		6.4			
L系列	6~22(2进位)、25、28、32、36、40、45、50、56、63、70、80、90、100、110、125、140、160、180、200、220、250、280、320、360、400、450、500													

注:1. $(d-t)$ 和 $(d+t_1)$ 两组组合尺寸的极限偏差按相应的 t 和 t_1 的极限偏差选取,但 $(d-t)$ 极限偏差应取负号(−)。
2. 键尺寸 b 的极限偏差为 h9,键 h 的极限偏差为 h11,键长 L 的极限偏差为 h14。

4. 轴套类零件技术要求

①有配合要求的表面,其表面粗糙度参数值较小。无配合要求表面,其表面粗糙度参数值较大。

②有配合关系的外圆和内孔应标注出直径尺寸的极限偏差。与标准化结构有关的轴孔,或与标准化零件配合的轴孔尺寸的极限偏差应符合标准化结构或零件的要求。如与滚动轴承配合的轴的公差带应按表10-3选用,与滚动轴承配合的孔公差带应按表10-4选用。

③重要阶梯轴的轴向位置尺寸或长度尺寸应标注出极限偏差值,如参与装配尺寸链的长度和轴向位置尺寸等。

④有配合关系的轴孔和端面应标注出必要的形状和位置公差。如圆柱表面的圆度、圆柱度,轴线间的同轴度、平行度,定位轴肩的平面度以及对轴线的垂直度等。

⑤必要的热处理要求、检验要求以及其他技术要求。

表10-3 安装滚动轴承的轴公差带

内圈工作条件		应用举例	深沟球轴承和角接触球轴承	圆柱滚子轴承和圆锥滚子轴承	调心滚子轴承	公差代号
旋转状态	载荷		轴承公称直径/mm			
			圆柱孔轴承			
内圈相对于载荷方向旋转或相对于载荷方向摆动	轻载荷	电气仪表、机床(主轴)、精密机械、泵、通风机、传送带	≤18 >18~100 >100~200 —	— ≤40 >40~100 >100~200	— ≤400 >40~100 >100~200	h5 j6[①] k6[①] m6[①]

续上表

内圈工作条件		应用举例	深沟球轴承和角接触球轴承	圆柱滚子轴承和圆锥滚子轴承	调心滚子轴承	公差代号
旋转状态	载荷		轴承公称直径/mm			
圆柱孔轴承						
内圈相对于载荷方向旋转或相对于载荷方向摆动	正常载荷	一般通用机械、电动机、涡轮机、泵、内燃机、变速箱、木工机械	≤18 >18~100 >100~140 >140~200 >200~280 — — —	— ≤40 >40~100 >100~140 >140~200 >200~240 — —	— ≤40 >40~65 >65~100 >100~140 >140~280 >280~500 >500	j5 k5② m5② m6 n6 p6 r6 r7
	重载荷	铁路车辆和电力机车的轴箱、牵引电动机、轧机、破碎机等重型机械	— — —	>50~140 >140~200 >200	>50~100 >100~140 >140~200 >200	n6③ p6③ r6③ r7③
相对于载荷方向静止	所有载荷	内圈必须在轴向容易移动	静止轴上的各种轮子	所有尺寸		g6①
		内圈不必在轴向移动	张紧滑轮、绳索轮	所有尺寸		h6①
纯轴向载荷		所有应用场合	所有尺寸			j6 或 js6
圆锥孔轴承(带锥形套)						
所有载荷		铁路车辆和电力机车的轴箱	装在推卸套上的所有尺寸			h8(IT5)④
		一般机械或传动轴	装在紧定套上的所有尺寸			H9(IT5)⑤

①凡对精度有较高要求的场合,应用 j5、k5……代替 j6、k6 等。
②圆锥滚子轴承和角接触球轴承,因内部游隙的影响不太重要,可用 k6 和 m6 代替 k5 和 m5。
③应选用轴承径向游隙大于基本组的滚子轴承。
④凡有较高的精度或转速要求的场合,应选用 h7,IT5 位轴径形状公差。
⑤尺寸大于 500 mm 时,其形状公差等级为 IT7。

表 10-4 安装滚动轴承的外壳孔公差带

外圈工作条件				应用举例	公差代号②
旋转状态	载荷	轴向位移的限度	其他情况		
外圈相对于载荷方向静止	轻、正常和重载荷	轴向容易移动	轴处于高温场合	烘干筒、有调心滚子轴承的大电动机	G7
			部分式外壳	一般机械、铁路车辆轴箱	H7①

续上表

外圈工作条件				应用举例	公差代号[②]
旋转状态	载荷	轴向位移的限度	其他情况		
外圈相对于载荷方向静止	冲击载荷	轴向能移动	整体式或部分式外壳	铁路车辆轴箱轴承	J7[①]
载荷方向摆动	轻和正常载荷			电动机、泵、曲轴主轴承	
	正常和重载荷			装用球轴承的轮毂	K7[①]
	重冲击载荷		整体式外壳	牵引电动机	M7[①]
外圈相对于载荷复杂旋转	轻载荷	轴向不移动		张紧滑轮	M7[①]
	正常和重载荷			装用球轴承的轮毂	N7[①]
	重冲击载荷		薄壁、整体式外壳	装用滚子轴承的轮毂	P7[①]

① 凡对精度有较高要求的场合,应用 P6、N6、M6、K6、J6 和 H6 分别代替 P7、N7、M7、K7、J7 和 H7,并应同时选用整体式外壳。
② 对于铝合金外壳,应选择比钢或铸铁外壳较紧的配合。

10.2 轴套类零件图的识读

根据结构形状的不同,轴类零件可分为光轴、阶梯轴、空心轴和曲轴等。轴套类零件的毛坯一般用棒料,主要加工方法是车削、镗削和磨削。图 10-3 所示为泵部件中的轴类零件图,现以此为例说明识读轴套类零件图的步骤。

1. 看标题栏

从标题栏可以知道该零件是泵部件中的主动轴,材料是 45 钢。件数 1,说明每台泵部件上只要一个轴。图样的比例是 1∶1,说明实物的大小与图形大小一致。

2. 看图形

轴类零件一般在车床上加工,所以应该按形状特征和加工位置确定主视图,即轴线水平放置,键槽和孔等结构尽量朝前;轴类零件的主要结构是回转体,一般只画一个主视图;在有键槽和孔的地方,可增加必要的局部视图,轴上各种结构可采用断面、局部剖视、局部放大来表示,较长轴还可采用折断画法。

该泵轴零件图的左边有 φ5 圆柱孔;中间有带键槽的轴颈,与传动齿轮孔配合;右端有螺纹,通过拧紧螺母,将齿轮沿轴向压紧,图中采用了一个主视图、两个移出断面图、两个局部放大图和一个局部剖视图。为了便于加工时看图,轴线水平放置。

根据主视图上注 *A—A* 断面的位置,在图的左下角就可以找到相应名称的断面图(图上注写 *A—A*)。主视图上边的移出断面图没有标注出断面符号,可以断定,它是通过孔轴线位置在主视图相应位置剖切的(省略标注)。右下边的视图是把零件上的越程槽、退刀槽部分的外形画出来的局部放大图。

分析完视图,再想象出零件的形状。根据主视图、局部断面图、局部放大图和图中标注的尺寸及符号,可以确定这个零件是圆柱形的,轴左端的局部剖视图表示出有 $\phi5$ 的通孔。轴上边还有一个键槽,在下边的断面图 A—A 中注出了键槽的宽和深。此外轴的右端还有一个 $\phi2$ 的销孔;在轴的螺纹头的左侧有一个越程槽,槽中有 R0.5 的圆角;轴上有两处倒角分别是 C1。

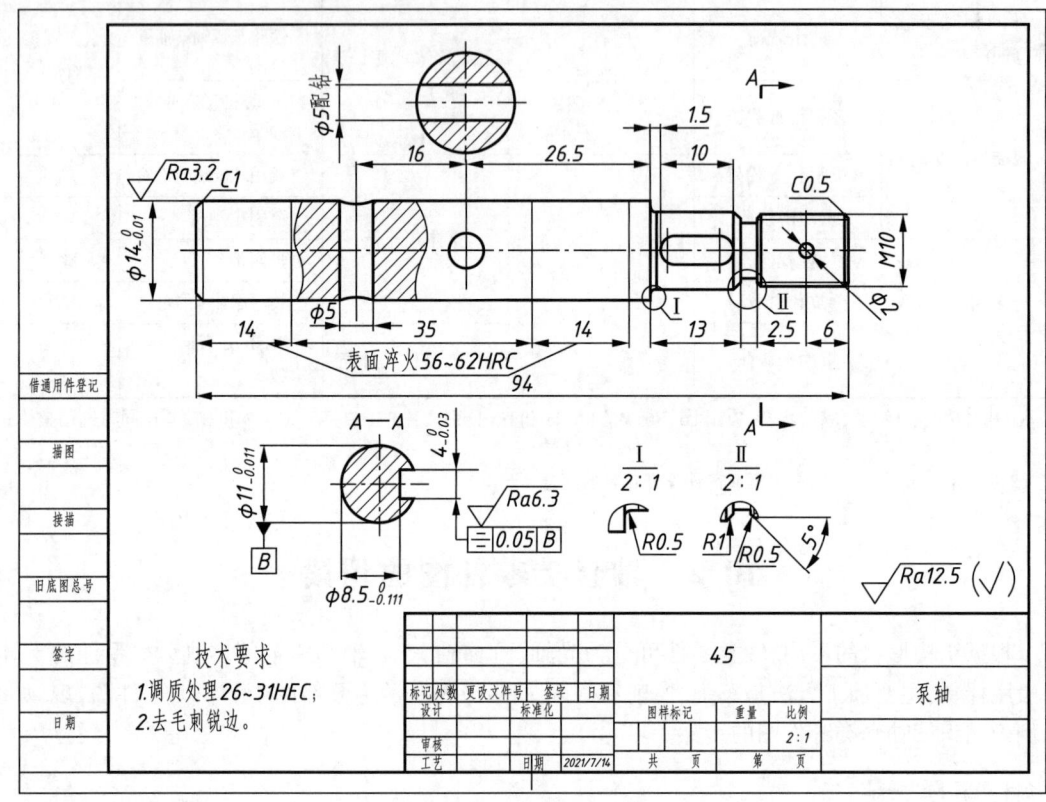

图 10-3　泵轴零件图

3. 看尺寸标注

看零件图的尺寸,不仅是要了解该零件的大小,而且还要弄清楚这些尺寸在加工、检验时是从哪里为起点来测量的。把零件上那些作为尺寸起点的点、线、面称为基准(基点、基线、基面)。

轴的直径,是以轴的轴线作为基准的;长度方向的尺寸以轴的左端面作为基准(主要基准),在加工和检验时,要以其作为测量尺寸的起点,才能保证零件的质量要求。部分尺寸(如 13)从轴肩右端面量出,右端面就称为辅助基准。

看尺寸时,还要注意图上有关的文字和符号意义,图上的移出断面图尺寸上的文字"$\phi5$ 配钻",表示这个孔在装配时,与配合零件一起钻出的;零件上的倒角 C1 表示 45°的倒角,倒角的宽度为 1 mm。

4. 看技术要求

(1) 看表面粗糙度

有经验的工人,看了表面粗糙度的代号(即加工符号),就可以知道这个零件要经过哪些加工方法才能够完成。一般遵循如下规律：

①有配合要求的表面,其表面粗糙度值较小。无配合要求的表面,其表面粗糙度值大。例如,轴上与轴承配合的外圆表面的表面粗糙度是 $Ra3.2$。

②有配合要求的轴颈尺寸公差等级较高、公差较小。无配合要求的轴颈尺寸公差等级低不需要逐处标注。

(2) 看尺寸偏差

看尺寸偏差,就是要明确零件的哪些尺寸是重要尺寸,加工时要特别注意。同时还要了解零件经过自己所担任的那一道工序加工后,是否需要再加工,如果还要加工,就要为以后的工序留出加工余量。例如,轴的外圆尺寸是 $\phi14_{-0.001}^{0}$,这表示它的公称直径是 14 mm,6 级精度,基孔制过渡配合的轴上极限偏差为 0、下极限偏差为 -0.011,一般要经过粗车、精车和磨削才能达到。所以,车工在加工时必须为后面的磨削工序留出余量(一般要根据工件复杂程度及变形情况而定),而担任最后一道磨削工序加工的工人,就要按图纸要求严格控制尺寸偏差在规定的范围之内。车工在车削时也有公差,称为工序公差(一般标注在工艺卡片上)。

没有标注偏差的尺寸称为自由尺寸。自由尺寸是指没有配合要求的尺寸,而不是说这些尺寸在加工时可以不作任何控制。对自由尺寸,一般都按 8~10 级精度制造(根据需要而定)。

(3) 看表面形状和位置偏差

在 A—A 断面图中,键槽两侧面相对于 $\phi11$ 轴线的对称度为 0.05。

(4) 看其他技术要求

技术要求第一条说明此零件要经过调质处理得到 26~31 HRC。

必须指出,上述看零件图的方法步骤,只说明看图时要注意这几个方面,作为初看图时的参考。实际看图时,决不可以照搬,而要前后联系、互相穿插、突出重点地看。因此,看图过程中,要多通过自己的反复实践,提高识读能力。

10.3 轴套类零件的测绘

1. 熟悉被测绘的零件

测绘前首先要了解轴套类零件在机器中的用途、结构、各部分的功用及与其他零件的关系等。

2. 绘制零件草图

绘制轴套类零件草图,并画出各部分的尺寸线和尺寸界线。

3. 尺寸测量

绘制出草图之后,根据轴套类零件的实物以及与之相配合的零件,测绘轴套类零件的各部分尺寸并在草图上标注。测量尺寸之前,要根据被测尺寸的精度选择测量工具。线性尺寸的测量主要用千分尺、游标卡尺和钢直尺等,千分尺的测量精度在 IT5~IT9 之间,游标卡尺的测量精度在 IT10 以下,钢直尺一般用来测量非功能尺寸。

轴套类零件应测量的尺寸主要有以下几类。

(1) 径向尺寸的测量

用游标卡尺或千分尺直接测量各段轴径尺寸并圆整,与轴承配合的轴颈尺寸要和轴承内孔系列尺寸相匹配,如果直径尺寸在 $\phi 20$ mm(不含 $\phi 20$ mm)以下,有 $\phi 10$ mm、$\phi 12$ mm、$\phi 15$ mm、$\phi 17$ mm 四种规格,直径尺寸在 $\phi 20$ mm 以上时,为 5 的倍数。

(2) 轴向尺寸的测量

轴套类零件的轴向长度尺寸一般为非功能尺寸,用钢直尺、游标卡尺或千分尺测量各段阶梯长度和轴套类零件的总长度,测出的数据圆整成整数。需要注意的是,轴套类零件的总长度尺寸应直接测量,不要用各段轴向的长度进行累加计算。

(3) 键槽尺寸的测量

键槽尺寸主要有槽宽 b、深度 t 和长度 L,从键槽的外观形状即可判断与之配合的键的类型。根据测量出的 b、t、L 值,结合键槽所在轴段的公称直径,参见机械制图教材,确定键槽的标准值及标准键的类型

例如:测得双圆头键槽宽度为 9.98 mm,深度为 5.05 mm,长度为 36 mm,根据国家标准规定,标准键 10 mm×36 mm 的键槽深和测量值最接近,故可确定键槽宽度为 10 mm,深度为 5 mm,长度为 36 mm,所用圆头平键尺寸为 10 mm×8 mm×36 mm。

(4) 大尺寸或不完整孔、轴直径的测量

① 弦长弓高法用游标卡尺测出弦长 L 和弓高 H,如图 10-4 所示。用下式计算出半径 R 或直径 D。

$R = L^2/8H + H/2 ; D = L^2/4H + H$。

② 量棒测量法。

a. 将三个等直径量棒按图 10-5 所示放置,用深度游标卡尺测出三量棒上素线间的高度差 H,用下式计算孔的直径或内圆弧的半径 R。

$D = d(d+H)/H ; R = d(d+H)/2H$。

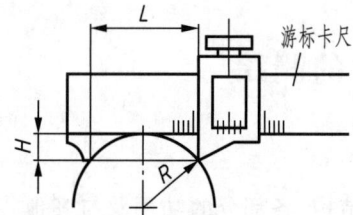
图 10-4　弦长弓高法测量直径示意图

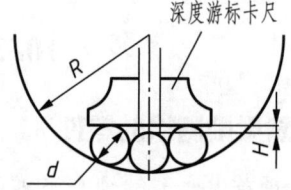
图 10-5　量棒测量孔径示意图

b. 将两个等直径量棒按图 10-6 所示放置,用游标卡尺测出两量棒的外侧跨距 L,用下式计算轴径 D 或外圆弧半径 R。

$R = (L-d)^2/8d ; D = (L-d)^2/4d$。

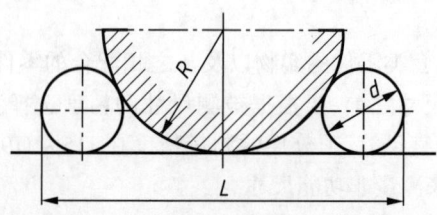
图 10-6　量棒测量轴径示意图

4. 确定尺寸公差和几何公差

根据有配合尺寸段的配合性质,用类比法或查资料确定。

5. 确定表面粗糙度

用粗糙度量块对比或根据各部分的配合性质直接确定。

6. 确定材料和热处理硬度

用类比法或检测法确定轴套类零件的材料和热处理硬度。

7. 校对

与相配零件尺寸核对无误后,完成草图绘制,待装配图完成后,再依据草图和装配图绘制零件工作图。

第 11 章　测绘轮盘类零件

11.1　轮盘类零件的表达方案选择

1. 轮盘类零件的结构特点

轮盘类零件包括手轮、带轮、端盖、盘座等。轮一般用来传递动力和扭矩,盘主要起支承、轴向定位以及密封等作用。

轮盘类零件的主要结构是由同一轴线不同直径的若干回转体组成,这一特点与轴类零件类似。但它与轴类零件相比,其轴向尺寸短得多,圆柱体直径较大,其中直径较大的部分称为盘,为盘类零件的主体,如图 11-1 所示。

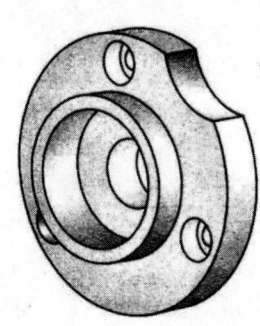

图 11-1　泵盖

2. 轮盘类零件的表达方案

①轮盘类零件主要在车床上加工,所以应按形状特征和加工位置选择主视图,轴线横放;对有些不以车床加工为主的零件,可按形状特征和工作位置确定。

②轮盘类零件一般需要两个基本视图。图 11-2 所示的泵盖零件图中,主视图采用单一剖切平面剖得的全剖视图,表达了各孔深度情况,左视图采用基本视图,表达了各孔的分布位置。

③轮盘类零件的其他结构形状,如轮辐,可用移出断面或重合断面表示。

④根据轮盘类零件的结构特点(空心的),若视图具有对称平面时,可作半剖视;无对称平面时,可作全剖视。

3. 轮盘类零件的尺寸标注

①一般的,轮盘类零件的宽度和高度方向以回转轴线为主要基准,长度方向的主要基准一般选择经过加工的大端面。图 11-2 所示的泵盖就是选用右端面作为长度方向的尺寸基准,由此注出 $7_{-0.1}^{\ 0}$、20 等尺寸。

②定形尺寸和定位尺寸都需标注清楚,尤其是在圆周上分布的小孔的定位圆直径是这类零件的典型定位尺寸,多个小孔一般采用如"6×φ10EQS"形式标注,EQS(均布)就意味着等分圆周,角度定位尺寸就不必标注,如果均布很明显,EQS 也可不加标注。

③内外结构形状应分开标注。

4. 轮盘类零件技术要求

①凡是有配合要求的内外圆表面,都应有尺寸公差,一般内孔取 IT7 级,外圆取 IT6 级。

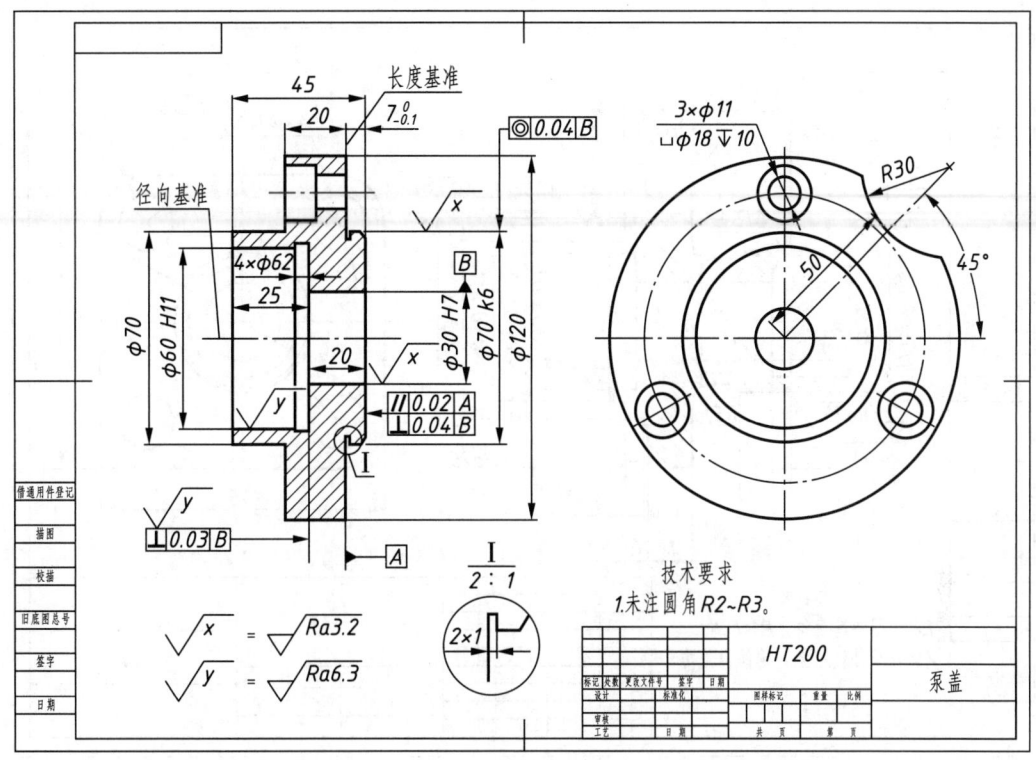

图 11-2 泵盖零件图

②内外都有配合要求的圆柱表面应有几何公差要求,一般给定同轴度要求。有配合或定位的端面一般应有垂直度或轴向圆跳动要求。

③凡有配合的表面应有表面粗糙度要求,一般取 Ra 值为 $1.6\sim6.3~\mu m$;对于人手经常接触,并要求美观或精度较高的表面,可取 $Ra=0.8~\mu m$,根据需要,这些表面还可以有抛光、研磨或镀层等加工要求。

④轮盘类零件的取材方法、热处理及其他技术要求。轮盘类零件常用的毛坯有铸件和锻件,铸件以灰铸铁居多,一般为 HT100~HT200,也有采用有色金属材料的,常用的为铝合金。对于铸造毛坯,一般应进行时效处理,以消除内应力,并要求铸件不得有气孔、缩孔、裂纹等缺陷;对于锻件,则应进行正火或退火热处理,并不得有锻造缺陷。

11.2 轮盘类零件图的识读

轮盘类零件一般为扁平的盘状,如泵盖、端盖、法兰盘、带轮、齿轮等。

它们的主要结构大体上是回转体,通常还带有各种形状的凸缘、沿圆周均布的圆孔、轮辐和肋板等局部结构,主要在车床上加工。其主视图按加工位置将轴线摆放成水平并画成全剖视,以表达轴向结构。除了主视图之外,还需要画出左视图或右视图,以表达局部结构的形状和分布情况,并把轴线作为直径方向的尺寸基准,重要端面作为长度方向的基准。

下面以图 11-3 为例,按看图步骤进行读图。

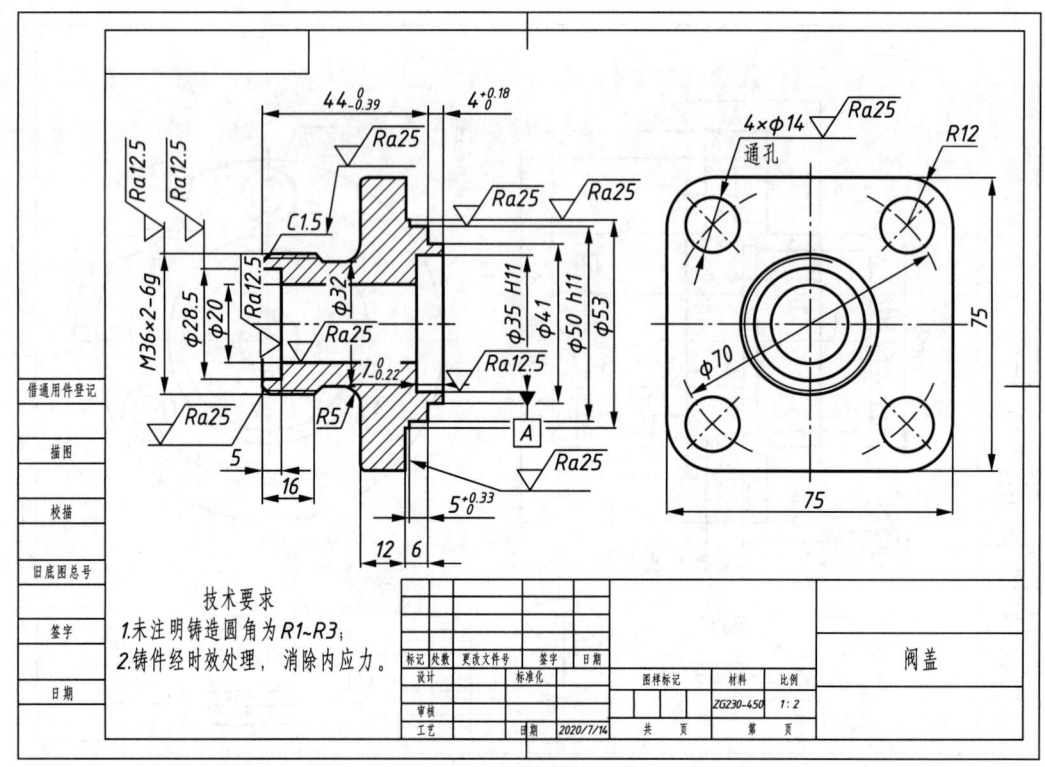

图 11-3 阀盖零件图

(1) 看标题栏

从标题栏中的零件名称"阀盖"可以知道,该零件属于盘盖类零件;材料为铸钢。

(2) 根据投影规律分析图形

本零件图采用了主、左两个视图表达,主视图采用全剖,反映出阀盖的内部结构,左端有外螺纹 M36×2 连接管路;左视图表达出带圆角的 75×75 方形凸缘和 4 个 φ14 均匀布置的通孔,用于安装连接阀盖和阀体的 4 个双头螺柱。

(3) 看尺寸标注

选用通过轴孔的水平轴线作为径向尺寸基准,是标注方形凸缘的高、宽方向的尺寸基准。长度方向尺寸基准是重要的端面,即以 Ra12.5 μm 的右端凸缘作为长度方向的尺寸基准,由此注出 4、44 等尺寸。

(4) 看技术要求

对于重要的端面尺寸精度和位置精度都有要求,例如,φ35H11、φ50h11、垂直度 0.05 等。对零件的接触表面也有表面粗糙度的要求,例如表面粗糙度 12.5 μm。图中还有文字表述的技术要求,例如铸件经时效处理,消除内应力。未注铸造圆角 R1~R3。

11.3 轮盘类零件的测绘

盘盖类零件也是组成机器的常见零件。盘类零件的主要功用是连接、支承、轴向定位以及传递运动及动力等,例如离合器中的摩擦盘、联轴器中的主从动盘等。盖类零件的主要功能是定位、支承、密封等,如轴承端盖、减速箱上盖等。

盘盖类零件的测绘主要是确定各部分内外径、厚度、孔深以及其他结构,测绘步骤如下:

(1) 熟悉盘盖类零件

测绘前首先要了解零件在机器中的用途、结构、各部位的作用及与其他零件的关系。

(2) 绘制零件草图

绘制盘盖类零件轮廓外形草图,并画出各部分的尺寸线和尺寸界线。

(3) 尺寸测量

① 用游标卡尺或千分尺测量各段内、外径尺寸并圆整,使其符合国家标准推荐的尺寸系列。

② 用游标卡尺或千分尺直接测量盘盖的厚度尺寸并圆整。

③ 用深度游标卡尺、深度千分尺或钢直尺测量阶梯孔的深度。

④ 测量盘盖端面各孔直径尺寸,并用直接或间接测量法确定各孔间中心距或定位尺寸,如图11-4所示。

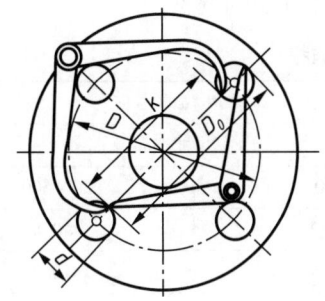 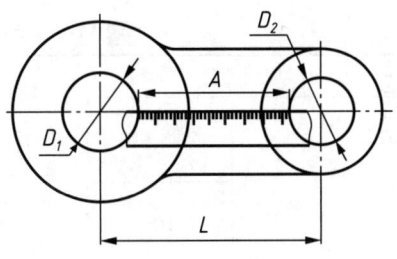

图11-4 两孔中心距的测量

$$D = K + d$$

$$L = A + \frac{D_1 + D_2}{2}$$

⑤ 半径尺寸常用半径样板直接测量,如图11-5所示。

⑥ 测量其他结构尺寸,如螺纹、退刀槽、越程槽、油封槽、倒角等,查资料确定出标准尺寸。

(4) 标注尺寸和几何公差

根据配合尺寸段的配合性质,用类比法或查资料确定尺寸公差和几何公差。

(5) 确定表面粗糙度

用粗糙度量块对比或根据各部分的配合性质确定表面粗糙度。

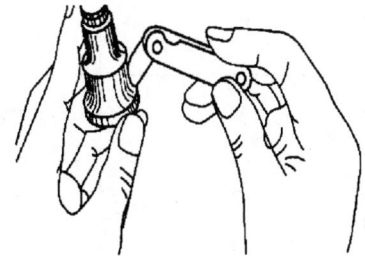

图11-5 半径尺寸的测量

表面粗糙度是零件表面的微观几何形状误差,它对零件的使用性能和耐用性有很大影响。确定表面粗糙度的方法很多,常用的方法有比较法、仪器测量法、类比法。比较法和仪器测量法适用于测量没有磨损或磨损极小的零件表面。对于磨损严重的零件表面只能用类比法来确定。

① 比较法确定表面粗糙度。比较法是将被测表面与粗糙度样板相比较,通过人的视觉、触觉,或借助放大镜来判断被测表面粗糙度的一种方法。利用粗糙度样板进行比较时表面粗糙度样板的材料、形状、加工方法与被测表面应尽可能相同,以减少误差,提高判断的准确性。

用比较法评定表面粗糙度虽然不能精确地得出被测表面粗糙度数值,但由于器具简单使用方便且能满足一般生产要求,故常用于工程实际。用比较法确定粗糙度的一般原则有以下几点。
- 同一零件上,工作表面的粗糙度值应比非工作表面小。
- 摩擦表面的粗糙度值应比非摩擦表面小,滚动摩擦表面的粗糙度值应比滑动摩擦表面小。
- 运动速度高、单位面积压力大的表面及受交变应力作用的重要表面的粗糙度值都要小。
- 配合性质要求越稳定,其配合表面的粗糙度值应越小;配合性质相同时,零件尺寸越小,粗糙度也应越小;同一精度等级,小尺寸比大尺寸的粗糙度要小,轴比孔的粗糙度要小。
- 表面粗糙度参数值应与尺寸公差及形位公差相协调。一般来说,尺寸公差和几何公差小的表面,其粗糙度值也应小。
- 防腐性、密封性要求高,外表要求美观的,表面粗糙度值应较小。
- 凡有关标准已对表面粗糙度要求做出规定的,都应按标准规定选取表面粗糙度,如轴承、量规、齿轮等。

在选择参数值时,应仔细观察被测表面的粗糙度情况,认真分析被测表面的作用、加工方法、运动状态等,可按照表11-1 初步选定粗糙度值,再对比表11-2 做适当调整。

表 11-1 表面粗糙度参数值推荐

应用场合			$Ra/\mu m$		
	公差等级	表面	公称尺寸/mm		
			≤50	50~500	
经常装拆零件的配合表面(如挂轮、滚刀等)	IT5	轴	≤0.2	≤0.4	
		孔	≤0.4	≤0.8	
	IT6	轴	≤0.4	≤0.8	
		孔	≤0.8	≤1.6	
	IT7	轴	≤0.8	≤1.6	
		孔			
	IT8	轴	≤0.8	≤1.6	
		孔	≤1.6	≤3.2	
	公差等级	表面	公称尺寸		
			≤50	>50~120	>120~500
过盈配合的配合表面;用压力机装配,用热孔法装配	IT5	轴	≤0.2	≤0.4	≤0.4
		孔	≤0.4	≤0.8	≤0.8
	IT6~IT7	轴	≤0.4	≤0.8	≤1.6
		孔	≤0.8	≤1.6	≤1.6
	IT8	轴	≤0.8	≤1.6	≤3.2
		孔	≤1.6	≤3.2	≤3.2
	IT9	轴	≤1.6	≤3.2	≤3.2
		孔	≤3.2	≤3.2	≤3.2

续上表

应用场合			$Ra/\mu m$		
滚动轴承的配合表面	公差等级	表面	公称尺寸/mm		
			≤50	>50~120	>120~500
	IT6~IT9	轴	≤0.8		
		孔	≤1.6		
	IT10~IT12	轴	≤3.2		
		孔	≤3.2		
精密定心零件的配合表面	公差等级	表面	径向圆跳动公差/μm					
			2.5	4	6	10	16	25
	IT5~IT8	轴	≤0.05	≤0.1	≤0.1	≤0.2	≤0.4	≤0.8
		孔	≤0.1	≤0.2	≤0.2	≤0.4	≤0.8	≤1.6

表11-2 表面粗糙度的表面特征、加工方法及应用

表面微观特性		$Ra/\mu m$	$Rz/\mu m$	加工方法	应用举例
粗糙表面	微见刀痕	≤20	≤80	粗车、粗刨、粗铣、钻、毛锉、锯断	半成品粗加工过的表面,非配合的加工表面,如端面、倒角、钻孔、齿轮或带轮侧面、键槽底面、垫圈接触面等
半光表面	可见加工痕迹	≤10	≤40	车、刨、铣、镗、钻、粗铰	轴上不安装轴承、齿轮处的非配合表面;紧固件的自由装配表面,轴和孔的退刀槽等
	微见加工痕迹	≤5	≤20	车、刨、铣、镗、磨、拉、粗刮、滚压	半精加工表面,箱体、支架、盖面、套筒等与其他零件结合而无配合要求的表面,需要发蓝的表面等
	看不清加工痕迹	≤2.5	≤10	车、刨、铣、镗、磨、拉、刮、滚压、铣齿	接近于精加工表面,箱体上安装轴承的镗孔表面,齿轮的工作面
光表面	可辨加工痕迹方向	≤1.25	≤6.3	车、镗、磨、拉、精铰、磨齿、滚压	圆柱销、圆锥销,与滚动轴承配合的表面,卧式车床导轨面,内、外花键定心表面等
	微辨加工痕迹方向	≤0.63	≤3.2	精铰、精镗、磨、滚压	要求配合性质稳定的配合表面,工作时受交变应力的重要零件,较高精度车床的导轨面
	难辨加工痕迹方向	≤0.32	≤1.6	精磨、珩磨、研磨	精密机床主轴锥孔、顶尖圆锥面,发动机曲轴、凸轮轴工作表面,高精度齿轮齿面
极光表面	暗光泽面	≤0.16	≤0.8	精磨、研磨、普通抛光	精密机床主轴径表面、一般量规工作表面,气缸套装内表面、活塞销表面等
	亮光泽面	≤0.08	≤0.4	超精度、精抛光、镜面磨削	精密机床主轴颈表面、滚动轴承的滚珠,高压油泵中柱塞和柱塞销表面等
	镜状光泽面	≤0.04	≤0.2		精密机床主轴颈表面、滚动轴承的滚珠,高压油泵中柱塞和柱塞配合的表面
	镜面	≤0.01	≤0.05	镜面磨削、超精研	高精度量仪、量块的工作表面,光学仪器中的金属镜面

②仪器测量法确定表面粗糙度。仪器测量法是利用测量仪器来确定被测表面粗糙度的一种方法,这也是确定表面粗糙度最精确的一种方法。

● 光切显微镜。光切显微镜可用于测量车、铣、刨及其他类似方法加工的金属外表面,是测

量表面粗糙度的专用仪器之一。光切显微镜主要用于测定高度参数 Rz 和 Ra 值。测量 Rz 的范围一般为 0.8~100 μm。

- 干涉显微镜。干涉显微镜主要用于测量表面粗糙度的 Rz 和 Ra 值,其测量范围通常为 0.05~0.8 μm。
- 电动轮廓仪。电动轮廓仪是一种接触式测量表面粗糙度的仪器,其测量原理是利用金刚石探针与被测表面相接触,当针尖以一定的速度沿被测表面移动时,被测表面的微观凸凹将使指针在垂直于表面轮廓的方向上下移动,电动轮廓仪将这种上下移动转化为电信号并加以处理,直接指示表面粗糙度 Ra 的数值。电动轮廓仪测量 Ra 的范围是 0.01~50 μm。

(6)确定材料和热处理硬度

用类比法或检测法确定盘盖类零件的材料和热处理硬度。

(7)校对

与相配合零件尺寸核对无误后,完成草图绘制,待装配图绘制完成后,再依据草图和装配图绘制零件工作图。

第 12 章 测绘叉架类零件

12.1 叉架类零件的表达方案选择

1. 叉架类零件的功能和结构特点

叉架类零件包括拨叉、摇臂、连杆等,其功能为操纵、连接、传递运动或支承等。典型叉类零件如图 12-1 所示。

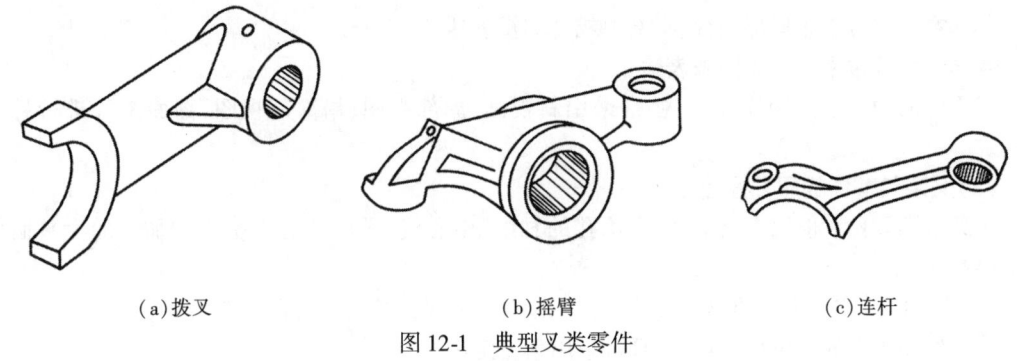

(a)拨叉　　　　　　　(b)摇臂　　　　　　　(c)连杆

图 12-1　典型叉类零件

架类零件包括支架、支座、托架等,其主要功能为支承。典型的架类零件如图 12-2 所示。

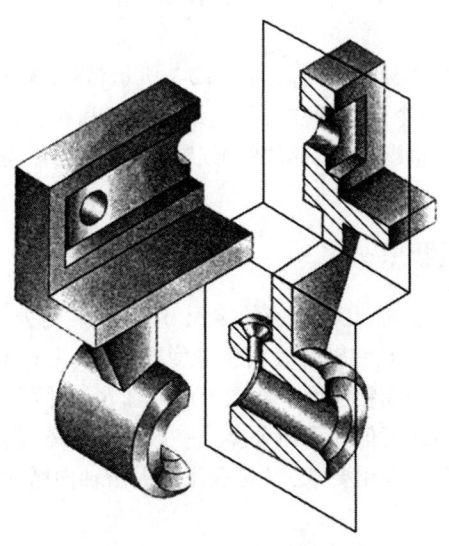

图 12-2　典型叉架类零件

叉架类零件的结构比较复杂，形状不规则，一般由工作部分、支承部分和连接部分组成。工作部分为支承或带动其他零件运动的部分，一般为孔、平面、各种槽面或圆弧面等。支承部分是支承和安装自身的部分，一般为平面或孔等。连接部分为连接零件自身的工作部分和支承部分的那一部分，其截面形状有矩形、椭圆形、工字形、T字形、十字形等多种形式。叉架类零件的毛坯多为铸件和锻件，零件上常有铸造圆角、肋、凸缘、凸台等结构。

2. 叉架类零件的视图表达及尺寸标注

(1) 叉架类零件的视图

表达叉架类零件的结构比较复杂，形状特别、不规则，有些零件甚至无法自然平稳放置，所以零件的视图表达差异较大。一般可采用下述方案：

①将零件按自然位置或工作位置放置，从最能反映零件工作部分和支架部分结构形状和相互位置关系的方向投射，画出主视图。

②根据零件结构特点，可以再选用1~2个基本视图，或不再选用基本视图。如上述摇臂，采用一个俯视图，而跟刀架则未再选用其他基本视图。

③基本视图常采用局部剖视、半剖视或全剖视表达方式。

④连接部分常采用断面图来表达。

⑤零件的倾斜部分和局部结构，常采用斜视图、局部视图、局部剖视图、剖面图等进行补充表达。

(2) 叉架类零件的尺寸标注

①叉架类零件一般以支承平面、支承孔的轴线、中心线、零件的对称平面和加工的大平面作为主要基准。

②工作部分、支承部分的形状尺寸和相互位置尺寸是叉架类零件的主要尺寸。

③叉架类零件的定位尺寸较多，且常采用角度定位。

④叉架类零件的定形尺寸一般按形体分析法进行标注。

⑤叉架类零件的毛坯多为铸、锻件，零件上的铸（锻）造圆角、斜度、过渡尺寸一般应按铸（锻）件标准取值和标注。

叉架类零件表达方案及尺寸标注举例。如图12-3所示，跟刀架按自然位置（或工作位置）放置，主视图表达出支承底座和两个工作圆柱及孔的结构形状和相互位置关系。B—B全剖视图表达工作圆柱上四个螺孔的分布情况，连接部位的形状由移出断面图表达，底座上的安装孔位置由局部视图表达。

3. 叉架类零件的技术要求

①叉架类零件支承部分的平面、孔或轴应给定尺寸公差、几何公差及表面粗糙度。一般情况下，孔的尺寸公差取H7，轴取h6，孔和轴的表面粗糙度取 Ra 值为 $6.3 \sim 1.6 \; \mu m$，孔和轴可给定圆度或圆柱度公差。支承平面的表面粗糙度一般取 $Ra = 6.3 \; \mu m$，并可以给定平面度公差。

②定位平面应给定表面粗糙度值和几何公差。一般取 $Ra = 6.3 \; \mu m$，几何公差方面可对支承平面的垂直度公差或平行度公差提出要求，对支承孔可提出轴向圆跳动公差，轴的轴线可提出垂直度公差等要求。

③叉架类零件工作部分的结构形状比较多样，常见的有孔、圆柱、圆弧、平面等，有些甚至是曲面或不规则形状结构。一般情况下，对工作部分的结构尺寸、位置尺寸应给定适当的公差，如

孔径公差、孔到基准平面或基准孔的距离尺寸公差、孔或平面与基准面或基准孔之间的夹角公差等。另外,还应给定必要的几何公差及表面粗糙度值,如圆度、圆柱度、平面度、平行度、垂直度、倾斜度等。

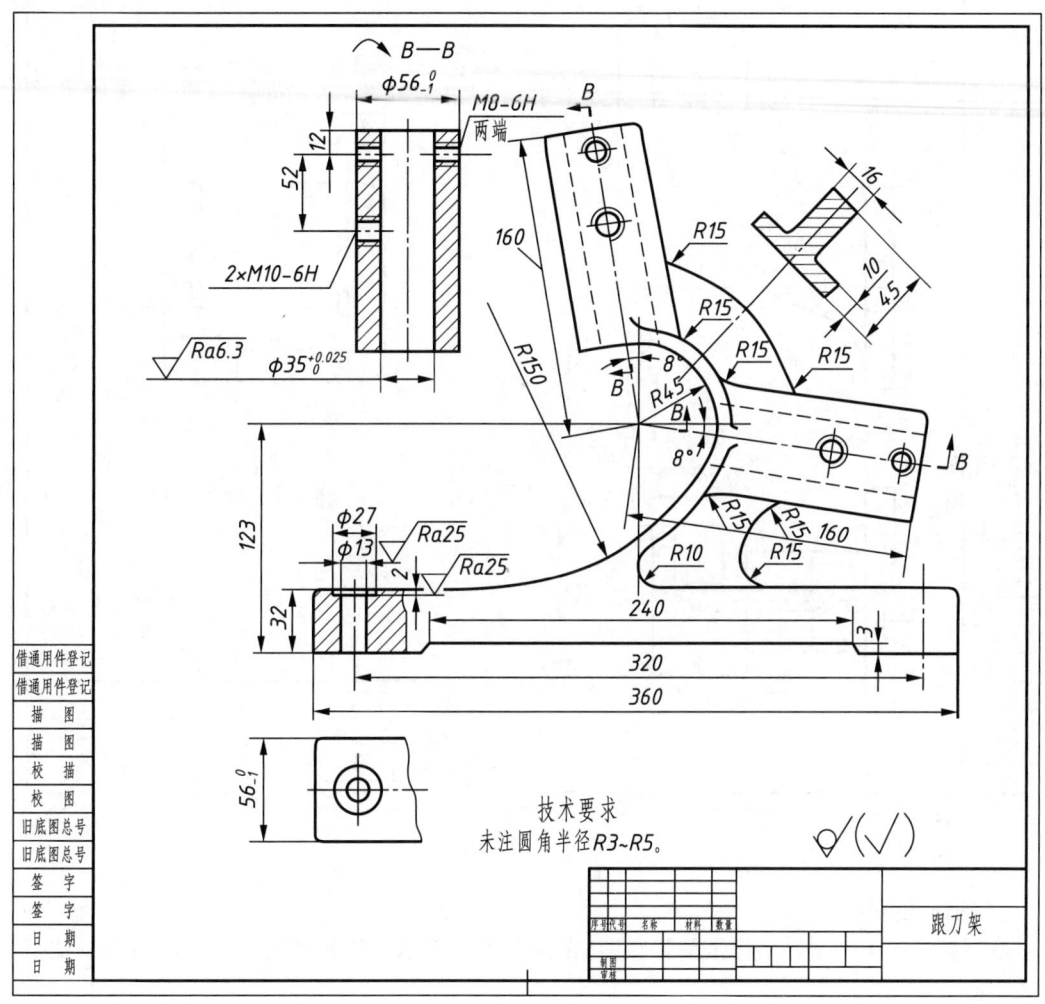

图 12-3 跟刀架零件图

④叉架类零件的常用毛坯为铸件和锻件。铸件一般应进行时效热处理,锻件应进行正火或退火热处理。毛坯不应有砂眼、缩孔等缺陷,应按规定标注出铸(锻)造圆角和斜度,根据使用要求提出必需的最终热处理方法及所达到的硬度及其他要求。

⑤其他技术要求,如毛坯面涂漆、无损探伤检验等。

12.2 叉架类零件图的识读

大多数叉架类零件的形状结构按功能的不同可分为三部分:工作部分、安装固定部分和连接部分。如图 12-4 所示的踏脚座,上部直径为 $\phi 20^{+0.035}_{0}$ 的轴承是该支架的工作部分;下部支承板高 80、宽 90,并带有凹槽,为固定安装部分;通过中间的肋板,把工作部分和固定安装部分连接为一个整体。踏脚座可按四个看图步骤进行读图。

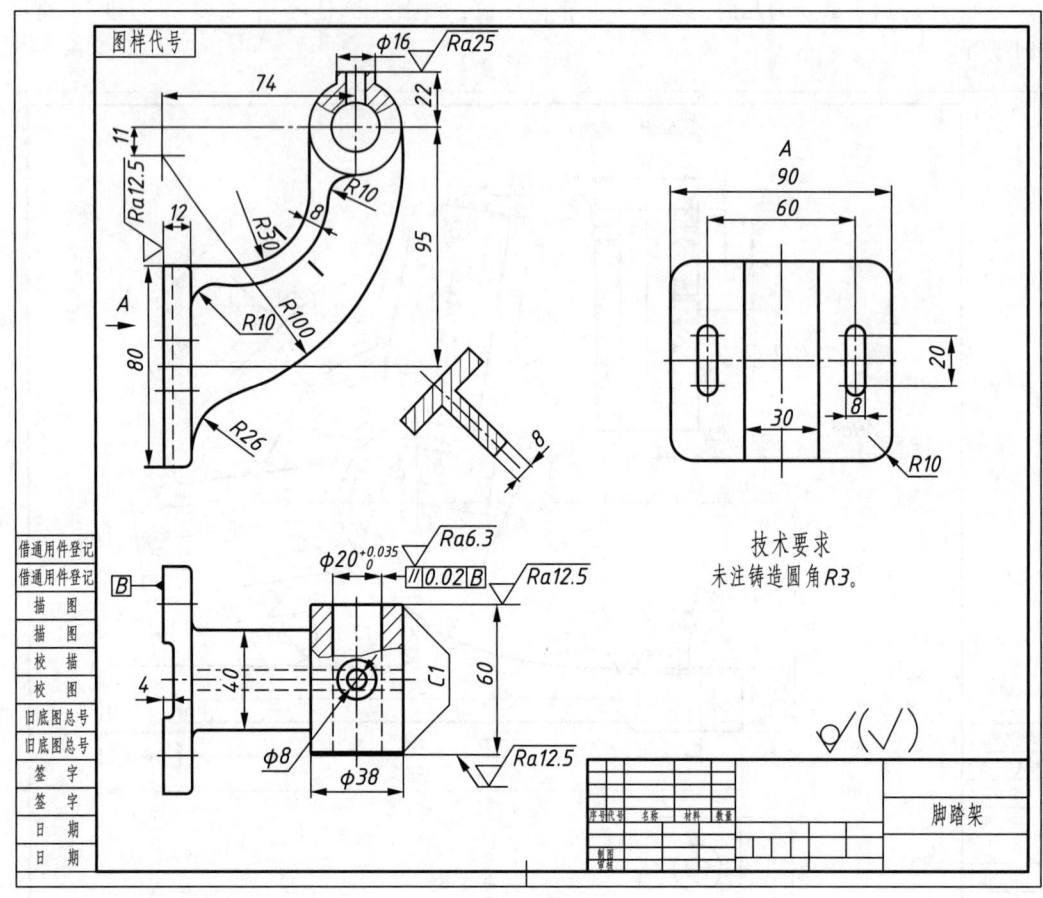

图12-4 踏脚座

(1) 看标题栏

从标题栏中可知零件名称是踏脚座,它在机器中起支承和连接作用;材料为灰铸铁;比例为1:1。

(2) 分析图形

叉架类零件一般是铸件或锻件,毛坯比较复杂,需经不同的机械加工工序,加工位置变化大且很难分清主次。因此叉架类零件在选择主视图时,主要考虑工作位置和形状特征。图12-4的主视图就是根据工作位置选定的。

由于叉架类零件往往具有倾斜结构,所以仅采用基本视图很难清楚地表达某些局部结构的详细形状,因此常常采用局部视图、斜视图、断面图等表达零件的细部结构。本图除了主视图外,还采用俯视图表达安装板、肋板和轴承的宽度以及它们的相对位置;此外,用A向局部视图,表达安装板左端面的形状;对T字形肋板,采用移出断面图表达肋的剖面形状。

有些叉架类零件在机器上的工作位置正好处于倾斜状态,为了便于制图,也可将其摆正后按自然位置放置,看图时要注意。

(3) 看尺寸标注

叉架类零件的长度、宽度和高度三个方向上的尺寸基准,通常为孔的中心线、轴线、对称平面或较大的加工平面。例如,踏脚座零件以安装板左端面作为长度方向的尺寸基准;安装板的水平对称面作为高度方向的尺寸基准;从这两个基准出发,分别标注出 74、95,定出上部轴承的轴线位置,作为 $\phi20$、$\phi38$ 的径向尺寸基准;宽度方向的尺寸基准是前后方对称面,由此标注出的尺寸是 30、40、60,以及在 A 向局部视图中标出 60、90。

(4)看技术要求

踏脚板的重要部位是工作部位 $\phi20^{+0.035}_{0}$ 的轴承处,有尺寸公差要求,轴承内的表面粗糙度要求也较高,其轴线与安装板左端面还有平行度要求。

因为踏脚板是铸件,所以零件表面相连处有较多的圆角,除图上已注出的圆角外,技术要求中注明"未注铸造圆角 R3"。

12.3　叉架类零件的测绘

①熟悉被测绘的零件。测绘前首先要了解叉架类零件的功能、结构、工作原理。了解零件在部件或机器中的安装位置,与相关零件的相对位置及周围零件之间的相对位置。

②绘制零件草图。绘制叉架类零件草图,并画出各部分的尺寸线和尺寸界线。叉架类零件的支承部分和工作部分的结构尺寸和相对位置决定零件的工作性能,应认真测绘、尽可能达到零件的原始设计形状和尺寸。

③对于已标准化的叉架类零件,如滚动轴承座(见 GB/T 7813—2018《滚动轴承 部分立式轴承座 外形尺寸》)等,测绘时应与标准对照,尽量取标准化的结构尺寸。

④对于连接部分,在不影响强度、刚度和使用性能的前提下,可进行合理修整。

第13章 测绘箱体类零件

13.1 箱体类零件的表达方案选择

1. 箱体类零件的结构特点

箱体类零件的主要功能是容纳、支承组成机器或部件的各种传动件、操纵件、控制件等有关零件,并使各零件之间保持正确的相对位置和运动轨迹,是设置油路通道、容纳油液的容器,是保护机器零件的壳体,又是机器或部件的基础件。

箱体类零件以铸造件为主(少数采用锻件或焊接件),其结构特点是:体积较大、形状较复杂,内部呈空腔形,壁薄且不均匀;体壁上常设有轴孔、凸台、凹坑、凸缘、肋板、铸造圆角、斜面、沟槽、油孔、窗口等各种结构。

2. 箱体类零件的表达方案

箱体类零件的结构形状较为复杂,一般为铸件,其加工位置较多。图 13-1 所示为变速箱体,通常需要用三个或三个以上的视图,并应比较多地采用剖视的表达方法,以清楚地表示其内、外结构形状。以变速箱体表达方案选择为例,步骤如下。

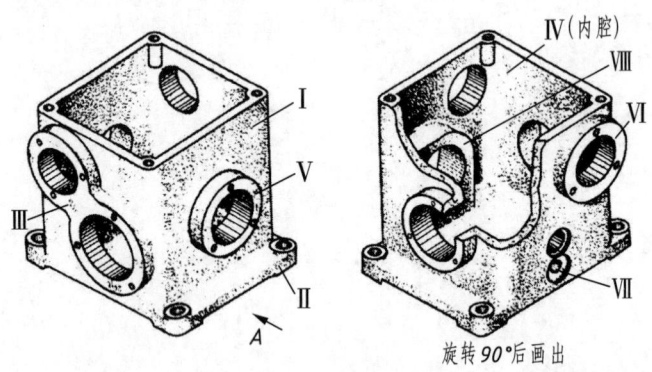

图 13-1 变速箱体

(1)方案1

①选择主视图的投射方向,如箭头 A 的方向。

②选择视图数量。该零件可分解为 8 部分,如图 13-1 中所标的 Ⅰ、Ⅱ、…、Ⅷ,可用 7 个视图(主、俯、左、C—C、D、E、F)来表达,如图 13-2 所示。

该零件的外部结构形状前后相同,左右各异,上下不完全一样;它的内部结构形状前后基本相同,左右各异,而且结构都复杂。

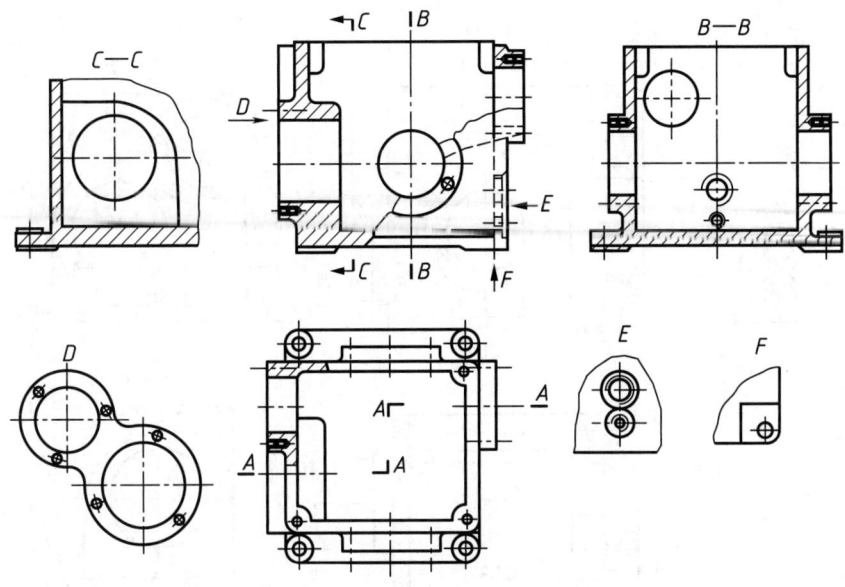

图 13-2 变速箱表达方案 1

在选择视图数量和表达方法时,根据它的外部结构形状,要表达它至少要 5 个视图。为了把它的内部结构形状表达清楚,可能还要增加几个视图(包括剖视)。这时,要看它的外部结构形状能否与内部结构形状结合起来表达,如果能结合起来表达,可以采用半剖视图或局部剖视图,如图 13-2 中的主视图。它的内部结构形状复杂,外部结构形状简单。因此采用了 A—A 局部剖视。倘若不能结合起来表达,那么就需要分别表达,如在左视方向上采用 D 向视图表达零件的外部结构形状;用 B—B 全剖表达其内部结构形状。

当然,需要根据内外结构特点综合考虑某一方向上是以视图为主,还是以剖视为主,为了把个别部分表达清楚,需要采用局部视图。

此外,为了表达尚未表达清楚的内部结构形状,采用局部剖视(在主视图上)和 C—C 局部剖视图;尚未表达清楚的外部结构形状,采用了局部剖视图 E 和 F。A—A 中采用虚线表达出内部结构形状和右壁上螺孔的形状及其位置关系。

(2) 方案 2

图 13-3 共用了 5 个图形来表达,其中主、俯、左和 C—C 采用剖视图,另一个 D 则采用局部视图,和方案 1 相比较,各有特点,也是一个可用的表达方案。

(3) 方案 3

图 13-4 共用了 6 个图形表达,其中主、俯、左和 C—C 四个仍采用剖视图,另两个(D 和一个简化的局部视图)则采用局部视图,和方案 1、方案 2 相比较,比方案 1 少一个视图,比方案 2 多一个视图;主视图做了全剖视,加了一个简化的局部视图,对标注尺寸有益,更清晰。虽然视图数量用了 6 个,但显得更加清晰、突出和简便,是一个较优的方案。

3. 箱体类零件尺寸标注

(1) 合理选择尺寸基准

箱体类零件的底面一般都是设计基准、工艺基准、检验基准和安装基准。按照基准统一的原则,应以底面作为高度方向的尺寸基准,其他方向上以主要轴线、对称平面和断面作为尺寸基准。

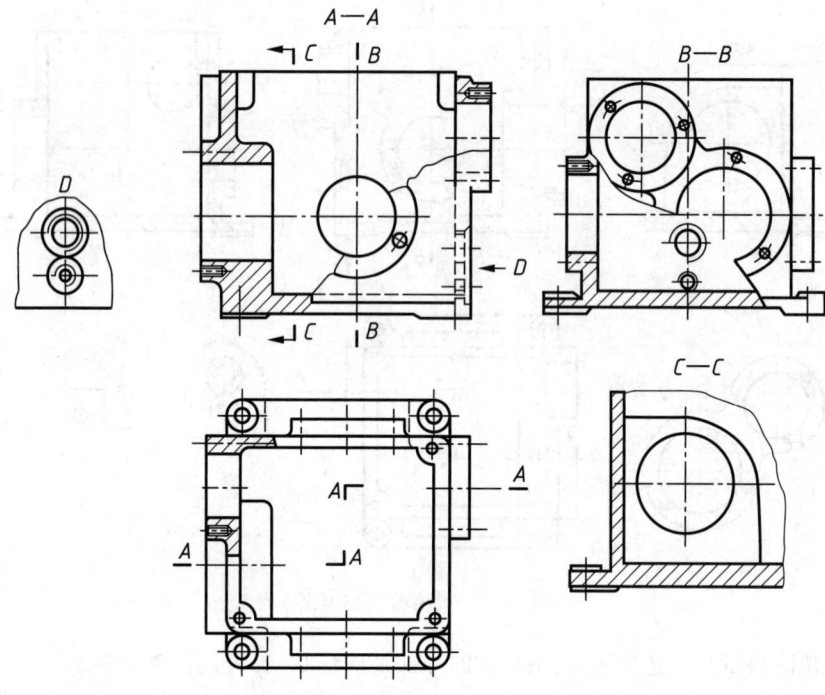

图 13-3　变速箱表达方案 2

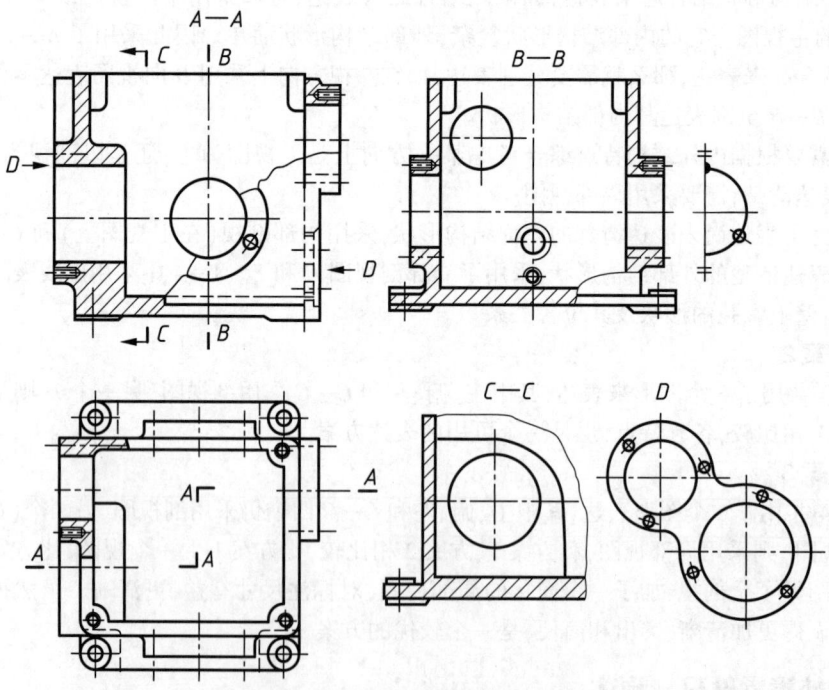

图 13-4　变速箱表达方案 3

（2）按照形体分析法标注尺寸

箱体类零件的形体都较为复杂，标注尺寸时应将零件或其上的结构划分成多个基本几何体，然后逐一标出定形尺寸和定位尺寸。在标注箱体类零件尺寸时,确定各部分的定位尺寸很重要,因为它关系到装配质量的好坏,为此首要选择好基准面,一般以安装表面、主要孔的轴线和主要端面作为基准。当各部位的定位尺寸确定后,其定形尺寸才能确定。

(3)重要尺寸应该直接标注

对于影响机器工作性能的尺寸一定要直接标注出来,如支承齿轮转动、蜗杆传动轴的两孔中心线间的距离尺寸,输入、输出轴的位置尺寸等。

(4)应标注出总体尺寸和安装尺寸

在箱体类零件中,有许多已有标准化结构和尺寸系列,如机床的主轴箱、动力箱,各种传动结构的减速箱,各种泵体、阀体等。在测绘这些零件时,应参照有关标准,向标准化结构和尺寸系列靠近。

4. 箱体类零件技术要求

(1)确定尺寸公差

箱体类零件的尺寸公差主要有孔径的基本偏差和公差、啮合传动轴支承孔之间中心距的尺寸公差等。

通常情况下,各种机床主轴箱上的主轴孔的公差等级取 IT6,其他支承孔的公差等级取 IT7。孔径的基本偏差视具体情况来定。啮合传动轴支承孔间的中心距公差应根据传动副的精度等级等条件选用,机床圆柱齿轮箱体孔中心距极限偏差见表 13-1。蜗杆传动中心距极限偏差见表 13-2。测绘中,可采用类比法,根据实践经验并参照有关资料和同类零件的尺寸公差,综合考虑后确定公差。

表 13-1 机床圆柱齿轮箱体孔中心距极限偏差 ±F_a 值 (单位:μm)

齿轮第Ⅱ公差组精度等级 F_a		3~4 级		5~6 级		7~8 级		9~10 级	
		$\frac{1}{2}$IT6	$\frac{1}{2}$IT6.5	$\frac{1}{2}$IT7	$\frac{1}{2}$IT7.5	$\frac{1}{2}$IT8	$\frac{1}{2}$IT8.5	$\frac{1}{2}$IT9	$\frac{1}{2}$IT9.5
箱体孔中心距/mm	~50	8	10	12	15	19	24	31	39
	>50~80	9.5	12	15	18	23	29	37	47
	>80~120	11	14	17	21	27	34	43	55
	>120~180	12.5	16	20	25	31	39	50	62
	>180~250	14.5	18.5	23	29	36	45	57	72
	>250~315	16	20.5	26	32	40	52	65	82
	>315~400	18	22.5	28	35	44	55	70	90
	>400~500	20	25	31	39	48	62	77	97
	>500~630	22	27.5	35	44	55	70	87	110
	>630~800	25	31.5	4	50	62	80	100	127
	>800~1 000	28	35.5	45	55	70	90	115	145
	>1 000~1 250	33	41.5	52	65	82	102	130	165
	>1 250~1 600	39	49.5	62	77	97	122	155	197
	>1 600~2 000	46	57.5	75	92	115	145	185	235
	>2 000~2 500	55	70	87	110	140	175	220	227

注:对齿轮第Ⅱ公差组精度为 5 级和 6 级的,箱体孔距 F_a 值允许采用 $\frac{1}{2}$IT8。精度为 7 级和 8 级,箱体孔距 F_a 值允许采用 $\frac{1}{2}$IT9。

表 13-2 蜗杆传动中心距极限偏差($\pm fa$)fa　　　　　　　　　（单位：μm）

传动中心距 fa/mm	精度等级											
	1	2	3	4	5	6	7	8	9	10	11	12
≤30	3	5	7	11		17		26		42	65	
>30~50	3.5	6	8	13		20		31		50	80	
>50~80	4	7	10	15		23		37		60	90	
>80~120	5	8	11	18		27		44		70	110	
>120~180	6	9	13	20		32		50		80	125	
>180~250	7	10	15	23		36		58		92	145	
>250~315	8	12	16	26		40		65		105	160	
>315~400	9	13	18	28		45		70		115	180	
>400~500	10	14	20	32		50		78		125	200	
>500~630	11	15	22	35		55		87		140	220	
>630~800	13	18	25	40		62		100		160	250	
>800~1 000	15	20	28	45		70		115		180	280	
>1 000~1 250	17	23	33	52		82		130		210	330	
>1 250~1 600	20	27	39	62		97		155		250	390	
>1 600~2 000	24	32	46	75		115		185		300	460	
>2 000~2 500	29	39	55	87		140		220		350	550	

（2）确定几何公差

箱体类零件的几何公差主要有孔的圆度公差或圆柱度公差，孔的位置度公差，孔对基准面的平行度或垂直度公差，孔系之间的平行度、同轴度或垂直度公差等。有些几何公差已有标准，其中，剖分式减速器箱体的几何公差见表13-3，机床圆柱齿轮箱体孔轴线平行度公差值见表13-4。

表 13-3 剖分式减速箱体的几何公差

	形位公差	等　级	说　　明
形状公差	轴承孔的圆度或圆柱度	6~7	影响箱体与轴承的配合性能及对中性
	剖分面的平面度	7~8	影响剖分面的密合性及防渗漏性能
位置公差	轴承孔中心线间的平行度	6~7	影响齿面接触斑点及传动的平稳性
	两轴承孔中心线的同轴度	6~8	影响轴系安装及齿面负荷平均分布的均匀性
	轴承孔端面对中心线的垂直度	7~8	影响轴承固定及轴向负载的均匀性
	轴承孔中心线对剖分面的位置度	<0.3 mm	影响孔系精度及轴系装配
	两轴承孔中心线间的垂直度	7~8	影响传动精度及负荷的均匀性

表 13-4 机床圆柱齿轮箱体孔轴线平行度公差值

轴承孔支承 B/mm	轴线平行度公差等级							
	3	4	5	6	7	8	9	10
~63	9	11	14	18	22	28	35	43

续上表

轴承孔支承 B/mm	轴线平行度公差等级							
	3	4	5	6	7	8	9	10
>63~100	10	13	16	20	25	32	40	50
>100~160	12	16	20	24	30	38	48	60
>160~250	15	19	23	29	36	45	57	71
>250~500	18	22	28	35	44	54	68	85
>400~630	22	27	34	42	53	66	82	105
>630~1 000	26	32	40	50	63	80	100	130
>1 000~1 600	32	40	50	63	80	100	125	160
>1 600~2 500	40	50	62	80	100	120	150	200

(3) 确定表面粗糙度值

箱体类零件的加工表面应标注表面粗糙度值。确定时,可根据测量结果,参照前文讲述的"表面粗糙度的确定"有关内容来确定,对于非加工表面则以"∇"表示。剖分式减速器箱体的表面粗糙度见表13-5。

表13-5 剖分式减速器箱体的表面粗糙度

加工表面	Ra	加工表面	Ra
减速器剖分面	3.2~1.6	减速器底面	12.5~6.3
轴承座孔面	3.2~1.6	轴承座孔外端面	6.3~3.2
圆锥销孔面	3.2~1.6	螺栓孔座面	12.5~6.3
嵌入盖凸缘槽面	6.3~3.2	油塞孔座面	12.5~6.3
视孔盖接触面	12.5	其他表面	>12.5

(4) 确定材料及热处理

箱体类零件的材料以灰铸铁为主,其次有锻件、焊接件。铸件常采用时效热处理,锻件和焊接件常采用退火或正火热处理。

(5) 确定其他技术要求

根据需要,提出一定条件的技术要求,常见的有以下几点:
① 铸件不得有裂纹、缩孔等缺陷。
② 未注铸造圆角 R 值、起模斜度值等。
③ 热处理要求,如人工时效、退火等。
④ 表面处理要求,如清理及涂漆等。
⑤ 检验方法及要求,如无损检验方法、接触表面涂色检验及接触面积要求等。

13.2 箱体类零件图的识读

箱体类零件主要指各类机体(座)、泵体、阀体、尾架体等。图13-5所示为阀体的零件图。阀体是球阀的主要零件之一,分析阀体的形体结构时,对照球阀的装配图进行读图,现以此为例说明看零件图的步骤。

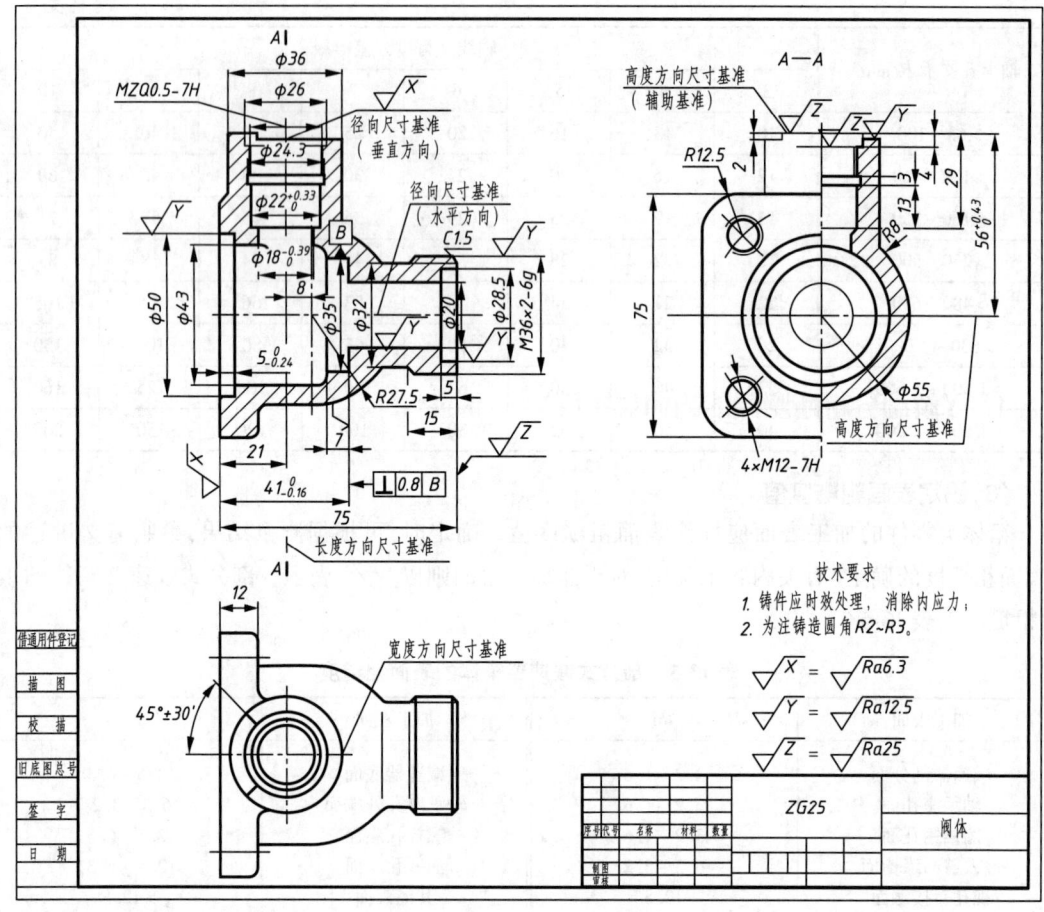

图 13-5 阀体零件图

1. 看标题栏

从标题栏中可知零件名称是阀体,它是用来容纳和支承阀杆、阀芯及密封圈的箱体类零件;材料为铸钢(ZG25);比例为1:2说明实物的大小比图形大一倍。

2. 分析图形

阀体零件图采用三个基本视图,主视图按工作位置放置,采用全剖视图,表达阀体空腔和阀杆轴孔的内部形状结构;左视图采用半剖视图,在进一步表达箱体空腔形状结构的同时,着重表达阀体与阀盖连接用的 4 个螺孔的分布情况(4×M12-7H);俯视图主要表达阀体的外部形状,阀体的顶端有 90°扇形限位凸块,用以控制扳手和阀杆的旋转角度。阀体的内、外表面均有一部分表面需要进行切削加工。

3. 看尺寸标注

鉴于阀体的结构比较复杂,尺寸数量繁多,通常运用形体分析的方法逐个分析尺寸。一般箱体类零件的对称平面、主要孔的轴线、较大的加工平面或安装基面常作为长、宽、高三个方向尺寸的主要基准。该阀体长度方向以阀体垂直孔的轴线为基准;由于阀体前后结构对称,故宽度方向以阀体的前后对称面为基准;径向以阀体水平轴线为基准。

4. 看技术要求

阀体的重要尺寸均有尺寸公差要求,如 $\phi 50^{+0.005}_{0}$ 等;表面粗糙度要求为 $Ra12.5$;空腔的右端面、$\phi 35$ 的轴线还有垂直度要求。由于该零件是铸件,阀体的内、外表面都有一部分要进行切削加工,加工之前必须先做时效处理。

13.3 箱体类零件的测绘

1. 了解和分析所测绘的箱体类零件

了解该零件的作用,确定它的材料及热处理,分析其结构及加工工艺,拟定表达方案。

2. 绘制零件草图

以目测徒手方式画出表达零件内、外形状的完整图样。选择各方向的尺寸基准,按正确、完整,尽可能合理、清晰的要求画出尺寸界线、尺寸线及箭头。

3. 测量零件的尺寸

箱体类零件的体形较大,结构较复杂,且非加工面较多,所以常采用金属直尺、钢卷尺、内外卡钳、游标高度尺、内外径千分尺、游标万能角度尺、圆角规等量具,并借助检验平板、方箱、直角尺、千斤顶和检验心轴等辅助量具进行测量。

(1)孔位置尺寸的测量

孔轴线到基准面的距离常借助检验平板、等高垫块,用游标高度尺或量块和百分表进行测量。

如图 13-6(a)所示,在检验平板上先测出心轴上素线在垂直方向上的高度 y'_1、y'_2,再减去等高垫块的厚度和心轴半径,即得各孔轴线在 Y 方向上到基准面的距离 y_1、y_2;然后将箱体翻转 90°,用同样的方法进行测量,并计算出各孔轴线在 X 方向上到基准面的距离。用这种方法还可以计算出两孔间的中心距 a,即 $a = \sqrt{(x_1 - x_2)^2 + (y_1 - y_2)^2}$

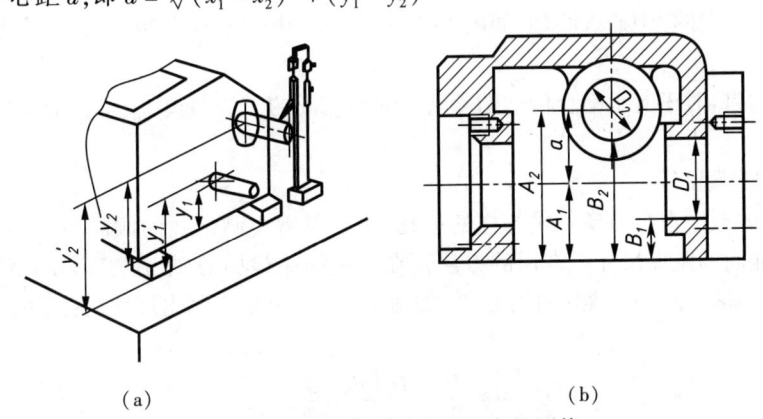

图 13-6 孔轴线到基准面距离的测值

图 13-6(b)所示为大直径孔的测量方法。在检验平板上,用游标高度尺测出孔的下素线(或上素线)到基准面的距离 B_1、B_2,用下式计算出各孔轴线到基准面的距离 A_1、A_2 和两孔间的中心距 a,即

$$A_1 = B_1 + \frac{D_1}{2}$$

$$A_2 = B_2 + \frac{D_2}{2}$$

$$a = A_2 - A_1$$

另外,两孔间的中心距可以用游标卡尺、心轴进行测量,如图 13-7 所示。

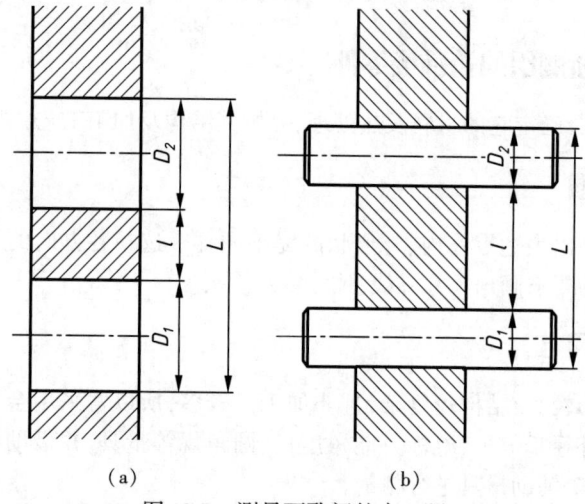

(a)　　　　　　　(b)

图 13-7　测量两孔间的中心距

孔径较大时,直接用游标卡尺的下量爪测出孔壁间的最小距离 l,或用游标卡尺的上量爪测出孔壁间的最大距离 L,如图 13-7(a)所示。用下式计算出中心距 a,即

$$a = l + \frac{D_1}{2} + \frac{D_2}{2}$$

$$a = L - \frac{D_2}{2} - \frac{D_1}{2}$$

孔径较小时,可在孔中插入心轴,如图 13-7(b)所示。用游标卡尺测出或 L,用上式计算出两孔间的中心距。

值得注意的是:对于支承啮合传动副传动轴的两孔间的中心距离,应符合啮合传动中心距的要求。

(2)斜孔的测量

在箱体、阀体上经常会出现各式各样的斜孔,测绘时需要测出孔的倾斜角度,以及轴线与端平面交点到基准面的距离尺寸。常用的方法是在孔中插一检验心轴,用游标万能角度尺测出孔的倾斜角度,在心轴上放一标准圆柱并校平,如图 13-8(a)所示。测出尺寸后,用下式计算出位置尺寸 L,即

$$L = M - \frac{D}{2} + \frac{D+d}{2\cos\alpha} - \frac{D}{2}\tan\alpha$$

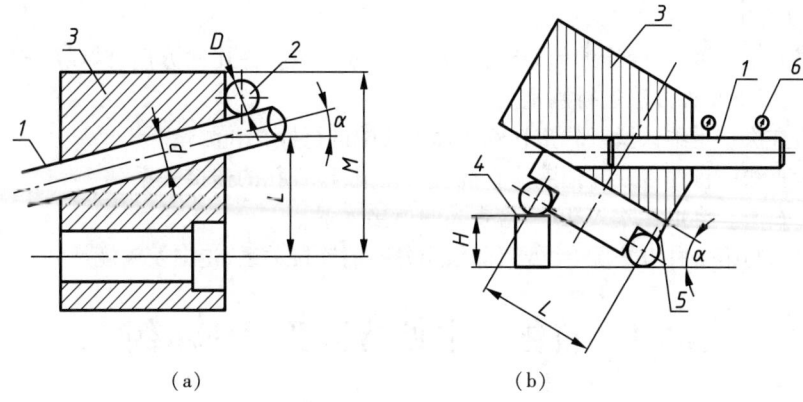

(a)　　　　　　　　　　　　　(b)

图 13-8　斜孔的测量

1—心轴；2—标准圆柱；3—工件；4—量块；5—正弦规；6—百分表

需要精确位置时，可用正弦规测量角度，如图 13-8(b)所示，用下式计算出倾斜角度，即

$$\alpha = \arcsin \frac{H}{L}$$

(3) 凸缘的测量

凸缘的结构形式很多，有些极不规则，测绘时可采用以下几种方法。

①拓印法。将凸缘清洗干净，在其平面上涂一薄层红丹粉，将凸缘的内、外轮廓拓印在白纸上，然后按拓印的形状进行测绘。也可以用铅笔和硬纸板进行拓描，然后在拓描的硬纸板上进行测绘。

②软铅拓形法。将软铅紧压在凸缘的轮廓上，使软铅的形状与凸缘轮廓形状完全吻合。然后取出软铅，平放在白纸上，进行描绘和测量。

③借用配合零件测绘法。箱体零件上的凸缘形状与相配合零件的配合面形状有一定的对应关系。如凸缘上纸垫板(垫圈)和盖板，端盖的形状与凸缘的形状基本相同，可以通过对这些配合零件配合面的测绘来确定凸缘的形状和尺寸。

(4) 内环形槽的测量

测量内环形槽直径时，可以用弹簧卡钳和带刻度卡钳来测量，如图 13-9(a)、(b)所示。另外，还可以用印模法，即把石膏、石蜡、橡皮泥等印模材料注入或压入环形槽中，拓出阳模，如图 13-9(c)所示。取出后测出凹槽深度 C，即可计算出环形槽的直径尺寸。对于短槽，还可以测出其长度尺寸。内槽的长度尺寸可以用钩形游标深度尺进行测量，如图 13-9(d)所示。

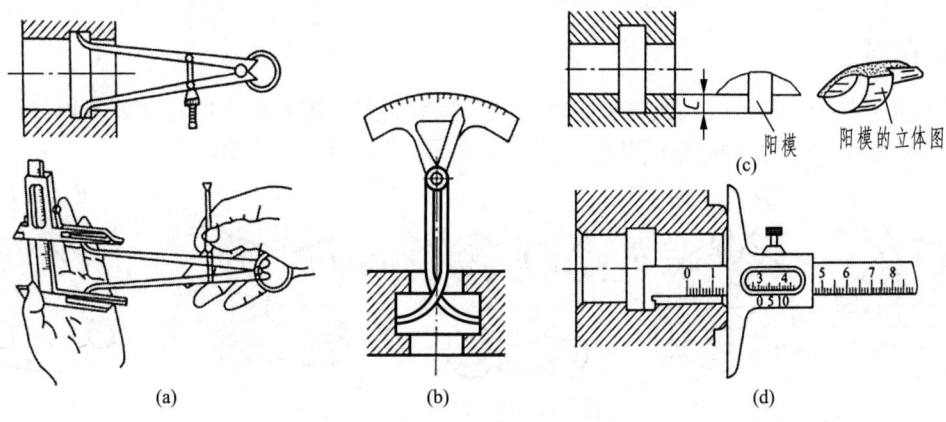

(a)　　　　　　　(b)　　　　　　　(c)　　　　　　(d)

图 13-9　内外环形槽的测量

(5)油孔的测量

箱体类零件上润滑油、液压油的通道比较复杂,为了弄清各孔的方向、深浅和相互之间的连接关系,可以用以下几种方法进行测量。

①插入检查法。用细铁丝或软塑料管线插入孔中进行检查和测量。
②注液检查法。将油液或其他液体直接注入孔中,检查孔的连接关系。
③吹烟检查法。将烟雾吹入孔中,检查孔的连接关系。

后两种方法与第一种方法配合,便可测绘出各孔的连接关系、走向及深度尺寸。

13.4 箱体类常见结构及标注示例

1. 凸台和凹坑

凸台和凹坑是箱体上与其他零件相接触的表面,一般都要进行加工。为了减少加工表面、降低成本,并提高接触面的稳定性,常设计成图13-10所示的结构形式。

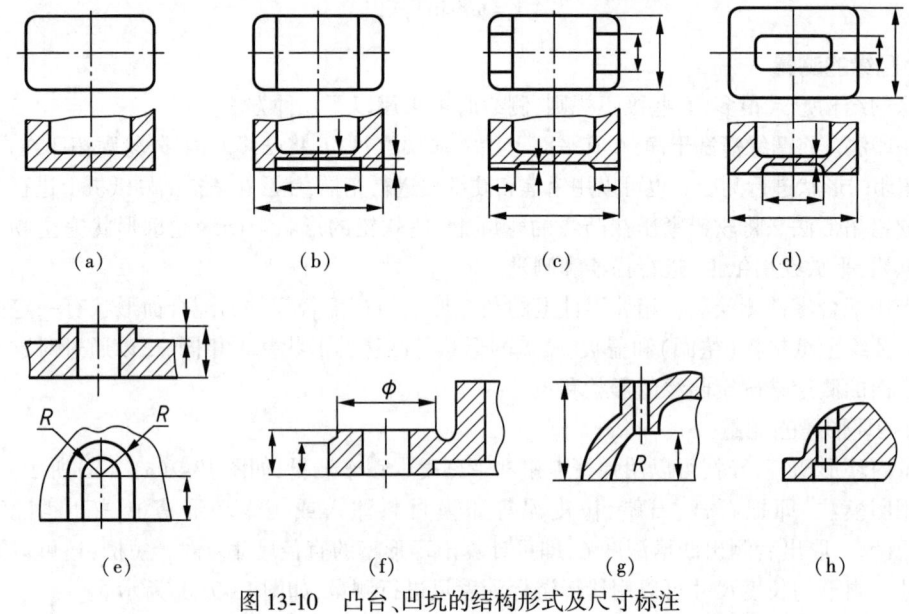

图13-10 凸台、凹坑的结构形式及尺寸标注

2. 凸缘

凸缘是箱体类零件上,轴孔、窗口、油标、安装操纵装置等需要加工的箱壁处加厚的凸出部分,以满足装配、加工尺寸和增加刚度。常见的结构形式如图13-11所示。

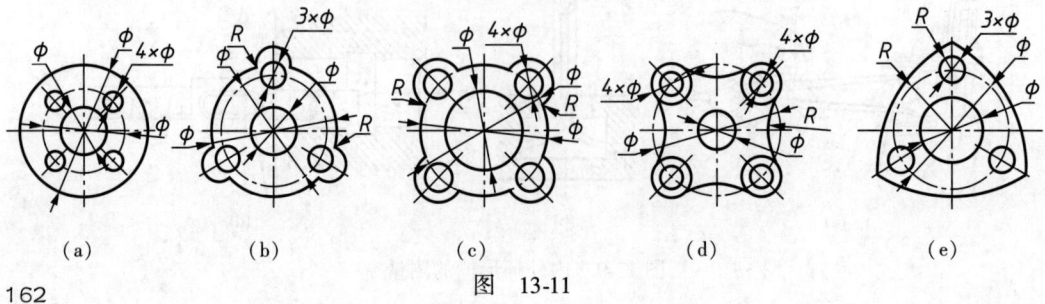

图 13-11

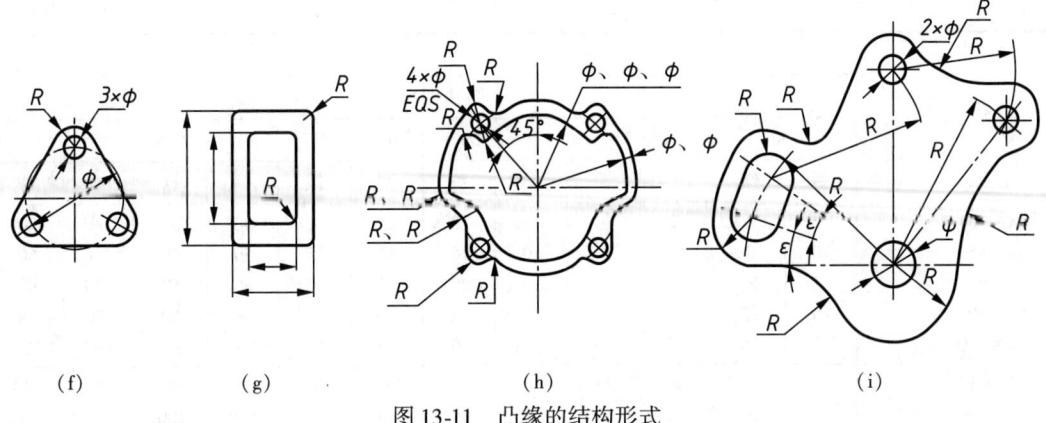

(f)　　　(g)　　　(h)　　　(i)

图 13-11　凸缘的结构形式

3. 铸造圆角

铸件上相邻两表面相交处应以圆角过渡,这样可以防止产生浇铸裂纹。铸造圆角半径的大小应与相邻两壁夹角的大小和壁厚相适应。测绘时,可以参照表 13-6 和表 13-7 取标准值。

表 13-6　铸造外圆角半径

表面的最小边尺寸 P	外圆角半径 R 值					
	外圆角 α					
	≤5°	51°~75°	76°~105°	106°~135°	135°~165°	>165°
≤25~	2	2	2	4	6	8
>25~60	2	4	4	6	10	16
>60~160	4	4	6	8	16	25
>160~250	4	6	8	12	20	30
>250~400	6	8	10	16	25	40
>400~600	6	8	12	20	30	50
>600~1 000	8	12	16	25	40	60
>1 000~1 600	10	16	20	30	50	80
>1 600~2 500	12	20	25	40	60	100
>2 500	16	25	30	50	80	120

注:当铸件不同部位按上表可选出不同的圆角 R 数值时,应尽量减少或只取一适当的 R 数值,以求统一。

表 13-7　铸造内圆角半径

壁厚	内圆角半径 R 值											
	内圆角 α											
	<50°		21°~75°		76°~105°		106°~135°		136°~165°		>165°	
	钢	铁	钢	铁	钢	铁	钢	铁	钢	铁	钢	铁
≤8	4	4	4	4	6	4	8	6	16	10	20	16
9~12	4	4	4	4	6	6	10	8	16	12	25	20
13~16	4	4	6	4	8	6	12	10	20	16	30	25
17~20	6	4	8	6	10	8	16	12	25	20	40	30
21~27	6	6	10	8	12	10	20	16	300	25	50	40

续上表

壁厚	内圆角半径 R 值									
	内圆角 α									
	<50°		21°~75°		76°~105°		106°~135°		136°~165°		>165°	
	钢	铁	钢	铁	钢	铁	钢	铁	钢	铁	钢	铁
28~35	8	6	12	10	16	12	25	20	40	30	60	50
36~45	10	8	16	12	20	16	30	25	50	40	80	60
46~60	12	10	20	16	25	20	35	30	60	50	100	80
64~80	16	12	25	20	30	25	40	35	80	60	120	100
84~110	20	16	25	20	35	30	50	40	100	80	160	120
111~150	20	16	30	25	40	35	60	50	100	80	160	120
151~200	25	20	40	30	50	40	80	60	120	100	200	160
201~250	30	25	50	40	60	50	100	80	160	120	250	200
251~300	40	30	60	50	80	60	120	100	200	160	300	250
≥300	50	40	80	60	100	80	160	120	250	200	400	300

在箱体类零件图上，对于非加工表面上的铸造圆角均应画出；对于经过机加工后消失的铸造圆角不再画出。个别铸造圆角半径可直接标注在图样上，一般可在技术要求中集中标注，如在技术要求中注出"未注铸造圆角为 R5，或 R3~R5"。

4. 铸造斜度

在造型时，为了便于把模型从砂型中取出，要在铸件沿起模方向上设计一定的斜度，如图 13-12 所示。铸造斜度的大小取决于垂直壁的高度，角度有 30′、1°、3°、5°30′、11°30′等。通常垂直壁越高，斜度越小。

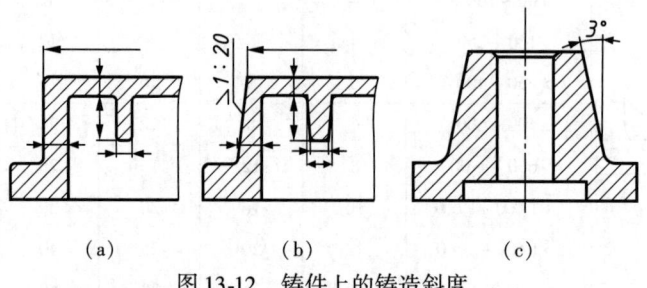

（a）　　　　　（b）　　　　　（c）

图 13-12　铸件上的铸造斜度

5. 铸件的外壁、内壁与肋的厚度

铸件的壁厚要合理，以保证铸件的力学性能和铸造工艺性。一般情况下，肋的厚度应比内壁的厚度小，内壁的厚度应比外壁的厚度小。各种类型铸造件的壁厚见表 13-8。

表 13-8　外壁、内壁与肋的厚度

零件质量/kg	零件最大外形尺寸	外壁厚度	内壁厚度	肋的厚度	零件举例
		mm			
0~5	300	7	6	5	盖、拨叉、杠杆、端盖、轴套
5~10	500	8	7	5	盖、门、轴套、挡板、支架、箱体

续上表

零件质量/kg	零件最大外形尺寸	外壁厚度	内壁厚度	肋的厚度	零件举例
		mm			
11~60	750	10	8	6	盖、箱体、罩、电动机支架、溜板箱体、支架、托架、门
61~100	1 250	12	10	8	盖、箱体、镗模架、液压缸体、支架、溜板箱体
101~500	1 700	14	12	8	油盘、盖、床鞍箱体、带轮、镗模架
501~800	2 500	16	14	10	镗模架、箱体、床身、轮缘、盖、滑座
801~1 200	3 000	18	16	12	小立柱、箱体、滑座、床身、床鞍、油盘

铸铁的壁厚应尽可能均匀。厚、薄壁之间的连接应逐步过渡,常见的过渡形式见表13-9。

表 13-9 壁厚的过渡形式及尺寸

		过渡尺寸									
$b \leqslant 2a$	铸铁	$R \geqslant \left(\dfrac{1}{3} \sim \dfrac{1}{2}\right)\left(\dfrac{a+b}{2}\right)$									
	铸钢非锻铸铁非铁合金	$\dfrac{a+b}{2}$	<12	12~16	16~20	20~27	27~35	35~45	45~60	60~80	80~110	110~150
		R	6	8	10	12	15	20	25	30	35	40
$b > 2a$	铸铁	$L \geqslant 4(b-a)$										
	铸钢	$L \geqslant 5(b-a)$										
$b \leqslant 1.5a$		$R \geqslant \dfrac{2a+b}{2}$										
$b > 1.5a$		$L = 4(a+b)$										

13.5 箱体类零件位置精度检验

箱体类零件孔系之间相互位置精度检验方法如下。

1. 同轴孔系同轴度的检验

按图 13-13 所示,在两端孔中配入专配的检验百分表套,再将标准心轴推入检验套中,把百分表固定在心轴上,使表头触及中间孔表面并校准一零位,然后转动心轴一周,读取读数。如此在被测孔两端的多个径向读取读数,其中最大读数即为中间孔对两端孔公共轴线的同轴度误差值。

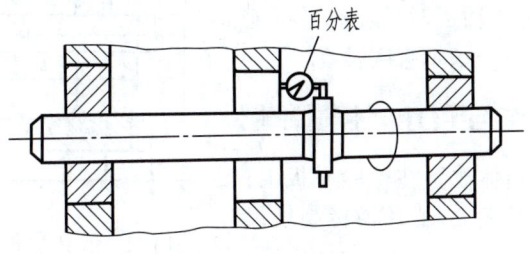

图 13-13 孔系同轴度检验

2. 平行孔系平行度的检验

对于大孔,可以直接测出两端孔口的壁距 l 或 L,如图 13-14(a)所示;对于小孔,可以插入检验心轴,再测出两端孔口处的 l 或 L,如图 13-14(b)所示。两孔轴线的平行度误差即为 $\Delta = |l - l'| = |L - L'|$。

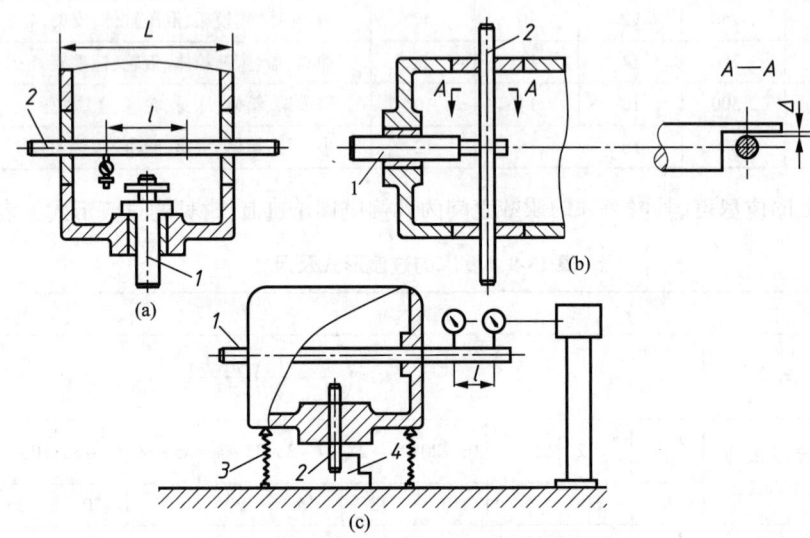

图 13-14 垂直孔垂直度和偏离量的检验

3. 垂直孔的垂直度及偏离量的检验

当垂直孔的轴线在同一平面时,按图 13-14(a)所示,分别在垂直孔中配入检验套并插入检验心轴 1、2,将百分表固定在心轴 1 上,转动心轴 1,百分表在 180°两个位置的读数差 δ 即为两孔在 l 长度上的垂直度误差,箱壁长度上的垂直度误差为 $\Delta = \dfrac{\delta}{l}L$。

在心轴 1 的端部加工一测量平面,如图 13-14(b)所示,用塞尺测出心轴 2 与心轴 1 测量平面间的间隙 Δ_1,把心轴 1 转过 180°,测出两者在另一侧的间隙 Δ_2,两孔轴线的偏离量为 $\Delta = \dfrac{\Delta_1 - \Delta_2}{2}$。

当两垂直孔的轴线不在同平面上时,按图 13-14(c)所示,将箱体用千斤顶支承在检验平板上。在孔中插入检验心轴,将直角尺沿心轴 1 的轴线方向放置在检验平板上,调整千斤顶,使心轴 2 与直角尺切平。用百分表测量心轴 2 对平板的平行度误差即为两孔轴线在 z 长度上的垂直度误差。

4. 孔到基准面的距离与平行度的测量和检验

按图 13-15 所示,将箱体放置在检验平板上,在孔中配入检验套,插入检验心轴,用游标高度尺

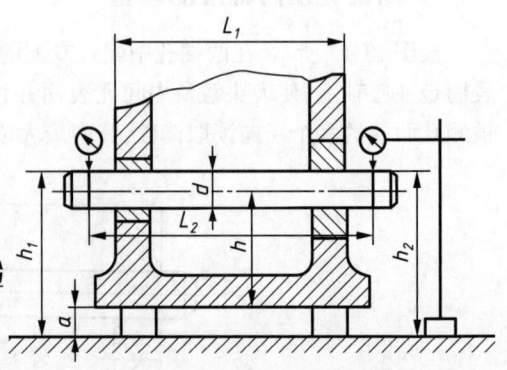

图 13-15 孔到基准平面的距离与平行度检验

或百分表测出心轴两端的尺寸 h_1 和 h_2。孔到基准平面的距离尺寸为 $h = \dfrac{h_1 + h_2}{2} - \dfrac{d}{2} - a$。

孔与基准平面的平行度误差为

$\Delta = \dfrac{L_1}{L_2} | h_1 - h_2 |$。

5. 孔与端面垂直度的检验

按图 13-16(a) 所示,将带检验盘的检验心轴插入孔中,用塞尺测出检验圆盘与端面间的间隙,即可得出孔与端平面间的垂直度误差。按图 13-16(b) 所示,在孔中配入检验套,再插入检验心轴,并用方箱防止心轴轴向移动。将百分表固定在心轴上,转动心轴 180°,读取读数差,测量多个直径方向上的读数差,其中最大的读数差即为孔与端面的垂直度误差。

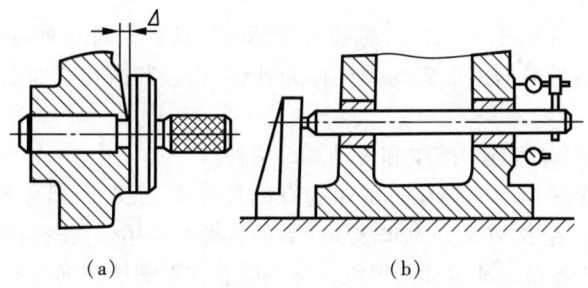

(a) (b)

图 13-16　孔与端面垂直度检验

第14章 测绘特殊零件

14.1 测绘螺纹类零件

1. 了解螺纹类零件的结构特点及作用

螺纹是指在圆柱或圆锥表面上,沿着螺旋线所形成的具有相同剖面的连续凸起,一般将其称为"牙"。在圆柱或圆锥外表面上形成的螺纹称为外螺纹,在其内孔表面上所形成的螺纹称为内螺纹。

螺纹按用途不同,可分为连接螺纹和传动螺纹两种。

① 连接螺纹是起连接作用的螺纹。常用的有四种标准螺纹,即粗牙普通螺纹、细牙普通螺纹、管螺纹和锥管螺纹。管螺纹又分为非螺纹密封的管螺纹和用螺纹密封的管螺纹。

② 传动螺纹用于传递动力和运动的螺纹。常用的有梯形螺纹和锯齿形螺纹。

2. 螺纹的标注

由于各种不同螺纹的画法都是相同的,无法表示出螺纹的种类和要素,因此绘制螺纹图样时,必须通过标注予以明确。各种常用螺纹的标注方法见表14-1。

(1) 普通螺纹

普通螺纹的完整标注由螺纹代号、螺纹公差带代号和螺纹旋合长度代号三部分组成。例如:

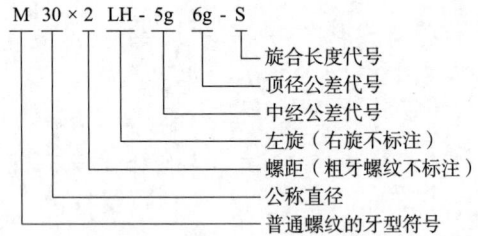

(2) 管螺纹

非螺纹密封的管螺纹的标注由螺纹特征代号、尺寸代号和公差等级代号三部分组成。螺纹特征代号用字母 G 表示;尺寸代号用阿拉伯数字表示,单位是英寸;螺纹公差等级代号外螺纹分 A、B 两级,内螺纹则不加标记。

用螺纹密封的管螺纹的标注由螺纹特征代号和尺寸代号两部分组成。螺纹的特征代号为:

Rc——圆锥内螺纹;

R——圆锥外螺纹;

Rp——圆柱内螺纹。

应注意:各种管螺纹的公称直径只是尺寸代号,其数值与管子的孔径相近,而不是管螺纹的大径。若要确定管螺纹的大径、中径、小径的数值,需根据其尺寸代号从表14-4中查取。

(3)梯形螺纹和锯齿形螺纹

梯形螺纹和锯齿形螺纹的标注内容相同,均按下面的顺序标注:

牙型符号、公称直径、螺距或导程(螺距)、旋向、公差带代号、旋合长度代号。

梯形螺纹的牙型代号为"Tr",锯齿形的牙型代号为"B"。单线螺纹的尺寸规格用"公称直径×螺距"表示;多线螺纹用"公称直径×导程(P螺距)"表示。

表14-1 螺纹的标记

螺纹种类		标注示例	代号的识别	标注要点说明
连接螺纹	普通螺纹(M)	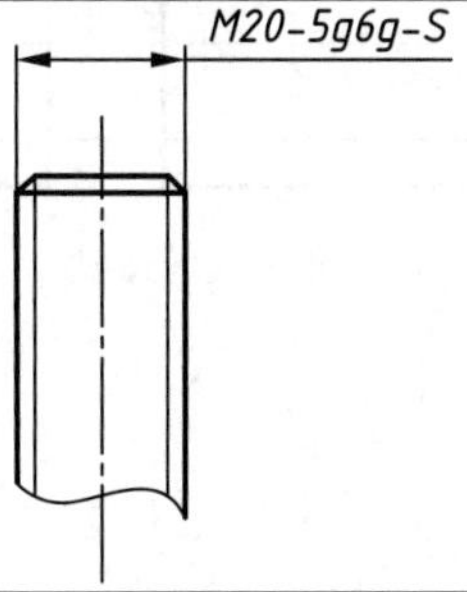 M20-5g6g-S	粗牙普通螺纹,公称直径为20,右旋,中径、顶径公差带分别为5g、6g,短旋合长度	1. 粗牙螺纹不标注螺距,细牙螺纹标注螺距; 2. 右旋省略不标注,左旋以"LH"表示(各种螺纹皆如此); 3. 中径、顶径公差带相同时,只标注一个公差带代号; 4. 中等旋合长度不标注; 5. 螺纹标记应直接标注在大径的尺寸线或延长线上
		M20×2LH-6H	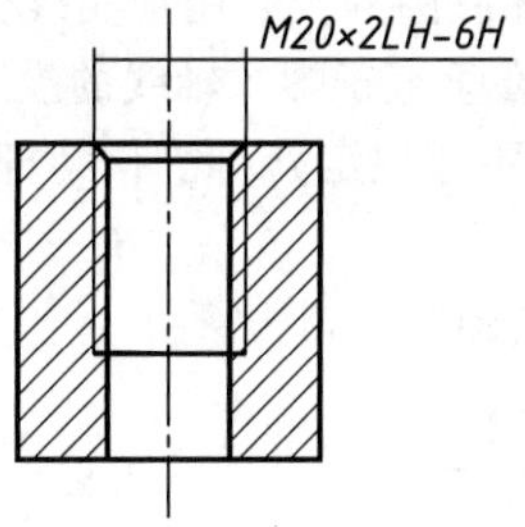 细牙普通螺纹,公称直径为20,螺距为2,左旋,中径、小径公差带为6,中等旋合长度	
	管螺纹 非螺纹密封的管螺纹(G)	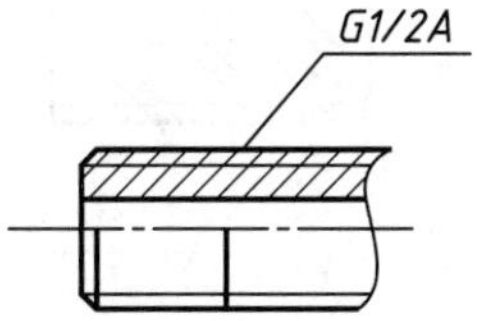 G1/2A	非螺纹密封的管螺纹,尺寸$1\frac{1}{2}$代号为公差,为A级,右旋	1. 非螺纹密封的管螺纹,其内、外螺纹都是圆柱管螺纹; 2. 外螺纹的公差等级代号分为A、B两级,内螺纹不标记
		G11/2-LH	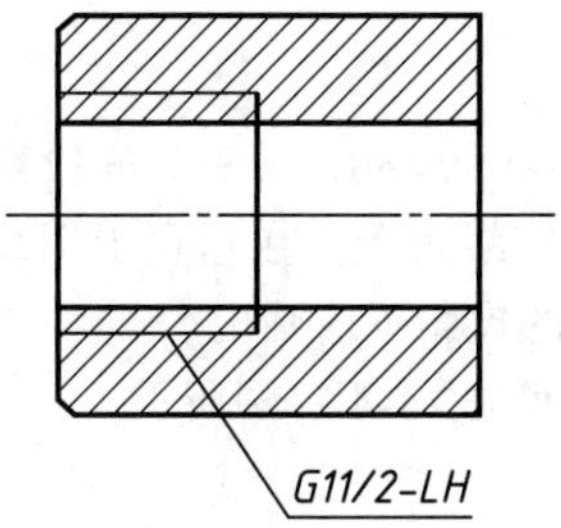 非螺纹密封的管螺纹,尺寸代号为$1\frac{1}{2}$,左旋	

国家标准规定,公称直径以 mm 为单位的螺纹,其标记应直接标注在大径的尺寸线或其延长线上;管螺纹的标记一律标注在引出线上,引出线应由大径处引出或由对称中心线处引出,见表 14-1 中的图例。表 14-1 列出了螺纹的种类、标注示例、代号的识别及标注要点说明。

对于特殊螺纹,则应在牙型符号前加注"特"字(见图 14-1)。对于非标准螺纹,则应画出牙型,并注出所需的尺寸(见图 14-2)。

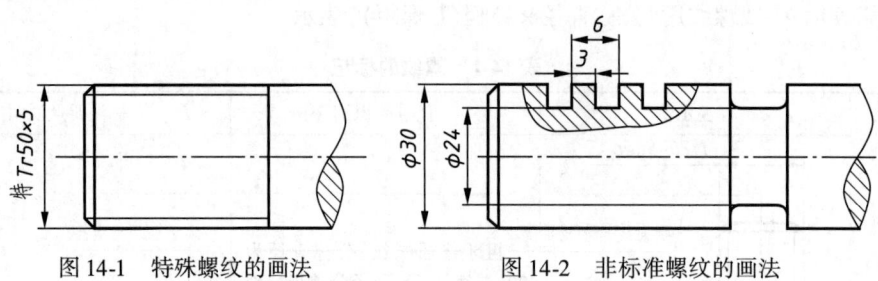

图 14-1 特殊螺纹的画法　　　　　图 14-2 非标准螺纹的画法

3. 螺纹的规定画法

(1)外螺纹的画法

如图 14-3 所示,外螺纹牙顶圆的投影用粗实线表示,牙底圆的投影用细实线表示(通常按牙顶圆的 0.85 倍绘制),螺杆的倒角或倒圆部分也应画出。在垂直于螺纹轴线的投影面的视图中,表示牙底圆的细实线只画约 3/4 圈(空出约 1/4 圈的位置不作规定)。此时,螺杆的倒角投影不应画出。

螺纹终止线用粗实线表示。在剖视图中则按图 14-3 右图中的画法绘制。

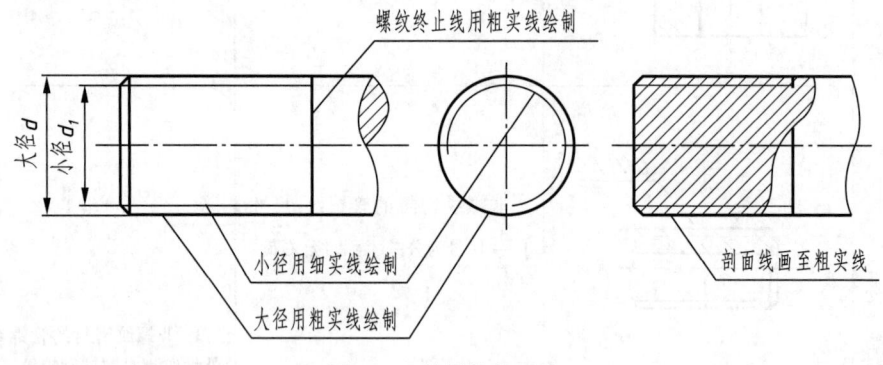

图 14-3 外螺纹的画法

(2)内螺纹的画法

如图 14-4 所示,在剖视图中,内螺纹牙顶圆的投影用粗实线表示,牙底圆的投影用细实线表示,螺纹终止线用粗实线绘制,剖面线应画到表示小径的粗实线为止。在垂直于螺纹轴线的投影面的视图上,表示大径的细实线圆只画约 3/4 圈,表示倒角的投影不应画出。

当内螺纹为不可见时,螺纹的所有图线均用虚线绘制(见图 14-4 右图所示)。

(3)螺纹连接的画法

在剖视图中,内外螺纹旋合的部分应按外螺纹的画法绘制,其余部分仍按各自的画法表示,如图 14-5 所示。应注意,表示内、外螺纹大径的细实线和粗实线,以及表示内、外螺纹小径的粗实线和细实线必须分别对齐。

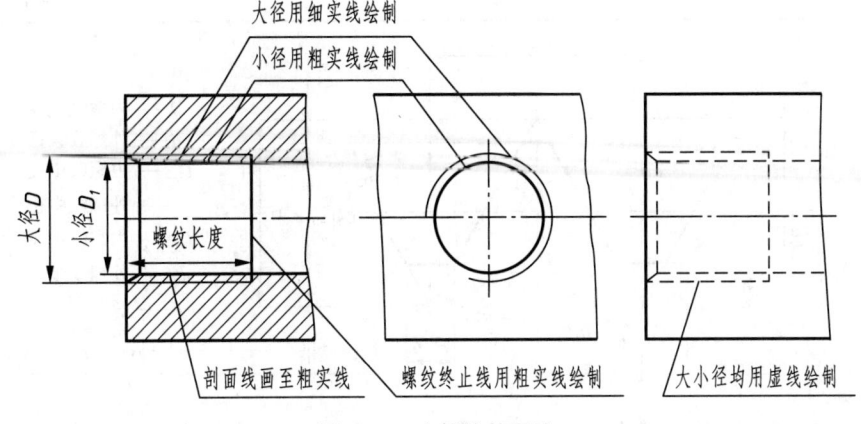

图 14-4 内螺纹的画法

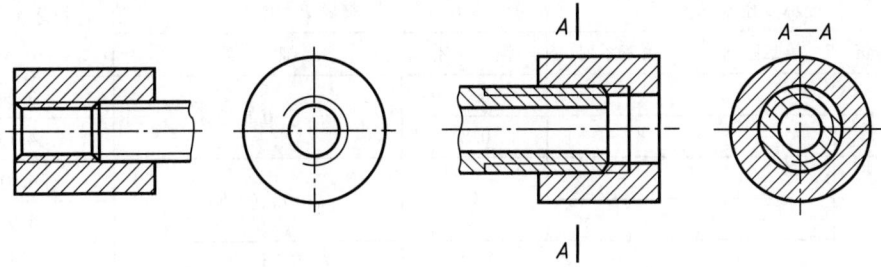

图 14-5 螺纹连接的画法

4. 螺纹的测绘

测绘螺纹时,可采用如下步骤:

①确定螺纹的线数和旋向。

②测量螺距。可用拓印法,即将螺纹放在纸上压出痕迹,量出几个螺距的长度 L,如图 14-6 所示。然后,按 $P = L/n$ 计算出螺距。若有螺纹规,可直接确定牙型及螺距,如图 14-7 所示。

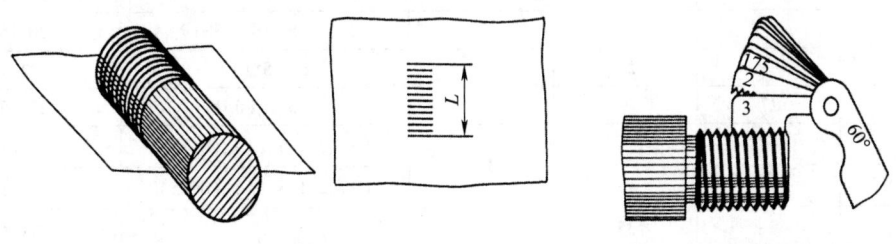

图 14-6 拓印法　　　图 14-7 用螺纹规测量

③用游标卡尺测大径。内螺纹的大径无法直接测出,可先测出小径,再据此由螺纹标准中查出螺纹大径;或测量与之相配合的外螺纹制件,查有关标准,确定螺纹标记(见表 14-2 ~ 表 14-4)。

表 14-2 普通螺纹 基本尺寸(摘自 GB/T 196—2003 和 GB/T 197—2018)

(单位:mm)

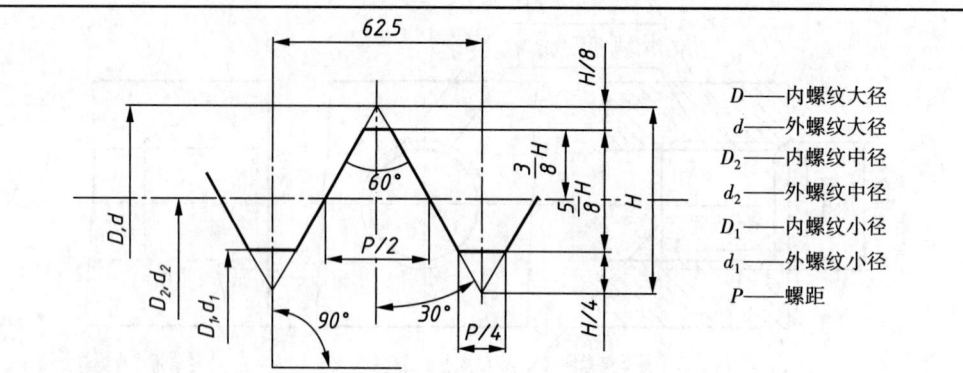

标记示例:
M10－6g(粗牙普通外螺纹、公称直径 d = 10、右旋、中径及大径公差带均为 6g、中等旋合长度)
M10×1LH－6H(细牙普通内螺纹、公称直径 D = 10、螺距 P = 1、左旋、中径及小径公差带均为 6H、中等旋合长度)

公称直径 D、d			螺距 P		粗牙螺纹小径 D_1、d_1
第一系列	第二系列	第三系列	粗牙	细牙	
4	—	—	0.7	0.5	3.242
5	—	—	0.8		4.134
6	—	—	1	0.75、(0.5)	4.917
—	—	7			5.917
8	—	—	1.25	1、0.75.(0.5)	6.647
10	—	—	1.5	1.25、1、0.75、(0.5)	8.376
12	—	—	1.75	1.5、1.25、1、(0.75)、(0.5)	10.106
—	14	—	2		11.835
—	—	15		1.5、(1)	*13.376
16	—	—	2	1.5、1、(0.75)、(0.5)	13.835
—	18	—			15.294
20	—	—	2.5	2、1.5、1、(0.75)、(0.5)	17.294
—	22	—			19.294
24	—	—	3	2、1.5、1、(0.75)	20.752
—	—	25	—	2、1.5、(1)	*22.835
—	27	—	3	2、1.5、1、(0.75)	23.752
30	—	—	3.5	(3)、2、1.5、(1)、(0.75)	26.211
—	33	—		(3)、2、1.5、(1)、(0.75)	29.211
—	—	35		1.5	*33.376
36	—	—	4	3、2、1.5、(1)	31.670
—	39	—			34.670

注:1. 优先选用第一系列,其次是第二系列,第三系列尽可能不选用。
2. 括号内尺寸尽可能不选用。
3. M14×1.25 仅用于滚动轴承锁紧螺母。
4. 带 * 号的为细牙参数,是对应第一种细牙螺距的小径尺寸。

表 14-3 梯形螺纹（摘自 GB/T 5796.1～5796.4—2005） （单位：mm）

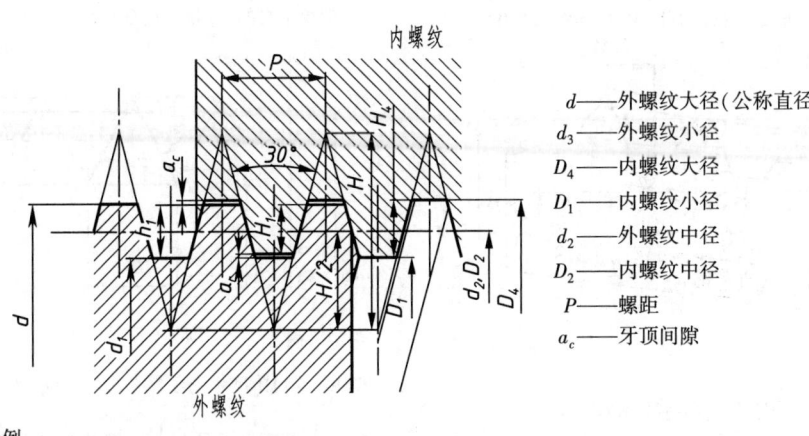

- d——外螺纹大径（公称直径）
- d_3——外螺纹小径
- D_4——内螺纹大径
- D_1——内螺纹小径
- d_2——外螺纹中径
- D_2——内螺纹中径
- P——螺距
- a_c——牙顶间隙

标记示例：

Tr40×7−7H（单线梯形内螺纹、公称直径 $d=40$、螺距 $P=7$、右旋、中径公差带为7H、中等旋合长度）

Tr60×18(P9)LH−8e−L（双线梯形外螺纹、公称直径 $d=60$、导程 $S=18$、螺距 $P=9$、左旋、中径公差带为8e、长旋合长度）

梯形螺纹的基本尺寸											
d 公称系列		螺距 P	中径 $d_2=D_2$	大径 D_4	小径		d 公称系列		螺距 P	中径 $d_2=D_2$	大径 D_4	小径	
第一系列	第二系列				d_3	D_1	第一系列	第二系列				d_3	D_1
8	—	1.5	7.25	8.3	6.2	6.5	32	—	6	29.0	33	25	26
—	9	2	8.0	9.5	6.5	7	—	34	6	31.0	35	27	28
10	—	2	9.0	10.5	7.5	8	36	—	6	33.0	37	29	30
—	11	2	10.0	11.5	8.5	9	—	38	7	34.5	39	30	31
12	—	3	10.5	12.5	8.5	9	40	—	7	36.5	41	32	33
—	14	3	12.5	14.5	10.5	11	—	42	7	38.5	43	34	35
16	—	4	14.0	16.5	11.5	12	44	—	7	40.5	45	36	37
—	18	4	16.0	18.5	13.5	14	—	46	8	42.0	47	37	38
20	—	4	18.0	20.5	15.5	16	48	—	8	44.0	49	39	40
—	22	5	19.5	22.5	16.5	17	—	50	8	46.0	51	41	42
24	—	5	21.5	24.5	18.5	19	52	—	8	48.0	53	43	44
—	26	5	23.5	26.5	20.5	21	—	55	9	50.5	56	45	46
28	—	5	25.5	28.5	22.5	23	60	—	9	55.5	61	50	51
—	30	6	27.0	31.0	23.0	24	—	65	10	60.0	66	54	55

注：1. 优先选用第一系列的直径。

2. 表中所列的螺距和直径，是优先选择的螺距及与之对应的直径。

表 14-4 管螺纹

用螺纹密封的管螺纹（摘自 GB/T 7306—2000）

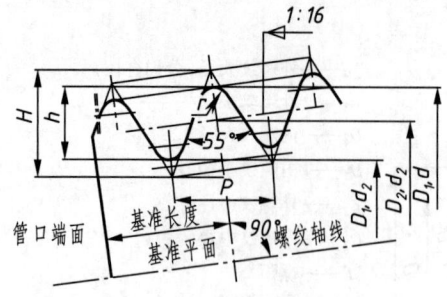

非螺纹密封的管螺纹（摘自 GB/T 7307—2001）

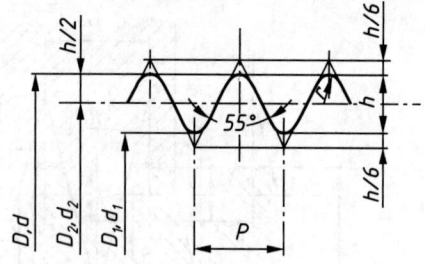

标记示例：

R1 $\frac{1}{2}$（尺寸代号 $\frac{1}{2}$，右旋圆锥外螺纹）

Rc1 - LH（尺寸代号 $1\frac{1}{4}$，左旋圆锥内螺纹）

标记示例：

G1 $\frac{1}{2}$ - LH（尺寸代号 $1\frac{1}{2}$，左旋内螺纹）

G1 $1\frac{1}{4}$ A（尺寸代号 $1\frac{1}{4}$，A 级右旋外螺纹）

G2B - LH（尺寸代号 2，B 级左旋外螺纹）

尺寸代号	基面上的直径（GB/T 7306）基本直径（GB/T 7307）			螺距 P/mm	牙高 h/mm	圆弧半径 r/mm	每 25.4 mm 内的牙数 n	有效螺纹长度/mm（GB/T 7306）	基准的基本长度/mm
	大径 $d=D$ /mm	中径 $d_1=D_2$ /mm	小径 $d_1=D_2$ /mm						
1/16	7.723	7.142	6.561	0.907	0.581	0.125	28	6.5	4.0
1/8	9.728	9.147	8.566						
1/4	13.157	12.301	11.445	1.337	0.856	0.184	19	9.7	6.0
3/8	16.662	15.806	14.950					10.1	6.4
1/2	20.955	19.793	18.631	1.814	1.162	0.249	14	13.2	8.2
3/4	26.441	25.279	24.117					14.5	9.5
1	33.249	31.770	30.291					16.8	10.4
$1\frac{1}{4}$	41.910	40.431	28.652					19.1	12.7
$1\frac{1}{2}$	47.803	46.324	44.845						
2	59.614	58.135	56.656	2.309	1.479	0.317	11	23.4	15.9
$2\frac{1}{2}$	75.184	73.705	72.226					26.7	17.5
3	87.884	86.405	84.926					29.8	20.6
4	113.030	111.551	110.072					35.8	25.4
5	138.430	136.951	135.472					40.1	28.06
6	163.830	162.351	160.872						

14.2 测绘直齿圆柱齿轮

1. 齿轮的功用与结构

齿轮是组成机器的重要传动零件,其主要功用是通过平键或花键和轴类零件连接起来形成一体,再和另一个或多个齿轮相啮合,将动力和运动从一根轴上传递到另一根轴上。

2. 直齿圆柱齿轮的规定画法

(1)单个圆柱齿轮的规定画法

在表示齿轮端面的视图中,齿顶圆用粗实线,齿根圆用细实线或省略不画,分度圆用点画线画出,如图14-8(a)所示。另一视图一般画成全剖视图,而轮齿按不剖处理。粗实线表示齿顶线和齿根线,用点画线表示分度线,如图14-8(b)所示。若不画成剖视图,则齿根线可省略不画,如图14-8(c)所示。

当单个轮齿为斜齿、人字齿时,按图14-8(c)、(d)的形式画出。

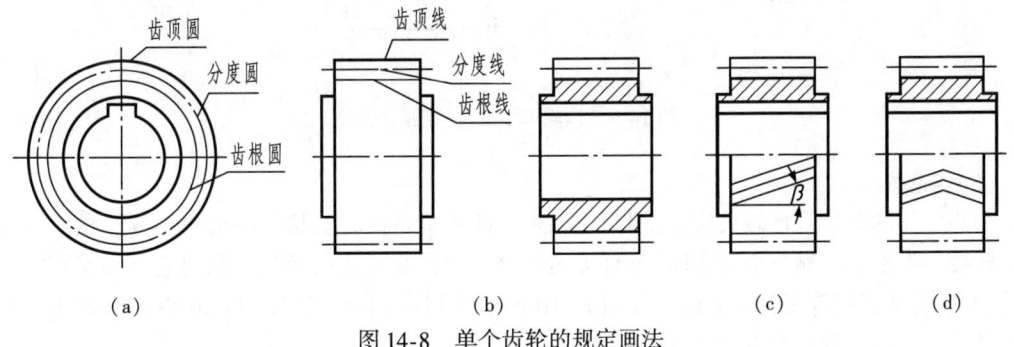

图 14-8 单个齿轮的规定画法

(2)圆柱齿轮啮合的规定画法

在表示齿轮端面的视图中,啮合区内的齿顶圆均用粗实线绘制,如图14-9所示。

齿顶圆也可省略不画,但相切的两分度圆须用点画线画出,两齿根圆省略不画,如图14-9(b)所示。

若不作剖视,则啮合区内的齿顶线不必画出,此时分度线用粗实线绘制,如图14-9(c)所示。图14-9(d)为齿条啮合图的画法。

在剖视图中,啮合区的投影如图14-9所示,齿顶与齿根之间应有0.25 mm的间隙,被挡的齿顶线(虚线)也可省略不画。

3. 直齿圆柱齿轮几何参数的测量

齿轮几何参数的测量是齿轮测绘的关键工作之一,特别是对于能够准确测量的几何参数,应力求准确,以便为准确确定其他参数提供条件。

(1)齿数 z 和齿宽 b

被测齿轮的齿数 z 可直接数出,齿宽可用游标卡尺测出。

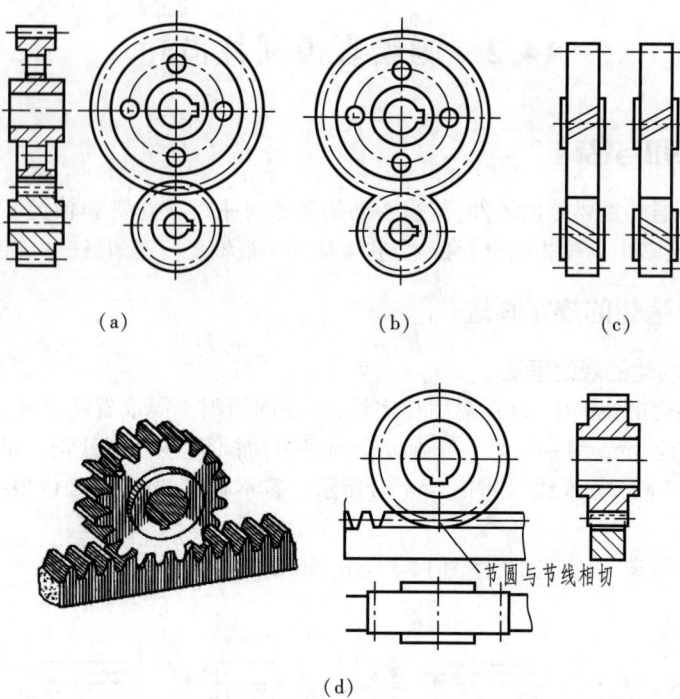

图 14-9 齿轮啮合的规定画法图

(2) 中心距 a

中心距 a 的测量是比较关键的,因为中心距 a 的测量精度将直接影响齿轮副测绘结果,所以测量时要力求准确。测量中心距时,可直接测量两齿轮轴或对应的两箱体孔间的距离,再测出轴或孔的直径,通过换算得到中心距。如图 14-10 所示,用游标卡尺测量图 14-10 中心距量 A_1 和 A_2 以及孔径 d_1 和 d_2,然后按下式计算

$$a = A_1 + \frac{d_1 + d_2}{2}$$

$$a = A_2 - \frac{d_1 + d_2}{2}$$

以上的尺寸均需反复测量,还要测出轴和箱体孔的圆度、圆柱度及轴线间的平行度,它们对换算中心距都有影响。测轴径或孔径应分别采用外径千分尺和内径千分尺,测轴或孔的距离可采用游标卡尺。

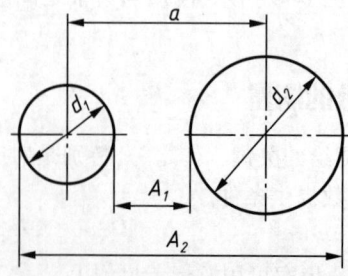

图 14-10 中心距的测量

(3) 公法线长度 W 和基圆齿距 P_b

通过测量公法线长度基本上可确定模数和压力角。在测量公法线长度时,需注意选择适当的跨齿数,一般要在相邻齿上多测几组数据,以便比较选择。

对于直齿和斜齿圆柱齿轮,可用公法线千分尺或游标卡尺测出相邻齿公法线长度 W_k(k 为跨测齿数),如图 14-11 所示。依据渐开线性质,理论上在任何位置测得的公法线长度均相等,但实际测量时,以分度圆附近测得的尺寸精度较高。因此,测量时应尽可能使卡尺切于分度圆附近,避免卡尺接触齿尖或齿根圆角。测量时,如切点偏高,可减少跨测齿数 k;如切点偏低,可增加跨测齿数 k。跨测齿数 k 值可用公式计算或直接查表 14-5。计算公式为

$$K = z\frac{a}{180°} + 0.5$$

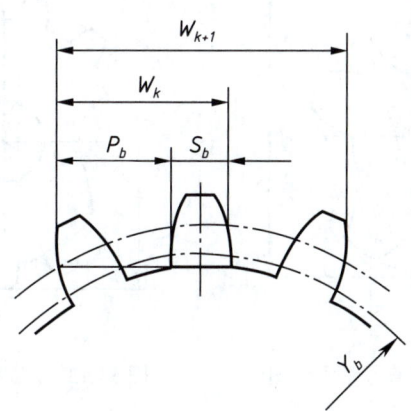

图 14-11 公法长度 W_k 的测量

表 14-5 测量公法线长度时的跨测齿数 k

齿形角 α	跨测齿数 k							
	2	3	4	5	6	7	8	9
	被测齿轮齿数 z							
11.5°	9~23	24~35	36~47	48~59	60~70	71~82	83~95	96~100
15°	9~23	24~35	36~47	48~59	60~71	72~83	84~95	96~107
20°	9~18	19~27	28~36	37~45	46~54	55~63	64~72	73~81
22.5°	9~16	17~24	25~32	33~40	41~48	49~56	57~64	65~72
25°	9~14	15~21	22~29	30~36	37~43	44~51	52~58	59~65

从图 14-11 中可以看出,公法线长度每增加一个跨,就增加一个基圆齿距 P,所以基圆齿距 P 为

$$P_b = W_{k+1} = W_k - S_b$$

S_b 可用齿厚游标卡尺测出。考虑到公法线长度的变动误差,每次测量时,必须在同位置,即取同一起始位置,同一方向进行测量。

(4) 齿顶圆直径与齿根圆直径

用游标卡尺或螺旋千分尺测量齿顶圆直径 d_a 和 d_f,在不同的径向方位上测几组数据取其平均值。当被测齿轮的齿数为奇数时,不能直接测量齿顶圆直径,可先测图 14-12 中所示的 D 值,通

过计算求得齿顶圆直径 d_a。

$$d_a = \frac{D}{\cos^2 \theta}$$

式中，$\theta = \arctan \frac{b}{2D}$。

也可通过测量内孔直径 d 和内孔壁到齿顶的距离 H_1 来确定 d_a，通过测量内孔直径 d 与由内孔壁到齿根的距离 H_2 确定 d_f，如图 14-13 所示。

$$d_a = d + 2H_1$$
$$d_f = d + 2H_2$$

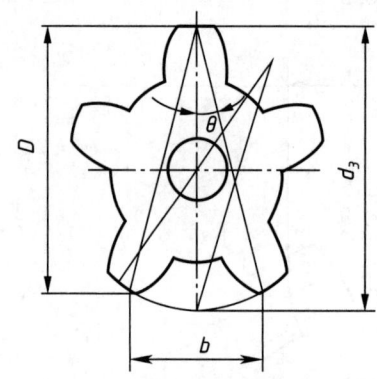 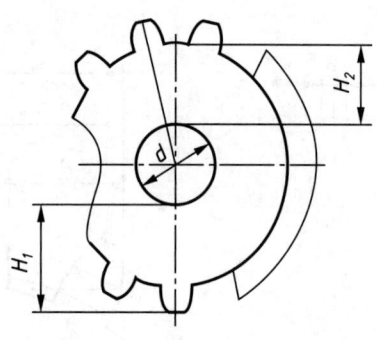

图 14-12　齿顶圆直径的测量图　　图 14-13　用游标卡尺测量 d_a 和 d_f

(5) 全齿高

可用深度尺直接测出全齿高，也可以通过测量齿顶和齿根到齿轮内孔（或轴径）的距离，换算得到，如图 14-13 所示。

$$h = H_1 - H_2$$

(6) 齿侧间隙及齿顶间隙

为了保证齿轮副能进行正常啮合运行，齿轮副需要有一定的侧隙及顶隙。

齿侧间隙的测量，应在传动状态下利用塞尺或压铅法进行。测量时，一个齿轮固定不动，另一个齿轮的侧面与其相邻的齿面相接触，此时的最小间隙即为齿侧间隙。测量时应注意在两个齿轮的节圆附近测量，这样测出的数值较准确。顶隙的测量，同样是在齿轮啮合状态下，用塞尺或压铅法测出。

(7) 材料、齿面硬度及热处理方式

齿轮材料的测定，可在齿轮不重要部位钻孔取样，进行材料化学成分分析，确定齿轮材质，或根据使用情况类比确定。通过硬度计可测出齿面的硬度，根据齿面硬度及肉眼观察齿部表面，确定其热处理方式。

(8) 其他测量

①精度对于重要的齿轮，在条件许可的情况下，可用齿轮测量仪器测量轮齿的精度，但应考虑齿面磨损情况，酌情确定齿轮的精度等级。

②齿面粗糙度可用粗糙度样板对比或粗糙度测量仪测出齿面粗糙度。标准齿轮的变位系数 $x = 0$。测绘齿轮时，除轮齿外，其余部分与一般零件的测绘法相同。

14.3 测绘矩形花键轴

1. 矩形花键的特点及应用

矩形花键齿形为矩形。按国家标准 GB/T 1144—2001《矩形花键尺寸、公差和检验》规定,用小径定心,键数有 6、8、10 三种,分轻、中两个系列,见表 14-6。

轻系列矩形花键多用于轻载连接和静连接,中系列矩形花键多用于中载连接。

表 14-6 矩形花键基本尺寸系列 (GB/T 1144—2001)

	标记示例	
花键规格	$N \times d \times D \times B$ 例如 $6 \times 23 \times 26 \times 6$	
花键副	$6 \times 23 \dfrac{H7}{f7} \times 26 \dfrac{H10}{a11} \times 6 \dfrac{H11}{d10}$ GB/T 1144—2001	
内花键	$6 \times 23H7 \times 26H10 \times 6H11$ GB/T 1144—2001	
外花键	$6 \times 23f7 \times 26a11 \times 6d10$ GB/T 1144—2001	

(单位:mm)

小径 d	轻系列 规格 $N \times d \times D \times B$	c	r	参考 $d_{1\min}$	参考 $a_{\min}$	中系列 规格 $N \times d \times D \times B$	c	r	参考 $d_{1\min}$	参考 $a_{\min}$
11						$6 \times 11 \times 14 \times 3$				
13						$6 \times 13 \times 16 \times 3.5$	0.2	0.1		
16						$6 \times 16 \times 20 \times 4$			14.4	1.0
18						$6 \times 18 \times 22 \times 5$	0.3	0.2	16.6	1.0
21						$6 \times 21 \times 25 \times 5$			19.5	2.0
23	$6 \times 23 \times 26 \times 6$	0.2	0.1	22	3.5	$6 \times 23 \times 28 \times 6$			21.2	1.2
26	$6 \times 26 \times 30 \times 6$			24.5	3.8	$6 \times 26 \times 32 \times 6$			23.6	1.2
28	$6 \times 28 \times 32 \times 7$			26.6	4.0	$6 \times 28 \times 34 \times 7$			25.8	1.4
32	$6 \times 32 \times 36 \times 6$	0.3	0.2	30.3	2.7	$8 \times 32 \times 38 \times 6$	0.4	0.3	29.4	1.0
36	$8 \times 36 \times 40 \times 7$			34.4	3.5	$8 \times 36 \times 42 \times 7$			33.4	1.0
42	$8 \times 42 \times 46 \times 8$			40.5	5.0	$8 \times 42 \times 48 \times 8$			39.4	2.5
46	$8 \times 46 \times 50 \times 9$			44.6	5.7	$8 \times 46 \times 54 \times 9$			42.6	1.4
52	$8 \times 52 \times 58 \times 10$			49.6	4.8	$8 \times 52 \times 60 \times 10$	0.5	0.4	48.6	2.5
56	$8 \times 56 \times 62 \times 10$			53.5	6.5	$8 \times 56 \times 65 \times 10$			52.0	2.5
62	$8 \times 62 \times 68 \times 12$			59.7	7.3	$8 \times 62 \times 72 \times 12$			57.7	2.4
72	$10 \times 72 \times 78 \times 12$			69.6	5.4	$10 \times 72 \times 82 \times 12$			67.7	1.0
82	$10 \times 82 \times 88 \times 12$			79.3	8.5	$10 \times 82 \times 92 \times 12$			77.0	2.9
92	$10 \times 92 \times 98 \times 11$	0.4	0.3	89.6	9.9	$10 \times 92 \times 102 \times 14$	0.6	0.5	87.3	4.5
102	$10 \times 102 \times 108 \times 16$			99.6	11.3	$10 \times 102 \times 112 \times 16$			97.7	6.2
112	$10 \times 112 \times 120 \times 18$	0.5	0.4	108.8	10.5	$10 \times 112 \times 125 \times 18$			106.2	4.1

注:1. N—齿数;D—大径;B—键宽或键槽宽
    2. d_1 和 a 值仅适合用于展成法加工。

2. 矩形花键的测绘

(1) 矩形花键的画法及尺寸标注

① 在平行于花键轴线的投影面的视图中,外花键的大径用粗实线绘制,小径用细实线绘制,并在断面图中画出一部分或全部齿形,如图 14-14(a)所示。

② 在平行于花键轴线的投影面的剖视图中,内花键的大径及小径均用粗实线绘制,并在局部视图中画出一部分或全部齿形,如图 14-14(b)所示。

③ 外花键工作长度的终止端和尾部长度的末端均用细实线绘制,并与轴线垂直,尾部则画成斜线,其斜角一般与轴线呈 30°,如图 14-14(a)所示,必要时可按实际情况绘制。

④ 外花键局部剖视图的画法按图 14-14(c)所示绘制;垂直于花键轴线的投影面的视图按图 14-14(d)所示绘制。

⑤ 花键的大径、小径及键宽尺寸的一般标注方法如图 14-14(a)、(b)所示;采用标准规定的花键标记标注,如图 14-14(d)所示。

⑥ 花键长度应采用图 14-14 所示的几种形式中的任一种。

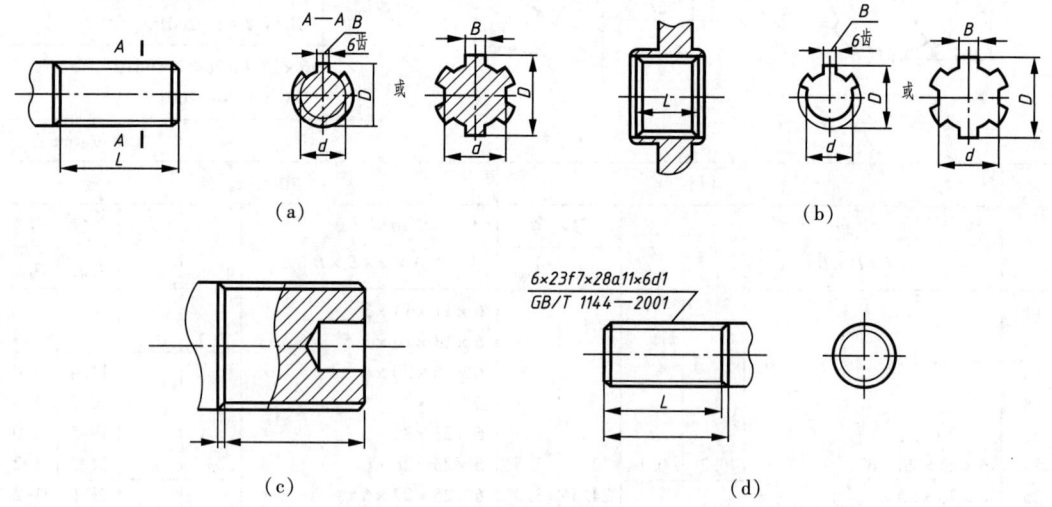

图 14-14 矩形花键的画法及尺寸标注

(2) 矩形花键的测绘步骤

① 数出键数。

② 测量花键的大径 D、小径 d 及键(槽)宽 B 的实际尺寸。用精密游标卡尺或千分尺进行测量,力求准确。矩形花键有轻、中两个尺寸系列。在机修测绘中,花键的键齿和直径都有磨损,因而应对实测尺寸进行圆整,使之尽量符合国家标准。若选不到合适的标准,可按实测尺寸绘制。矩形花键的基本尺寸系列见表 14-6。

③ 确定花键的定心方式。GB/T 1144—2001 标准规定,矩形花键应用小径定心,但早期制造的花键有可能为非小径定心,所以在测得内、外花键的大径、小径、键(槽)宽的实际尺寸后,应根据实际间隙的大小和连接的具体条件,分析确定花键的定心方式。

④ 确定花键连接的公差与配合。矩形花键的公差与配合性质取决于定心方式。按 CB/T 1144—2001 标准规定的小径定心方式,应对定心直径 d 选用较高公差等级;非定心直径 D 选用较低的公差等级,而且非定心直径表面之间应留有较大间隙,以保证不影响互换性;键(槽)

宽 B 的尺寸应选用较高精度,因为键和键槽侧面要传递转矩并起导向作用。

矩形花键连接均采用基孔制,其配合性质通过改变外花键的公差带位置来实现。内、外矩形花键的尺寸公差带规定见表14-7。测绘时,应根据实测数据、间隙值及连接实际情况,选用适当的公差带及配合类型。

表14-7　矩形花键尺寸公差和表面粗糙度 Ra（GB/T 1144—2001）　　（单位:μm）

内 花 键							外 花 键						装配形式
d		D		B			d		D		B		
公差带	Ra	公差带	Ra	公差带		Ra	公差带	Ra	公差带	Ra	公差带	Ra	
				拉削后不受热处理	拉削后受热处理								
一般用													
H7	0.8~1.6	H10	3.2	H9	H11	3.2	f7	0.8~1.6	a11	3.2	d10		滑动
							g7				f9	1.6	紧滑动
							h7				h10		固定
精密传动用													
H5	0.4						f5				d8		滑动
							g5	0.4			f7		紧滑动
		H10	3.2	H7,H9		3.2	h5		a11	3.2	h8	0.8	固定
H6	0.8						f6				d8		滑动
							g6	0.8			f7		紧滑动
							h6				h8		固定

注:1. 精密传动用的内花键,当需要控制键侧配合间隙,槽宽可选用 H7,一般情况下可选用 H9。
　　2. d 为 H6 和 H7 的内花键允许与高一级的外花键配合。

⑤确定花键的几何公差。为了保证花键连接的互换性、可装配性和键侧接触的均匀性,对矩形花键提出位置度、对称度等技术要求,其标注方法及公差值见表14-8。

表14-8　矩形花键的位置度、对称度公差　　（单位:mm）

键槽宽或键宽 B		3	3.5~6	7~10	12~18
t_1					
键槽		0.010	0.015	0.020	0.025
键	滑动、固定	0.010	0.015	0.020	0.025
	紧滑动	0.006	0.010	0.013	0.016
t_2					
一般用		0.010	0.012	0.015	0.018
精密传动用		0.006	0.008	0.009	0.011

注:花键的等分度公差值等于键宽的对称度公差。

⑥确定花键的表面粗糙度。测绘者可根据实物测量及表14-7 推荐值确定花键的表面粗糙值。

⑦确定材料及热处理方法。国家标准对矩形内花键还规定有结构形式及长度系列,见表14-9,可供测绘时选用。

表14-9 矩形内花键及长度系列(GB/T 10081—2005) （单位:μm）

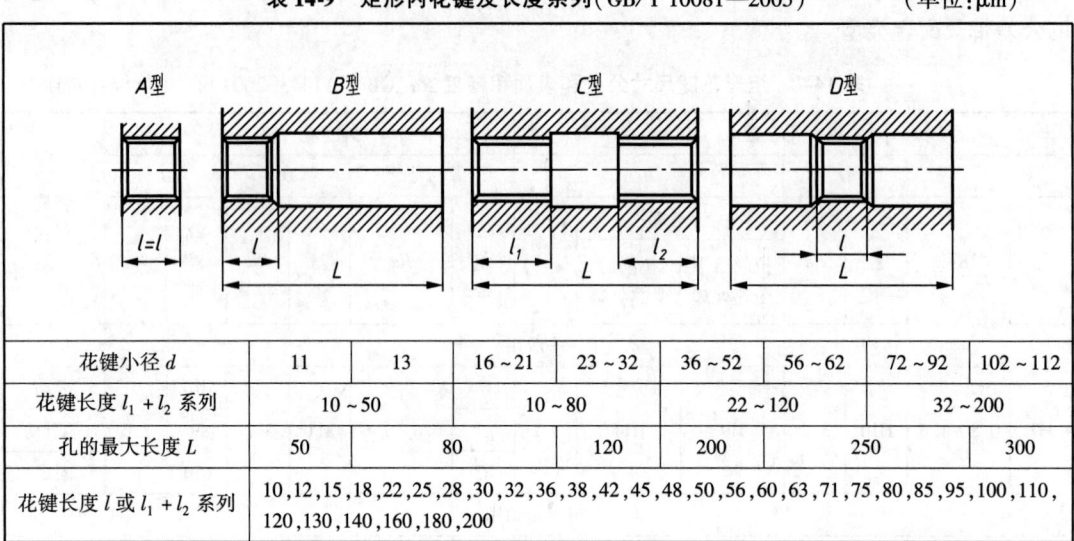

花键小径 d	11	13	16~21	23~32	36~52	56~62	72~92	102~112
花键长度 l_1+l_2 系列	10~50		10~80		22~120		32~200	
孔的最大长度 L	50		80	120	200		250	300
花键长度 l 或 l_1+l_2 系列	10,12,15,18,22,25,28,30,32,36,38,42,45,48,50,56,60,63,71,75,80,85,95,100,110,120,130,140,160,180,200							

参 考 文 献

[1] 安增桂. 机械制图[M]. 2版. 北京:中国铁道出版社,2012.
[2] 倪森寿,袁锋. 机械基础[M]. 北京:高等教育出版社,2000.
[3] 蒋继红,何时剑,姜亚楠. 机械零部件测绘[M]. 北京:机械工业出版社,2009.
[4] 李雅萍. 机械制图快速入门与实例详解[M]. 北京:机械工业出版社,2019.
[5] 董祥国. AutoCAD 2014应用教程[M]. 南京:东南大学出版社,2014.